Mata Amritanandamayi
Mutter der unsterblichen Glückseligkeit

*Mata Amritanandamayi*

# Mutter der unsterblichen Glückseligkeit

## Leben und Lehre einer jungen indischen Weisen der heutigen Zeit

Herausgegeben von Amritatma Chaitanya

Zweite Auflage

Ansata-Verlag
Rosenstraße 24
CH-3800 Interlaken
Schweiz
1993

Aus dem Englischen von Marion Zerbst
Lektorat durch Br. Sarwatma und Urte Knefeli

Der Erlös aus dem Verkauf dieses Buches geht an
Mata Amritanandamayi Mission Trust

Titel der Originalausgabe:
MATA AMRITANANDAMAYI
Life & Experiences of Devotees,
Selected Sayings and Questions to the Holy Mother

Vallickavu, Parayakadavu
(Via) Athinad, Quilon Dt., Kerala – India

Deutsche Ausgabe:

Satz: Jung SatzCentrum, Lahnau
Druck: Kösel GmbH & Co., Kempten/Allgäu

ISBN 3-7157-0121-8

# Inhalt

Einführung . . . . . . 9
Prolog . . . . . . 11
Legenden . . . . . . 13
Die Vorfahren . . . . . . 19

## 1. Teil: Das Leben der Heiligen Mutter

ERSTES KAPITEL
**Schon von Geburt an** . . . . . . 25
Ein reiner Edelstein . . . . . . 30

ZWEITES KAPITEL
**Die Dienerin Gottes** . . . . . . 37
Bei den Verwandten . . . . . . 46

DRITTES KAPITEL
**Tränen für Krishna** . . . . . . 55
Rückkehr ins Elternhaus . . . . . . 57

VIERTES KAPITEL
**Die wahre Flöte** . . . . . . 73

FÜNFTES KAPITEL
**Zum Wohl der Menschheit** . . . . . . 87
Die ersten Krishna Bhavas . . . . . . 89
Die Widersacher . . . . . . 101

SECHSTES KAPITEL
**Das Kind der göttlichen Mutter** . . . . . . 111
Die Weisen . . . . . . 126

SIEBENTES KAPITEL
**Blendend wie eine Million Sonnen** . . . . . . 135
Ich wohne im Herzen aller Wesen . . . . . . 141
Mein formloses Selbst . . . . . . 143

ACHTES KAPITEL
**Das Schwert der Wahrheit** . . . . . . 151
Das Schicksal Subhagans . . . . . . 153
Rückkehr der Widersacher . . . . . . 156

Scheitern von Schwarzer Magie . . . . . . . . . . . . . . . . . . . . 159
Neue Angriffe von Widersachern . . . . . . . . . . . . . . . . . . . 162
Heute noch Feinde – morgen Freunde . . . . . . . . . . . . . . . . . 166

NEUNTES KAPITEL
**Die Mutter der unsterblichen Glückseligkeit** . . . . . . . . . . 171
Eine Gruppe junger Menschen . . . . . . . . . . . . . . . . . . . . 173
Die Mutter der unsterblichen Glückseligkeit . . . . . . . . . . . . . 187

ZEHNTES KAPITEL
**Die Bedeutung der göttlichen Bhavas** . . . . . . . . . . . . . . . 191

## 2. Teil: Die Lehren der Heiligen Mutter

ELFTES KAPITEL
**Erfahrungen von Verehrern der Heiligen Mutter** . . . . . . 203
D. N. Srivastava . . . . . . . . . . . . . . . . . . . . . . . . . . 205
«Takkali» . . . . . . . . . . . . . . . . . . . . . . . . . . . . . . 205
Bhargavi Amma . . . . . . . . . . . . . . . . . . . . . . . . . . . 206
Shayma . . . . . . . . . . . . . . . . . . . . . . . . . . . . . . . 207
Bindu . . . . . . . . . . . . . . . . . . . . . . . . . . . . . . . . 207
Ramankutty . . . . . . . . . . . . . . . . . . . . . . . . . . . . . 209
Ramamurti . . . . . . . . . . . . . . . . . . . . . . . . . . . . . . 211
Rukmini Amma . . . . . . . . . . . . . . . . . . . . . . . . . . . . 212
Neelambaran . . . . . . . . . . . . . . . . . . . . . . . . . . . . . 213
Dattan, der Leprakranke . . . . . . . . . . . . . . . . . . . . . . 214
Das vermißte Mädchen . . . . . . . . . . . . . . . . . . . . . . . 216
Kunjamma . . . . . . . . . . . . . . . . . . . . . . . . . . . . . . 217
Chandramati . . . . . . . . . . . . . . . . . . . . . . . . . . . . . 219
Sakti Prasad I . . . . . . . . . . . . . . . . . . . . . . . . . . . . 220
Sakti Prasad II . . . . . . . . . . . . . . . . . . . . . . . . . . . . 223
Sakti Prasad III . . . . . . . . . . . . . . . . . . . . . . . . . . . 225
Sakti Prasad IV . . . . . . . . . . . . . . . . . . . . . . . . . . . 226
Sarasamma . . . . . . . . . . . . . . . . . . . . . . . . . . . . . . 227
Gopakumar . . . . . . . . . . . . . . . . . . . . . . . . . . . . . . 232
Damodaran Nair . . . . . . . . . . . . . . . . . . . . . . . . . . . 234
Puvampuzha Swami . . . . . . . . . . . . . . . . . . . . . . . . . 236
Radha Bai . . . . . . . . . . . . . . . . . . . . . . . . . . . . . . 237
Kunjukutty Amma . . . . . . . . . . . . . . . . . . . . . . . . . . 237
Seshan . . . . . . . . . . . . . . . . . . . . . . . . . . . . . . . . 238
Narayan Nambiar . . . . . . . . . . . . . . . . . . . . . . . . . . 240
Unnikrishna . . . . . . . . . . . . . . . . . . . . . . . . . . . . . 243
Chandru (Adhyatma Chaitanya) . . . . . . . . . . . . . . . . . . 248
Balu (Amritatma Chaitanya) . . . . . . . . . . . . . . . . . . . . 252

Venu . . . 260
Pai . . . 265
Ramakrishnan . . . 268
Sreekumar . . . 273
Ramesh Rao . . . 278

ZWÖLFTES KAPITEL
**Ausgewählte Lehren der Heiligen Mutter** . . . 285
Über Mutter . . . 287
Gott . . . 288
Guru . . . 290
Inkarnationen . . . 292
Sadhana (Spirituelle Übungen) . . . 294
Die richtige Einstellung . . . 296
Meditation . . . 299
Vasanas (Verborgene Neigungen) . . . 302
Hingabe und Demut . . . 303
Brahman (Die höchste Realität) . . . 304
Ratschläge an Menschen, die im weltlichen Leben stehen . . . 305
Verschiedene Zitate . . . 308

DREIZEHNTES KAPITEL
**Fragen an die Heilige Mutter** . . . 317

VIERZEHNTES KAPITEL
**Die Verkörperung der Vollkommenheit:
Mutter als spirituelle Meisterin** . . . 349

Glossar . . . 365
Wichtige Hinweise . . . 377

# Einführung

Mata Amritanandamayi ist eine Mystikerin, die allen Menschen zugänglich ist. Jeder kann mit ihr sprechen und dabei die Gegenwart Gottes spüren. Sie ist bescheiden und doch standhaft und unerschütterlich, einfach und doch schön. Sie ist Liebe und Wahrheit, sie ist der Inbegriff der Entsagung und Aufopferung. Sie lehrt nicht nur, sondern handelt auch nach ihren Lehren. Sie gibt alles und nimmt nichts dafür. Sie ist zart wie eine Blume und gleichzeitig hart wie ein Diamant – eine große Lehrerin und zugleich eine große Mutter.

Sie wurde in vollem Gewahrsein geboren. Dann unterzog sie sich einem strengen *sadhana* (spiritueller Disziplin) und umarmte danach die ganze Welt mit ihrer unendlichen Liebe und ihrem unendlichen Erbarmen. Jede Faser ihres Wesens ist Mitfühlen und Liebe.

Schon von Kindheit an war sie auf der Suche nach der göttlichen Mutter und dem göttlichen Vater, und zwar ohne Anleitung eines Guru. Sie hielt allen Feindseligkeiten ihrer Familie und Verwandten stand und trotzte allen Widersachern, die versuchten, sie zu vernichten. Ganz allein und mit unerschütterlicher Gelassenheit begegnete sie allen Anfeindungen. Ihren Mut und ihre Standhaftigkeit erlangte sie durch ihre völlige Unterwerfung unter den Willen Gottes. Schon im Alter von 21 Jahren war sie in der Lage, auch äußerlich zu zeigen, daß sie Gottesverwirklichung erlangt hatte, und als sie 22 Jahre alt war, begann sie Menschen, die nach der Wahrheit suchten, ins spirituelle Leben einzuweihen. Mit 27 Jahren gründete die Heilige Mutter in ihrem Elternhaus die Mata Amritanandamayi Mission. Schon fünf Jahre später gab es in Indien und im Ausland fast 20 kleinere *ashrams,* die als Zweigstellen der Mata Amritanandamayi Mission dienten. Im Alter von 33 Jahren machte die Heilige Mutter auf Einladung ihrer Anhänger in Amerika und Europa ihre erste Reise um die

Welt, bei der sie viele Menschen inspirierte und auf eine höhere Bewußtseinsebene emporhob.

Vor allem aber hat sie Tausende und Abertausende von Menschen aus allen Ländern der Welt und aus allen Schichten und Berufen beraten, getröstet und von ihren Sorgen und Problemen befreit. Es bleibt Ihnen überlassen, liebe Leserin und lieber Leser, mit der Intuition Ihres Herzens zu erkennen, wer und was diese Heilige Mutter ist . . .

# Prolog

In früheren Zeiten waren die Wälder draußen in der freien Natur. Jetzt werden alle Wälder zerstört und in uns wieder erschaffen, und zwar als Unwissenheit. Früher wurden die Wälder von wilden Tieren bewohnt. Jetzt wohnen die Tiere in uns, als Ego. Es gab einmal eine Zeit, in der alle Menschen eifrig darauf bedacht waren, die Wahrheit zu erforschen. Sie waren noch in der Lage, zwischen dem Vergänglichen und dem Ewigen zu unterscheiden . . .

Mata Amritanandamayi

# Legenden

Im Alappad Panchayat[1], Distrikt Quilon, im Staat Kerala in Südindien, liegt ein kleines Dorf namens Parayakadavu. Es liegt auf einer von unzähligen Kokospalmen bestandenen schmalen Halbinsel, die im Osten durch eine Lagune vom Festland getrennt ist. An der Westküste des Dorfes brechen sich die schäumenden, blaugrünen Wellen des Arabischen Meeres.

Die Einwohner dieses Dorfes gehören einem bescheidenen Fischerstamm an, der stolz darauf ist, seine Abstammung bis zu dem Weisen Parasara zurückverfolgen zu können. Dieser Weise heiratete einst das Fischermädchen Satyavati, die Mutter von Sri Veda Vyasa, der durch die Zusammenstellung der Veden berühmt wurde. Es gibt viele Legenden über die Heiligkeit und Bedeutung dieses Dorfes, in dem das tägliche Leben und die Sitten und Gebräuche immer noch eng mit jenen göttlichen Legenden zusammenhängen, die sich, wie die Fischerleute fest glauben, vor Jahrtausenden wirklich ereignet haben.

Eine dieser Legenden erzählt, daß Subramanya[2], der Sohn des Gottes Shiva und der Göttin Parvati, sich einmal ein schweres Vergehen zuschulden kommen ließ. Shiva war sehr erzürnt über diese Missetat seines Sohnes, verfluchte ihn und verurteilte ihn dazu, als Fisch auf die Welt zu kommen. Parvati war traurig über das unglückliche Schicksal ihres Sohnes und bat Shiva, ihm seinen Fehler zu verzeihen. Doch statt sie zu trösten, wurde Shiva noch zorniger, verfluchte auch Parvati und verurteilte sie dazu, als Fischersfrau geboren zu werden. Später, als sein Zorn sich wieder gelegt hatte, segnete er beide und versprach Subramanya, ihn und seine Mutter bald wieder von dem Fluch zu befreien.

Subramanya wurde zu einem riesigen Wal, der im Meer vor

---

[1] Ein Zusammenschluß von fünf verschiedenen Dörfern; die Verwaltung dieser Dörfer, die sich um alle lokalen Belange kümmert.

[2] Ein anderer Name für Sri Murugan, den Bruder Sri Ganeshas.

Alappad sein Unwesen trieb und den Fischersleuten großen Schaden zufügte. Die Fischer, die es gewohnt gewesen waren, bei Tag und Nacht zu fischen, konnten sich nun nicht mehr aufs Meer hinauswagen. Manchmal zerfetzte der Wal ihre ausgeworfenen Netze; dann wieder brachte er ihre Boote zum Kentern, so daß sie in Lebensgefahr gerieten. Bald herrschte in dem kleinen Dorf Armut und Hungersnot.

Auch der König des Fischerstammes fand keine Lösung. Er schenkte den hungernden Dorfbewohnern Nahrungsmittel, und seine Schatzkammer leerte sich zusehends. Schließlich versprach er, den Mann, dem es gelänge, den Wal zu fangen, reich zu belohnen und ihm außerdem die Hand seiner einzigen Tochter zu schenken. Doch der Wal war so furchterregend, daß niemand der Aufforderung des Königs nachkam. Ein Gefühl der Hoffnungslosigkeit erfaßte den König und seine Untertanen.

Da kam ein geheimnisvoller alter Mann aus dem Norden in das Dorf. Niemand wußte, wer er war und woher er kam. Mit vom Alter gebeugtem Rücken näherte er sich dem König und erklärte, er könne den großen Wal fangen und die Fischer vor dem völligen Untergang bewahren. In Begleitung des erstaunten Königs und seiner Untertanen ging der alte Mann zum Meer hinunter.

Er fertigte aus einer bestimmten Schlingpflanzenart ein langes Seil, hielt das eine Ende fest in der Hand und warf das andere ins Meer. Das Seil schlang sich um jene Stelle, wo der Wal sich gerade befand. Dann gab der alte Mann den Fischern das Seil in die Hände und forderte sie auf, mit aller Kraft zu ziehen. Währenddessen sollten sie ein bestimmtes *mantra* singen. Auf diese Weise könnten sie den Wal fangen. Das *mantra* bestand aus Keimsilben und klang so ähnlich wie folgender Vers:

*Om Ovalaiyya Evalaiyya Vela Aiyya*
*Aiyya ponne ponnilta Kuruvi*
*Om valaiyya Om vela Aiyya*
*Aiyya ponne Aiyyentayya Ponne Porule*
*Poovitta Kurivi Deviekunnu*

*Atto Patto Punkavaname*
*Poovitta Kuruvi Om Valayya . . .*

Die Fischer begannen an dem Seil zu ziehen und sangen dabei das *mantra,* das der alte Mann ihnen beigebracht hatte. Nach stundenlanger, ungeheurer Anstrengung gelang es ihnen schließlich, den riesigen Fisch an Land zu ziehen. Doch zum großen Erstaunen aller löste er sich in Luft auf, kaum daß er die Küste berührt hatte.

Der alte Mann, der den Fischern geholfen hatte, den Wal zu fangen, war kein anderer als Shiva. Auf diese Weise hatte er seinen Sohn Subramanya von dem Fluch befreit. An der Stelle, wo die Fischer den großen Wal an Land gezogen hatten, wurde ein Tempel für Subramanya errichtet. Dieser Tempel steht heute noch dort und erinnert uns an diese alte Legende. Aber die Geschichte ist noch nicht zu Ende. Nun trat Shiva in der Verkleidung des alten Mannes vor den König hin und blickte ihn stumm an. Der König und seine Untertanen verstanden, was er damit sagen wollte, und der König, der dem Fänger des Wals die Hand seiner Tochter versprochen hatte, befand sich nun in einer schwierigen Lage. Wie konnte ein Vater – und noch dazu der König – seine junge und unvergleichlich schöne Tochter, die Prinzessin, einem alten Mann zur Frau geben? Der König flehte den Mann an, alles andere zu verlangen, nur nicht die Hand seiner Tochter. Doch der alte Mann entgegnete ruhig, der König solle sein Wort halten.

Nun war der König erst recht in Verlegenheit, denn die Aufrichtigkeit ist diesem Fischerstamm heilig. Die Fischer glauben fest daran, daß die Wahrheit ihre Beschützerin ist. Sie sagen sogar, ein unehrlicher Mann, der auf Fischfang geht, springe direkt in den weit geöffneten, grausamen Rachen des Todes. Der König konnte sich nicht entscheiden. Er wollte weder sein Gelübde brechen noch seine geliebte Prinzessin einem alten Mann zur Frau geben.

Da trat die Prinzessin, die in Wirklichkeit die Göttin Parvati war, vor und sagte, ohne zu zögern: «Mein Vater und edler König, es ist die Pflicht aller Menschen, die Rechtschaffenheit *(dharma)* zu schützen und zu erhalten. Nichts sollte ihr im Wege stehen.» Der

König und seine Untertanen waren sehr niedergeschlagen, als sie die Prinzessin mit dem alten Mann fortgehen sahen; doch es blieb ihnen nichts anderes übrig, als sich damit abzufinden. Die Fischer ahnten nicht, daß ihr bescheidenes kleines Reich zum Schauplatz eines göttlichen Spiels geworden war – zum Ort der Wiedervereinigung von Shiva und Parvati. Schweren Herzens folgten sie dem göttlichen Paar auf seiner Wanderung. Als die beiden eine lange Strecke zurückgelegt hatten, fragten die Fischer sie: «Wohin geht ihr? Wir würden euch gern begleiten.» Doch sie antworteten: «Wir haben kein bestimmtes Zuhause *(uru)*. Der Ort, an den wir gelangen, wird unser Zuhause sein *(chellunna uru)*.»

Shiva und Parvati gingen weiter, gefolgt von den Fischersleuten. Nach langer Wanderung blieben sie schließlich stehen, stellten sich so hin, daß der eine nach Osten, der andere nach Westen schaute, und verwandelten sich in Steinfiguren. *Chellunna uru* (der Ort, an den sie gelangt waren) ist das heutige Chengannoor. Bald errichtete man an dieser Stelle einen Tempel, in dem täglich ein Gottesdienst abgehalten werden sollte. Doch da geschah etwas sehr Seltsames: Immer wenn zur Verehrung der Götter Wasser ins Sanctum sanctorum[3] getragen wurde, fanden die Priester einen Fisch darin. Daher (d. h. durch diese Verunreinigung) konnte der tägliche Gottesdienst nicht abgehalten werden. Um dieses Problem zu lösen, stellten die Tempelpriester astrologische Berechnungen an. Auf diese Weise wurde die Geschichte von Shiva, Parvati und dem Fluch enthüllt, mit dem Shiva seinen Sohn Subramanya belegt hatte. Außerdem ging aus dem Horoskop hervor, daß die Hochzeitszeremonien bei der Eheschließung zwischen dem alten Mann und der Prinzessin niemals richtig ausgeführt worden waren. Im Küstengebiet von Alappad, wo Parvati zur Welt gekommen war, war es Sitte, daß die Leute mit Geschenken nach Chengannoor kamen, um die Hochzeit zu feiern. Sofort wurden in Chengannoor und Alappad die notwendigen Vorbereitungen getroffen. Die Fischersleute von Alappad beschafften alle vorgeschriebenen Geschenke und kamen nach

---

[3] Der innerste Schrein eines Tempels.

Chengannoor, um der göttlichen Hochzeitszeremonie beizuwohnen. Diese Zeremonie wird bis zum heutigen Tag jedes Jahr zum Gedenken an die alte Legende wiederholt. Der Tempel lockt immer noch Tausende von Gläubigen an.

Vor einigen Jahrzehnten ereignete sich im Zusammenhang mit der soeben berichteten Geschichte etwas Merkwürdiges. Eines Jahres nahmen die Bewohner des Küstengebiets von Alappad nicht mehr an der Zeremonie teil, da sie es für eine sinnlose Verschwendung hielten, den langen Weg bis nach Chengannoor zurückzulegen und eine große Summe Geldes auszugeben. «Warum sollten wir an einem Fest mitwirken, das an einem weit entfernten Ort stattfindet?» dachten sie. Doch da geschah in dem Tempel in Chengannoor etwas sehr Eigenartiges. Der geschmückte Elefant, der normalerweise bei der Prozession das Bildnis des Gottes Shiva tragen sollte, rührte sich nicht vom Fleck und weigerte sich, auch nur einen Schritt vorwärtszugehen. Alle Versuche, ihn anzutreiben, waren erfolglos. Sofort benachrichtigte man die Bewohner Alappads von diesem unheilverkündenden Ereignis. Aber es war zu spät. Schon hatten in Alappad die Pocken um sich gegriffen. Die Bewohner sahen ein, daß sie einen großen Fehler begangen hatten, und machten sich unverzüglich in tiefer Reue auf den Weg nach Chengannoor, brachten alle Geschenke mit und nahmen an dem Fest teil, wie es Sitte war.

Diese alten Sagen sind untrennbar mit der Küstenlandschaft von Alappad und ihren Bewohnern verbunden. Daher ist es nicht verwunderlich, daß dieser heilige Boden jetzt wieder zum Schauplatz eines göttlichen Spiels geworden ist.

# Die Vorfahren

Die Idamannels waren eine alte Familie aus dem Dorf Parayakadavu, einem kleinen Teil des Alappad Panchayat. Ihr eigentlicher Beruf, den sie von ihren Vorfahren ererbt hatten, war zwar die Fischerei, aber sie taten auch andere Arbeit. Religiöse Übungen und das Einhalten verschiedener Gelübde gehörten zu ihrem täglichen Leben. Sie waren bekannt für ihre Freigebigkeit. Wenn sie mit ihrem Fang vom Meer zurückkehrten, gaben sie allen Dorfbewohnern, die sich am Strand versammelt hatten, von ihren Fischen ab, ohne Geld dafür anzunehmen. Und wenn sie ihre Fische verkauft hatten, verteilten sie immer eine Handvoll Münzen unter die Kinder.

Diese Familie brachte viele fromme Menschen hervor. Einer von ihnen war Sri Velayudhan. Er war ein sehr mitfühlender, ehrlicher und großzügiger Mann, der sich strikt an den Grundsatz des *ahimsa* (Gewaltlosigkeit) hielt. Er ließ nicht einmal zu, daß jemand eine kleine Ratte totschlug. Velayudhan war mit Srimati Madhavi, einer keuschen, frommen Frau verheiratet. Sie stand jeden Tag vor dem Morgengrauen auf, um Blumengirlanden für alle Gottheiten im Familienschrein anzufertigen. Dabei sang sie ständig die heiligen Namen Gottes. Selbst heute noch sitzt sie jeden Morgen mit der gleichen Hingabe vor dem Tempel und fädelt Blüten zu Girlanden auf, obwohl sie schon über achtzig ist.

Sri Velayudhan und Srimati Madhavi hatten fünf Kinder. Ihr ältester Sohn hieß Sugunanandan. Von der religiösen Atmosphäre, die in der Familie herrschte, inspiriert, wurde er zu einem glühenden Verehrer Krishnas. Als er neun oder zehn Jahre alt war, begann er Kathakali zu lernen, ein klassisches Tanzdrama aus Kerala, das die Liebesgeschichten der Götter und Göttinnen darstellt. Die Schauspieler stellen diese Geschichte durch Tanz und *mudras* (göttliche Gesten) dar, und die Sänger erzählen sie in ihren Liedern. Sugunanandan stellte am liebsten Sri Krishna dar.

Einmal identifizierte er sich während einer Kathakali-Vorführung so sehr mit dieser Rolle, daß er auf der Bühne ohnmächtig wurde.

Im Hause Idamannel herrschte eine ruhige, friedliche Atmosphäre. Es war an drei Seiten von den Backwaters umgeben, wo viele Tiere lebten und eine üppige Vegetation gedieh: Kokospalmen, Obst- und Acajoubäume. Damals standen nur wenige andere Häuser in der Nähe. Wenn der dreizehnjährige Sugunanandan von der Schule nach Hause kam, widmeten er und sein Vetter sich ihrer Lieblingsbeschäftigung: Sie kletterten auf die Acajoubäume und aßen die köstlichen Cashewnüsse. Eines Tages, als die beiden Jungen wieder einmal auf Acajoubäumen saßen und Nüsse abpflückten, sahen sie, wie ein *sannyasin*[1] mit langen Haaren und langem Bart sich dem Haus der Familie Idamannel näherte. Diesen Mann hatte man in der Gegend noch nie gesehen, und die Jungen waren fasziniert von seiner strahlenden Erscheinung. Der *sannyasin* wanderte ein paar Minuten lang auf dem Grundstück der Familie umher. Plötzlich brach er in ein seliges Lachen aus und verkündete laut: «Ich sehe viele Asketen in tiefer Meditation versunken in diesem Hause sitzen. Schon früher haben viele große Seelen hier gelebt. Viele *sannyasins* werden hier *samadhi* erleben. Dieses Haus wird ein heiliger Ort werden.» Wieder brach der *sannyasin* in verzücktes Lachen aus. Dann ging er weiter, und man sah und hörte nie wieder etwas von ihm. Verwirrt spielten die beiden Jungen weiter.

Es sollten noch viele Jahre vergehen, ehe Sugunanandan und sein Vetter sich mit erstauntem Kopfschütteln an die prophetischen Worte des wandernden Mönchs erinnerten. Schon bald begann Sugunanandan sich dem Fischhandel zu widmen – dem Beruf, den er von seinen Vätern ererbt hatte –, und als er einundzwanzig Jahre alt war, heiratete er Damayanti, ein zwanzigjähriges Mädchen aus dem Nachbardorf Bhandaraturuttu.

Damayanti stammte aus einer sehr frommen Familie, deren Angehörige sich jeden Tag religiösen Übungen widmeten. Ihre Familie hatte sogar einen eigenen Tempel. Damayantis Vater

---

[1] Wandernder Mönch.

Punyan und ihre Mutter Karutta Kunya verehrten Gott mit großer Andacht und Hingabe. So lernte Damayanti durch das Beispiel ihrer Eltern schon von Kindheit an, ein reines, tugendhaftes Leben zu führen.

Damayanti war so religiös, daß die Dorfbewohner sie ehrfürchtig «Pattathi Amma» oder *brahmana*-Lady nannten. Die Hingabe an Gott war die Hauptstütze in ihrem Leben. Sie hielt fast jeden Tag mehrere religiöse Gelübde ein, fastete häufig und nahm in dieser Zeit nur die Flüssigkeit unreifer Kokosnüsse zu sich, die wie durch ein Wunder von den Bäumen fielen.

Damayanti und Sugunanandan hatten insgesamt dreizehn Kinder, doch vier davon starben schon bei der Geburt, und ein weiteres Baby starb im Alter von dreiundfünfzig Tagen. Die übrigen Kinder, vier Töchter und vier Söhne, erhielten (in chronologischer Reihenfolge, vom ältesten zum jüngsten) folgende Namen: Kasturbai[2], Sunil Kumar[3], Sudhamani, Sugunamma, Sajani, Suresh Kumar, Satheesh Kumar und Sudhir Kumar. Eines dieser Kinder, Sudhamani, sollte später auf der ganzen Welt unter dem Namen Mata Amritanandamayi – Mutter der unsterblichen Seligkeit – bekannt werden.

---

2 Wir werden sie von nun als Kasturi bezeichnen; das ist die umgangssprachliche Form ihres Vornamens.

3 Wir nennen ihn von nun an Subhagan, in der umgangssprachlichen Form seines Vornamens.

1. Teil

# Das Leben der Heiligen Mutter

# Erstes Kapitel
# Schon von Geburt an …

Schon von Geburt an fand ich Gefallen am göttlichen Namen. Ich liebte ihn so sehr, daß ich ihn bei jedem Atemzug unaufhörlich wiederholte, und ein beständiger Strom göttlicher Gedanken erfüllte mein Gemüt, ganz gleichgültig, wo ich mich befand oder mit welcher Arbeit ich gerade beschäftigt war. Dieses ununterbrochene Gedenken Gottes in Liebe und Hingabe ist eine große Hilfe für jeden, der danach strebt, Gottesverwirklichung zu erlangen.

Mata Amritanandamayi

*Thirthikurvanti Tirthani Sukarmikurvanti*
*Karmani Saccastri Kurvanti Sastrani*

*Modante Pitaro Nrtyanti Devataha*
*Sanatha Ceyan Bhurbhavati*

Narada Bhakti Sutras: Verse 69 und 71

*Die großen Heiligen weihen unsere Pilgerstätten,*
*Machen unsere Handlungen rechtschaffen und gut*
*Und verleihen den Schriften geistige Autorität.*

*Wenn ein solcher Heiliger zur Welt kommt,*
*Tanzen die Götter vor Freude,*
*Und unsere Erde hat einen neuen Erlöser gefunden.*

Während ihrer vierten Schwangerschaft hatte Damayanti seltsame Visionen. Manchmal träumte sie von Krishna, und manchmal sah sie die göttlichen Liebesspiele von Shiva und Devi, der Göttlichen Mutter. Eines Nachts erschien ihr im Traum eine geheimnisvolle Gestalt und überreichte ihr ein Bildnis Sri Krishnas aus reinem Gold. Zur selben Zeit träumte Sugunanandan von der Göttlichen Mutter. Da er ein Anhänger Krishnas war, begriff er nicht, warum ihm nun plötzlich Devi erschienen war. Als er Damayanti von seinem Traum erzählte, erfuhr er, daß sie in der letzten Zeit auch viele merkwürdige Visionen gehabt hatte. Sie fragten sich beide, was das wohl bedeuten mochte und ob ihnen vielleicht ein großes Schicksal bestimmt war.

Damals lebten Sugunanandan und Damayanti in einer kleinen Hütte direkt am Meer, denn diese Behausung war zweckmäßiger für ihren Fischhandel als ihre andere, ungefähr fünf Minuten waldeinwärts gelegene Hütte auf dem Grundstück der Familie Idamannel. Während ihrer vorherigen drei Schwangerschaften war stets einige Wochen vor der Entbindung Damayantis ganzer Körper angeschwollen. Das war das Zeichen für sie gewesen, ihren täglichen Arbeiten nicht mehr nachzugehen und in das Haus ihrer eigenen Familie in Bhandaraturutthu zurückzukehren, wo man sich während der Niederkunft um sie kümmerte.

Eines Nachts hatte Damayanti einen wunderbaren Traum. Sie träumte, daß sie Krishna zur Welt brachte und daß er in ihrem Schoß lag und ihre Milch trank. Als sie am nächsten Morgen am Strand saß und eine Arbeit verrichtete, hatte sie plötzlich das Gefühl, daß nun gleich ihr Kind zur Welt kommen werde. Sie maß diesem Gefühl keine große Bedeutung bei, da die verräterische Schwellung ihres Körpers noch nicht eingetreten war. Doch das merkwürdige Gefühl legte sich nicht, und so legte Damayanti ihre Arbeit beiseite. Sie verspürte einen unerklärlichen Drang, zum Hause der Familie Idamannel zu gehen. Dort angekommen, betrat sie eine kleine Hütte und packte ein paar Sachen zusammen. Ein paar Sekunden später überkam sie ein vertrautes Gefühl: Sie wußte, daß ihr Kind nun gleich zur Welt kommen würde. Kaum hatte sie eine Matte auf dem Boden ausgebreitet und sich niedergelegt, war das Kind auch schon da. Damayanti war entsetzt: Es war ein Mädchen! Das Kind war in einer Atmosphäre der Stille und des Friedens zur Welt gekommen. Abgesehen von dem merkwürdigen Gefühl, das sie gewarnt hatte, hatte Damayanti nichts gespürt. Nun war sie sehr besorgt. Lebte das Kind überhaupt? Es hatte nicht den für Neugeborene typischen Schrei ausgestoßen. Ängstlich untersuchte sie das Baby und erschrak noch mehr. Auf dem kleinen Gesicht des Kindes lag ein strahlendes Lächeln! Der Blick des Kindes drang ihr bis ins Innerste, und sie vergaß ihn nie wieder.

In diesem Augenblick erschien eine Frau aus einem Nachbarhaus im Eingang der Hütte. Sie sah sofort, was geschehen war, und versorgte Damayanti und das Baby. So kam am Morgen des 27. September 1953 in einer ärmlichen Hütte aus Palmblättern ein kleines Mädchen zur Welt. Seine Geburt wurde vom Rauschen der Meereswellen begleitet, die sich an der nahegelegenen Küste brachen.

Die Eltern wunderten sich über die auffallende dunkelblaue Gesichtsfarbe des Babys und auch über die Tatsache, daß ihre Tochter in *padmasana*[1] dasaß und ihre Finger die *chinmudra*-Stellung[2]einnahmen: Die Spitzen ihres Daumens und ihres Zeigefingers berührten sich, so daß die beiden Finger einen Kreis bildeten. Sie fürchteten, die dunkelblaue Gesichtsfarbe könnte ein Symptom einer seltsamen Krankheit und die merkwürdige Bein- und Fingerhaltung die Folge eines abnormalen Knochenbaus oder einer Verrenkung sein. Verschiedene Ärzte wurden zu Rate gezogen, die ihr versicherten, daß das Kind einen völlig normalen Knochenbau habe. Was die Farbe anging, so konnte das Mädchen sie nicht von seinen Eltern geerbt haben, denn Damayanti und Sugunanandan hatten beide eine hellbraune Hautfarbe. In der Hoffnung, daß sich dieses geheimnisvolle Leiden dadurch heilen lasse, riet man den Eltern, das Kind ein halbes Jahr lang nicht zu baden.

---

[1] Der Lotossitz des Hatha-Yoga.

[2] Dieses *mudra* (rituelle Geste) symbolisiert die Einheit von *jivatma* (dem individuellen Selbst oder der individuellen Seele) und *paramatma* (dem Höchsten Selbst oder der Höchsten Seele).

Doch nach einem halben Jahr hatte das Baby immer noch die dunkelblaue Farbe, die an den Gott Krishna und die göttliche Mutter Kali erinnerte. Im Laufe der Zeit ging dieses Dunkelblau dann allmählich in Schwarz über. Doch später, als in dem kleinen Mädchen die Sehnsucht nach einer Vision Krishnas geboren wurde und sich immer mehr steigerte, nahm seine Haut wieder die ursprüngliche blaue Farbe an. Noch heute – vor allem, wenn sie sich mit Krishna und Devi identifiziert – kann man diese dunkelblaue Hautfarbe an ihr feststellen.

Paradoxerweise wurde das Kind gerade wegen dieser schwarzblauen Farbe später von Damayanti und den anderen Familienmitgliedern sehr verachtet. Es wurde von allen unterdrückt und wie eine Dienerin behandelt. Nur wenige enge Verwandte wurden überhaupt über seine Geburt informiert, denn man maß diesem neugeborenen Kind keine große Bedeutung bei. Es war ja nur ein Mädchen, und außerdem hatte Damayanti schon drei andere Kinder geboren.

Wer konnte ahnen, daß dieses Kind mit der merkwürdigen blauen Hautfarbe, das in einer kleinen Hütte an der Küste des Arabischen Meeres zur Welt gekommen war, die leidende Menschheit später mit Frieden und göttlicher Liebe überhäufen würde? Wer konnte voraussehen, daß es das Vermächtnis dieses Mädchens sein sollte, Tausenden und Abertausenden suchender Menschen zu helfen, den Ozean der Wiedergeburten[3] zu überqueren?

Schon von der Geburt ihrer kleinen Tochter an begann die Familie seltsame Zeichen wahrzunehmen, die sie erst Jahre später begreifen sollte. Ehe ein Kind gehen lernt, macht es normalerweise verschiedene Entwicklungsstadien durch. Zuerst liegt es auf dem Rücken, dann dreht es sich auf den Bauch, dann liegt es auf dem Bauch und stemmt sich mit den Armen hoch und so weiter. Schließlich beginnt es auf dem Boden umherzukrabbeln, und nach ein paar Monaten stellt es sich auf die Beine und hält sich dabei an irgendeinem Gegenstand fest. Im Alter von etwa einem

---

3 Das Meer ist das Symbol für den Kreislauf von Geburt, Tod und Wiedergeburt.

Jahr beginnt es auf unsicheren Beinen zu gehen. Dieses kleine Mädchen jedoch durchlief keines der üblichen Entwicklungsstadien. Einen Tag, nachdem es ein halbes Jahr alt geworden war, stand es plötzlich auf und ging quer über die Veranda. Bald danach konnte es schon rennen, was alle mit Erstaunen und Freude erfüllte.

## Ein reiner Edelstein

Die Eltern nannten ihre seltsame Tochter Sudhamani, was soviel wie «reiner Edelstein» bedeutet. Im Gegensatz zu den meisten anderen Kindern in ihrem Alter begann Sudhamani ihre Muttersprache Malayalam schon zu sprechen, als sie ein knappes halbes Jahr alt war. Kaum konnte sie einigermaßen gut sprechen, trat schon ihre leidenschaftliche Begeisterung für die göttlichen Namen zutage, die sie ständig vor sich hinsang. Und bereits im Alter von zwei Jahren begann sie ohne irgendeine Anleitung Gebete zu sprechen und kurze Verse zum Lob Sri Krishnas zu singen. Natürlich waren die Familienmitglieder ziemlich verblüfft, als sie das hörten. Im Laufe des nächsten Jahres machte Sudhamani es sich zur Gewohnheit, die göttlichen Namen tagtäglich laut und melodisch vor sich hinzusingen, und das tut sie auch heute noch. Sie war jetzt vier Jahre alt. Jeden Tag saß sie vor ihrem kleinen Bildnis Krishnas und sang ihre aus einer oder zwei Zeilen bestehenden Kompositionen mit leidenschaftlicher Hingabe.

Schon als Kind strahlte Sudhamani eine große Energie und Lebhaftigkeit aus. Sie war ein gehorsames Kind, und alle liebten sie. Selbst Menschen, die sie gar nicht kannten, fühlten sich auf unerklärliche Weise zu ihr hingezogen und hatten sie gern. Schon von frühester Kindheit an zeigten sich bei ihr edle Charakterzüge wie die Liebe zu Gott und die Sorge um ihre Mitmenschen. Daher riefen alle im Dorf sie zärtlich bei dem Kosenamen «Kunju», was soviel bedeutet wie «die Kleine». Merkwürdigerweise wurde Sudhamani gerade wegen dieser guten Eigenschaften später von ihren eigenen Familienangehörigen und Verwandten beschimpft und mißhandelt.

Als Sudhamani fünf Jahre alt war, begann ein ständiger Strom der Hingabe an Sri Krishna von ihrem Herzen auszugehen, und bald nahm diese Liebe die Form hingebungsvoller religiöser Lieder an. Ihre Gesänge waren von schmerzlicher Sehnsucht nach ihrem geliebten Krishna erfüllt, und die gefühlvolle Stimme, mit der sie diese einfachen und doch zutiefst mystischen Lieder sang, war bald allen Dorfbewohnern vertraut. Während sie sang, betrachtete sie das Bildnis Krishnas, das sie immer in ihrem Hemd trug. Dann saß sie lange Zeit regungslos da. Dieses ungewöhnliche Verhalten und diese innige Hingabe erstaunte jedermann und erregte die Aufmerksamkeit der religiösen Dorfbewohner. Sie standen jeden Morgen frühzeitig auf, nur um zu hören, wie das kleine Mädchen mit seinen Gesängen den neuen Tag begrüßte.

**Ampati tannile**

*Gott, Beschützer «Gokulams», des geliebten Kindes der Ampati, o Herr des Ozeans, in dem Milch fließt,*

*O Du Farbe der Wolken, o Du mit den Lotosaugen,*
*Ich bete Dich an mit gefalteten Händen . . .*

*O Du, bitte gewähre dem Sünder Befreiung von seinen Sünden.*
*O Du Farbe der schwarzen Wolken,*
*Bitte hab Mitleid mit den armen Menschen in diesem Dorf . . .*

*O flötespielender Gott im gelben Kleid!*
*O Gott, der Du die Jasmingirlande getragen hast!*
*Bitte komm und spiel auf Deiner Flöte!*
*O Zerstörer von Poothana, bitte beschütze mich!*

*O Gott, von einer riesigen Schlange beschützt,*
*O Herr von Gokulam, der den Wolkenbruch verhinderte.*
*O bitte, laß mich zu Deinen Lotosfüßen liegen*
*Und befreie mich von dem Schmerz meiner Seele . . .*

Schon in diesem Alter zeigten sich bei Sudhamani göttliche Züge. Manchmal, wenn sie mit kindlichen Spielen oder anderen täglichen Verrichtungen beschäftigt war, zog sie sich ganz plötzlich in sich selbst zurück. Dann sahen ihre Eltern oder Geschwister sie regungslos an einem einsamen, abgeschiedenen Ort sitzen. Manchmal saß sie auch am Ufer der Backwaters und blickte unverwandt hinein oder betrachtete schweigend den blauen Himmel, als befinde sie sich plötzlich in einer anderen Welt. Oft saß sie schweigend und mit geschlossenen Augen da. Wenn man sie dann aus ihrem merkwürdigen Zustand der Entrückung aufweckte, war sie zerstreut und geistesabwesend.

Die Eltern begriffen nicht, was diese seltsamen Zustände ihrer Tochter zu bedeuten hatten, und schalten Sudhamani, weil sie nicht spielte wie alle anderen Kinder. Das war der Beginn ihrer langen Leidenszeit, in der sie beschimpft und mißhandelt wurde, weil niemand für ihre Zuflucht in das Reich des Göttlichen Verständnis hatte. Die Eltern fürchteten, das eigenartige Verhalten ihrer Tochter könne der Beginn einer psychischen Störung sein.

Als Sudhamani fünf Jahre alt wurde, kam sie in die erste Klasse der Srayicadu-Schule im nahegelegenen Dorf. Schon in diesem Alter stach sie durch außergewöhnliche Intelligenz und ein erstaunliches Gedächtnis hervor. Sie brauchte eine Lektion nur ein einziges Mal zu hören, und schon wußte sie sie auswendig und vergaß nie wieder ein Wort davon. Mühelos konnte sie alles hersagen, was man ihr im Unterricht beigebracht hatte oder was sie sich einmal durchgelesen hatte. Als sie in die zweite Klasse kam, konnte sie auch die Lektionen der höheren Klassen mit Leichtigkeit im Gedächtnis behalten. Sie brauchte nur mitzuhören, wenn die Texte laut vorgelesen wurden. Die Kinder der höheren Klassen, darunter auch ihr älterer Bruder und ihre ältere Schwester, wurden von den Lehrern manchmal streng bestraft, weil sie Gedichte nicht auswendig lernen konnten. Doch Sudhamani, die in die untere Klasse ging, sang diese Gedichte mit melodischer Stimme und tanzte dazu. Alle Lehrer mochten sie und staunten über ihr Gedächtnis, das sie bisher noch bei keinem Kind erlebt hatten. Sie bekam in allen Fächern gute Noten und war die beste Schülerin der Klasse, obwohl sie wegen ihrer vielen Pflichten im Haushalt häufig nicht zur Schule kommen konnte.

Sudhamanis erstaunliches Gedächtnis zeigt sich auch noch an einem anderen Zwischenfall. Eines Tages, fünf Monate nach Sudhamanis Geburt, ging Damayanti aus dem Haus und ließ das Kind in der Obhut Sugunanandans zurück. Aus irgendeinem Grund wurde das Baby unruhig und begann zu weinen. Sugunanandan, der ein solches Verhalten von dem Kind nicht gewöhnt war, versuchte es zu beruhigen, aber es gelang ihm nicht. Schließlich verlor Sugunanandan die Geduld, wurde zornig und warf das Kind mit einer heftigen Bewegung auf sein Bettchen.

Viele Jahre später sagte Sudhamani zu ihrem Vater: «Du hast mich damals so heftig aufs Bett geworfen. Du hättest mich beinahe umgebracht!» Zuerst verstand Sugunanandan nicht, was sie damit meinte. Doch nach ein paar Monaten fiel ihm der Zwischenfall wieder ein, und er war wieder einmal erstaunt über das Gedächtnis seiner Tochter.

In der Schule verbrachte Sudhamani alle Pausen damit, ihre Hausaufgaben zu erledigen, damit sie zu Hause möglichst viel Zeit dem Gottesgedenken widmen konnte. Wenn sie von der Schule heimkam, half sie ihrer Mutter zunächst bei der Hausarbeit. Sobald es im Hause nichts mehr zu tun gab, begann sie selbstvergessen religiöse Lieder zu singen.

Schon von Kindheit an achtete Sudhamani sehr darauf, ihre Zeit sinnvoll zu nutzen. Sie vergeudete nie auch nur eine Sekunde damit, müßig herumzusitzen. Wenn sie ihre immer zahlreicher werdenden Pflichten im Haushalt erledigte, sang sie ständig den göttlichen Namen Krishnas und stellte sich dabei Krishnas schöne Gestalt vor. Sie lebte in ihrer eigenen Welt.

Das Haus, in dem Sudhamani ihre Kindheit verbrachte, bestand aus zwei oder drei winzigen Räumen und einer Küche. Da die Familie auf so engem Raum zusammenleben mußte, baute Sugunanandan an den Kuhstall noch ein kleines Zimmer[4] an, in dem die Kinder ihre Hausaufgaben erledigen sollten. Sudhamani jedoch verbrachte ihre Kindheit weitgehend im Kuhstall, meditierte und sang ihre hingebungsvollen Lieder. In diesem Kuhstall

---

[4] In der Nähe dieses Kuhstalls steht der heutige Tempel.

hielten sich auch noch zwei andere Menschen auf: eine alleinstehende Frau namens Potichi, die Friseuse war, und ihr Kind. Sugunanandan hatte Mitleid mit diesen hilflosen Menschen gehabt und ihnen erlaubt, dort zu wohnen. Potichi liebte Sudhamani sehr. Sie trug sie immer auf ihrer Hüfte und kümmerte sich viel mehr um sie als Damayanti.

So lebte die kleine Sudhamani in dem Kuhstall und richtete ihr ganzes Denken und Fühlen auf die schöne Gestalt Krishnas. Ebenso wie Krishna liebte sie Kühe. Sie verbrachte ihre ganze Freizeit allein in dem Kuhstall und gab sich ihren Träumen von Krishna und der Sehnsucht hin, seine strahlende Gestalt zu erblikken.

Wegen ihres liebevollen Wesens war die kleine Sudhamani ständig von Kindern umringt. Wann immer sich eine Gelegenheit dazu ergab, kamen sie in das Haus der Familie Idamannel, um mit ihr zu spielen und Gras für die Kühe zu pflücken. Obwohl Sudhamanis kleine Freundinnen und Freunde an solchen Arbeiten kein Interesse hatten, beteiligten sie sich gern daran, nur um ihre fröhliche Gesellschaft genießen zu können. Sie fühlten sich alle auf geheimnisvolle Art und Weise zu ihr hingezogen und liebten sie sehr. Wenn alle Arbeit erledigt war, spielte Sudhamani mit den Kindern und führte Krishna Lila vor, Krishnas transzendentale Spiele seiner Kindheit. Sie brachte die ganze Gruppe dazu, im lauten Chor die Lieder zu singen, die ständig ihr Gemüt erfüllten.

Niemand hatte Verständnis für Sudhamanis Hingabe an Krishna, die von Tag zu Tag intensiver wurde. Tagein, tagaus sang sie ihre Lieder, die von der schmerzlichen Sehnsucht nach einer Vision der göttlichen Schönheit Krishnas erfüllt waren. Immer häufiger verfiel sie in einen Zustand der Ekstase, und zwar nicht nur, wenn sie in ihrem Kuhstall saß. Manchmal vergaß sie die Welt um sich her, sang und tanzte ekstatisch im Kreise umher. Das folgende Lied komponierte sie im Alter von sieben Jahren:

*Beschütze mich, o höchster Gott, der Du*
*In der Stadt Guruvayoor wohnst . . .*
*O Krishna, Kind, das die Kühe hütete,*

*O Herr des Universums, Gemahl der Göttin Lakshmi,*
*Beschütze mich, o Krishna, Geliebter Radhas,*
*O Krishna, Geliebter der Gopis,*
*O Krishna, Du Sohn von Nanda,*
*O Krishna, den alle lieben und verehren . . .*

Die Familie und die Nachbarn hatten keine Ahnung von diesen Zuständen der Verzückung, in die Sudhamani immer wieder verfiel. Sie hielten sie für kindische Spiele. Einmal warf Damayanti einen Blick durch das Schlüsselloch und rief: «Sieh nur, wie unsere Tochter tanzt! Wir sollten ihr Tanzunterricht geben lassen!» Denn Sudhamanis Eltern kannten nur den weltlichen Tanz. Sie hatten nie davon gehört oder gelesen, daß es auch Menschen gibt, deren Tanz von göttlicher Seligkeit inspiriert ist, und hielten Sudhamanis Gesänge und Tänze lediglich für Eskapaden ihrer etwas überspannten und allzu phantasievollen Tochter.

Sudhamanis Sehnsucht, Krishna zu sehen und mit ihm eins zu werden, ließ nicht nach, und aus ihrem überströmenden Herzen ergoß sich ein beständiger Strom sehnsüchtiger Lieder. Ihre Gesänge waren aus dem täglichen Leben der Dorfbewohner nicht mehr wegzudenken. Immer wieder betrachtete sie das kleine Bild Krishnas, das sie stets bei sich trug. Sie schüttete ihm in ihren Liedern und Gebeten ihr Herz aus und rief immer wieder verzweifelt: «O geliebter Krishna, überall um mich her sehe ich nur Leid und Sorgen! Oh, Krishna! Bitte vergiß Dein kleines Kind nicht. Ich rufe ständig nach Dir, warum kommst Du nicht und spielst mit mir?»

Das folgende Lied, das sie im Alter von acht Jahren komponierte, gibt uns einen Eindruck von der tiefen Religiosität dieses kleinen Mädchens.

**Kanivin Porule**

*O mitleidsvoller Gott, o Inbegriff der Gnade,*
*O Krishna, gib mir Zuflucht!*

*O Krishna, weißt Du nichts von den brennenden Tränen,*
*Die aus meinen Augen strömen?*
*Ich lege Blumen zu Deinen Füßen,*
*Die die Schlange Kaliya zertreten haben,*
*Und bete Dich an, o Krishna . . .*

*Du kamst als Wagenlenker Arjunas*
*Nach Kurukshetra und beschütztest*
*Die Wahrheit und die Rechtschaffenheit . . .*
*O Herr und Beschützer des* dharma,
*Hab' ein wenig Mitleid mit uns!*

*O Herr der Gita, Liebhaber göttlicher Musik,*
*Gib mir die Fähigkeit, Deine Lieder zu singen . . .*
*O Liebhaber hingebungsvoller Gesänge,*
*Hörst Du nicht, wie aus meinem innersten Herzen*
*Deine heiligen Namen erklingen?*

Das traurige Gesicht und die klagenden Lieder des kleinen Mädchens rührten die mitfühlenden Herzen der Dorfbewohner. Doch sie ahnten immer noch nichts von ihrem großen Geheimnis, dem ekstatischen Glück ihrer Hingabe an Krishna.

Wahrscheinlich hätte nur ein Weiser Verständnis dafür gehabt.

# Zweites Kapitel
## Die Dienerin Gottes

Mutter ist die Dienerin der Diener. Sie hat keinen besonderen Platz, an dem sie wohnt. Sie wohnt in euren Herzen . . .

Mata Amritanandamayi

*Kaminiriti hi yaminishu khalu kamaniyaka nidhe bhavan*
*poornasammada-rasarnavam kamapi yogigamya-manubhavayan.*

*Brahmasankara-mukhanapiha pasupanganasu bahumanayan*
*Bhaktaloka-gamaniyarupa kamaniya Krsna paripahi mam.*

Oh, Du Schatzkammer der Schönheit! O Herr, der Du nachts den liebeskranken Gopis jene intensive geistige Freude schenktest, die nur Yogis erlangen, so daß sie selbst für Brahma und Shiva verehrungswürdig wurden. O Krishna mit der lieblichen Gestalt, erreichbar nur für jene, die sich Dir hingeben, sei gnädig und beschütze mich!

Srimad Narayaneeyam: Gesang 69, Vers 11

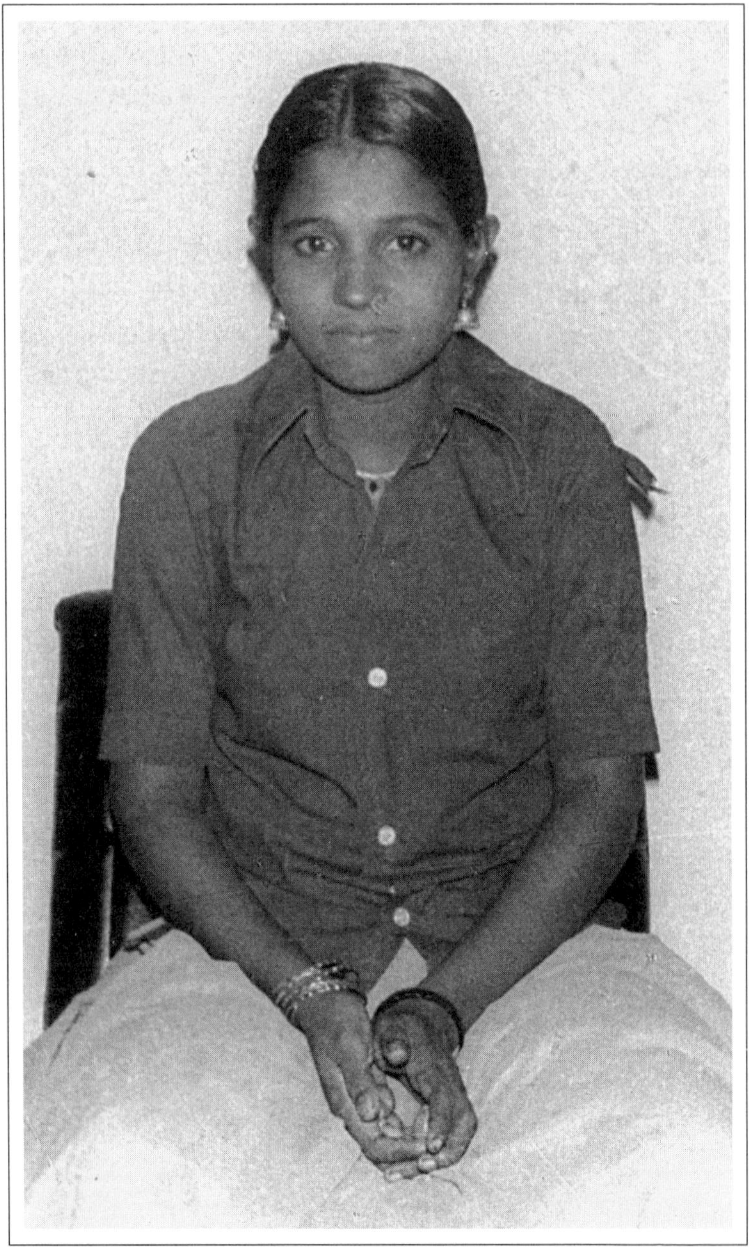

Als Sudhamani neun Jahre alt war, kam sie in die vierte Klasse. Inzwischen hatte ihre ständig leidende Mutter ihr einen großen Teil der Hausarbeiten übertragen. Sie stand jeden Tag vor Morgengrauen auf, erfüllte ihre Pflichten im Haushalt und rannte dann in die Schule. Wenn sie abends heimkehrte, verbrachte sie die Zeit, die nicht mit Hausarbeit ausgefüllt war, mit Meditation und Gebeten. Sie trug ihr Bildnis Krishnas immer noch ständig mit sich herum und vergoß Tränen, wenn sie es umarmte und küßte. Das Bild war immer naß von ihren Tränen.

Manchmal ging Damayanti weit fort, um Wasser zu holen, und ließ ihre kleine Tochter zu Hause zurück. Doch Sudhamani folgte ihr unbemerkt, weil sie dachte, sie könnte ihrer Mutter vielleicht behilflich sein. Wenn Damayanti versuchte, sie davon abzuhalten, protestierte Sudhamani laut. Weil sie in dieser Hinsicht so hartnäckig war, sperrte Damayanti sie manchmal sogar in einem Zimmer ein und versuchte ihr Angst zu machen, indem sie sagte: «Paß auf, gleich kommt ein Geist und holt dich!» Doch Sudhamani fürchtete sich vor niemandem. Schon von klein auf war sie mutig und unerschrocken. Das flößte den Dorfbewohnern, die das kleine Mädchen ohnehin schätzten und liebten, noch mehr Achtung ein.

In dem Dorf lebte eine Frau, die dafür bekannt war, daß sie kleinen Kindern gern einen Schrecken einjagte. Manche Eltern, deren Kinder zuviel Unfug anstellten, riefen sie sogar eigens herbei, damit sie die Kinder erschreckte und dadurch zum Gehorsam brachte. Die Frau hieß Appisil Amma. Manchmal wurde sie auch in das Haus der Familie Idamannel gerufen, um die kleine Sudhamani zu ängstigen. Dann schlich sie sich zu dem Fenster, an dem Sudhamani saß, zog sich einen Sack über den Kopf, sprang hin und her, kreischte und machte bedrohliche Gesten. Doch Sudhamani sagte ungerührt: «Geh weg, ich weiß, wer du bist. Du bist Appisil Amma. Versuche nicht, mir Angst einzujagen!»

Wie ein verlassenes, unglückliches Kind rief Sudhamani immer wieder nach ihrem geliebten Krishna. Die Dorfbewohner waren nun überzeugt davon, daß sie in einer anderen Welt lebte. Sie verstanden zwar nicht, warum sie so traurig war, hatten aber trotzdem Mitleid mit ihr und sagten: «Was für ein Jammer! Das arme Mädchen weint die ganze Zeit. Sie scheint nur auf die Welt gekommen zu sein, um Tränen zu vergießen. Was ist nur mit ihr los? Machen ihre Eltern ihr das Leben schwer? Aber warum? Was hat sie nur getan, daß sie all diese Qualen erdulden muß?» Alle hatten Mitleid mit Sudhamani, und manche versuchten sogar, sie zu trösten. Aber niemand konnte ihre unstillbare Sehnsucht nach Vereinigung mit Krishna befriedigen.

Wie bereits erwähnt, liebten alle Dorfbewohner das kleine Mädchen wegen seines Gleichmuts, seines Mitleids mit allen Lebewesen und wegen seiner melodischen Gesänge. Alle, die das Glück hatten, Sudhamani kennenzulernen, schlossen sie in ihr Herz. Doch die eigene Familie war ihr nicht so freundlich gesonnen. Vor allem ihre Mutter und ihr ältester Bruder ärgerten sich über ihr merkwürdiges Verhalten.

Damayanti hatte inzwischen noch fünf weitere Kinder zur Welt gebracht, und ihr Gesundheitszustand hatte sich immer mehr verschlechtert. Sie konnte die Hausarbeit nicht mehr erledigen. Diese Aufgabe, die schon vorher teilweise Sudhamani zugefallen war, ruhte nun völlig auf ihren Schultern. Kasturi, die älteste Tochter, und Subhagan, der älteste Sohn, gingen auf ein College in der Nähe. Daher war Sudhamani ganz allein für den Haushalt verantwortlich. Das war der Beginn eines Lebens voller Leiden und Prüfungen für das kleine Mädchen.

Da sie so mit Arbeit überlastet war, blieb ihr nichts anderes übrig, als ihre Ausbildung zu vernachlässigen. Meistens schaffte sie es nicht, pünktlich zur Schule zu kommen. Sobald sie ihre Pflichten im Haushalt erfüllt hatte, hastete sie in die Schule. Doch dann hatte der Unterricht meistens schon begonnen, und zur Strafe für ihr Zuspätkommen mußte Sudhamani draußen vor der Tür stehen. Trotzdem verfolgte sie den Unterricht aufmerksam. Irgendwie gelang es ihr, die vierte Klasse zu vollenden.

Doch als sie in die fünfte Klasse kam, war es ihr nicht mehr möglich, die Hausarbeiten und ihre schulischen Pflichten zugleich zu bewältigen. Daher war sie schon im Alter von zehn Jahren gezwungen, von der Schule abzugehen. Nun mußte sie sich ganz dem Haushalt widmen. Sie arbeitete vom frühen Morgen bis in die späte Nacht hinein. Doch selbst bei ihrer schweren Arbeit sang oder rezitierte sie ständig die göttlichen Namen ihres geliebten Krishna. Manchmal versank sie mitten bei der Arbeit völlig in ihre hingebungsvolle Stimmung an Krishna und vergaß alles um sich her.

Jeden Tag stand Sudhamani um drei Uhr morgens auf. Wenn sie vor Erschöpfung einmal ein wenig länger schlief, schüttete Damayanti ihr einen Krug kaltes Wasser ins Gesicht. Nach dem Aufstehen mußte sie zuallererst die Kokosnußschalen mit einem Stößel zu weichen Fasern zerklopfen. Diese Fasern werden zur Herstellung von Kokosfasergarn verwendet. Danach begann sie mit der Hausarbeit. Sie säuberte das Haus und fegte den Hof, holte Wasser, wusch die Kochtöpfe, kochte das Essen und versorgte ihre kleineren Brüder und Schwestern, damit sie in die Schule gehen konnten. Dann mußte sie die Kühe waschen und füttern, nach dem Mittagessen wieder die Töpfe reinigen, die Wäsche der ganzen Familie waschen und Gras für die Kühe sammeln. Inzwischen war es vier Uhr nachmittags, und ihre Brüder und Schwestern kamen aus der Schule zurück. Sudhamani bereitete Tee und einen kleinen Imbiß für sie zu. Zwischen diesen Arbeiten mußte sie auch noch Zeit finden, in die Nachbarhäuser zu gehen und Gemüse- und Reisabfälle für die Kühe zu sammeln. Außerdem trug Damayanti ihr auch noch auf, Arbeiten in diesen Häusern zu verrichten, wenn sie feststellte, daß der Haushalt dort nicht ordentlich geführt wurde. Anschließend bereitete Sudhamani das Abendessen für ihre Familie zu und wusch wieder die Gefäße aus.

Niemand kam auf den Gedanken, ihr bei der Arbeit zu helfen. Sie galt jetzt als die Dienerin der Familie. Damayanti überwachte jede Arbeit ihrer Tochter mit scharfem Blick, und wenn sie sie bei einem noch so geringen Fehler ertappte, bestrafte sie sie sofort. Sudhamanis einziger Freund war Krishna, dessen Namen sie niemals auch nur eine Sekunde lang vergaß und der ihre einzige

Inspiration war. Selbst bei der Arbeit traten ihr oft Tränen in die Augen, wenn sie an ihren geliebten Gott dachte. Manchmal weinte sie stundenlang.

Gegen elf Uhr abends war Sudhamanis Arbeitstag schließlich zu Ende. Das war die einzige Zeit, die dem unschuldigen kleinen Mädchen blieb, um sich auszuruhen. Sie ruhte aber nicht im Bett, sondern eher in sich selbst – das heißt, sie rief unermüdlich nach Krishna. Wenn alle anderen fest schliefen, setzte Sudhamani sich vor den Familienschrein, schüttete Krishna in ihren Gesängen ihr Herz aus und weinte sich in den Schlaf.

**Krishna Niyennil Karunyamekane**

*O Krishna, bitte hab Mitleid mit mir!*
*O Vishnu, ich bete Dich an mit gefalteten Händen!*
*Bitte befreie mich von der Bürde*
*der Sprache, des Geistes und des Körpers!*
*Bitte beschütze mich mit Deiner Liebe!*

*O Krishna, Du Freund der Unglücklichen,*
*Hast Du kein bißchen Mitleid mit mir?*
*Wohnst Du nur in Deinem goldenen Tempel?*
*Sind Deine glänzenden Augen trüb geworden?*

*O Ozean des Mitleids,*
*Du schenkst den Menschen, die Dich verehren, Deine Liebe!*
*Deine Füße sind die ewige Stütze, auf der die Welt ruht!*

Schon damals geriet Sudhamani sofort in Verzückung, wann immer irgendein herzergreifender Anblick oder Gesang sie dazu inspirierte. Eines Tages ging sie auf den Markt, um einzukaufen. Bei ihrer Rückkehr hörte sie aus der Ferne die Klänge eines andachtsvollen Liedes und fühlte sich davon angezogen. Ohne nachzudenken und halb unbewußt wandte Sudhamani sich um und ging in die Richtung, aus der die Töne kamen. Dort angekommen, stellte sie fest, daß eine Christenfamilie, in der an diesem Tag jemand gestorben war, das Lied sang. Die Angehörigen saßen rund um die Leiche und sangen mit schmerzerfüllter

Stimme Hymnen. Da vergaß Sudhamani alles um sich her und stand regungslos und verzückt da. Sie hatte die Augen geschlossen, und Tränen liefen ihr über die Wangen. Die Waren, die sie gekauft hatte, fielen ihr aus den Händen, und die Menschen, die in dem Haus versammelt waren, konnten die plötzliche Wandlung, die mit dem Mädchen vorgegangen war, nicht begreifen. Sie nahmen irrtümlicherweise an, der Tod ihres Verwandten habe das Kind zu Tränen gerührt.

Erst nach einer halben Stunde erlangte Sudhamani teilweise das Bewußtsein wieder. Sie hob die Waren, die sie fallen gelassen hatte, wieder auf und machte sich hastig auf den Heimweg. Aber es war zu spät. Damayanti wartete bereits wutentbrannt vor dem Haus, beschimpfte Sudhamani und schlug heftig auf sie ein. Das Kind war immer noch in sich gekehrt und ließ diese derbe Behandlung schweigend und ungerührt über sich ergehen. Nichts konnte es aus seiner Versunkenheit reißen.

Abgesehen von ihrer außergewöhnlichen Intelligenz, ihrer unerschütterlichen Fröhlichkeit, ihrer Hingabe zu Gott und ihrem herzbewegenden Gesang war Sudhamani vor allem für ihr großes Mitleid mit den Armen und Bedürftigen bekannt. Damayanti ertappte ihre Tochter manchmal dabei, wie sie Butter, Milch oder Quark stiebitzte und sich damit davonschlich wie einst Sri Krishna, der berüchtigte Butterdieb. Erst später entdeckte Damayanti, daß Sudhamani diese Nahrungsmittel hungernden Familien brachte. Die gestohlene Menge Milch oder Quark ersetzte sie durch Wasser. Wenn sie dabei entdeckt wurde, bekam sie Schläge. Außerdem machten ihre Brüder und Schwestern sich dieses Mitleid häufig zunutze, indem sie ebenfalls Nahrungsmittel stahlen, die sie aber selbst aßen, und Sudhamani dann des Diebstahls bezichtigten. Obwohl Sudhamani wußte, wer der wahre Dieb war, sagte sie niemals ein Wort gegen ihre Geschwister. Schweigend ertrug sie die Schläge ihrer Mutter.

Wenn Sudhamani von einer hungernden Familie erfuhr, entwendete sie Geld aus der kleinen Sparbüchse ihrer Mutter, um der Familie wenigstens das Nötigste zu kaufen, was sie zum

Leben brauchte. Wenn ihr das nicht gelang, ließ sie ihrem Vater keine Ruhe, bis er ihr ein wenig Geld gab. Wenn sie die nötige Geldsumme auf diese Weise nicht zusammenbekam, brachte sie der bedürftigen Familie Nahrungsmittel aus den kärglichen Vorräten ihrer Eltern.

Abgesehen von ein paar kindlichen Scherzen lag allen Streichen Sudhamanis eine uneigennützige Absicht zugrunde. Sie hatte ein angeborenes Mitgefühl mit allen leidenden Menschen. Trotz des Leides, das Sudhamani erdulden mußte, verschaffte es ihr ein ungeheures Gefühl des Glücks und der Befriedigung, anderen Menschen zu helfen und ihnen Frieden zu schenken. Sie ließ sich durch die Strafen nicht abschrecken. Niemals verriet sie den hungernden Dorfbewohnern, was sie alles erdulden mußte, um ihnen helfen zu können.

Tagsüber ging Sugunanandan seinem Fischhandel nach und war fast nie zu Hause. Erst spät nachts, wenn alle Kinder fest schliefen, kehrte er heim. Dann zählte Damayanti ihm zuallererst auf, welche Missetaten ihre Tochter an diesem Tag wieder begangen hatte. Einmal hörte Sudhamani, die noch wach war und sich nur schlafend stellte, diese Beschwerden mit an und rief laut: «Ich kann nicht deine Tochter sein. Wahrscheinlich bin ich nur deine Schwiegertochter!» Damayanti war sehr bestürzt über diese Worte. Es war klar, was Sudhamani damit meinte. Eine wahre Mutter würde Nachsicht üben und ihrer Tochter ihre Fehler verzeihen. Nur bei den Fehlern einer Schwiegertochter war man so penibel.

Damals ahnte noch niemand, daß dieses kleine Mädchen mit seinem unstillbaren Drang, das Leid und den Kummer der Menschen zu lindern, bald Tausende von Anhängern an die ferne Küste des Arabischen Meeres locken würde, so wie eine Oase den Verdurstenden anlockt. Keiner wußte, daß der Einfluß dieses noch nicht einmal zehn Jahre alten Mädchens, das in einem entlegenen Fischerdorf lebte, bald auf der ganzen Welt spürbar sein würde.

Obwohl Sudhamani ihre Pflichten äußerst gewissenhaft erledigte, ließ Damayanti sie schon beim kleinsten Versäumnis die

Rute fühlen. Wenn Sudhamani einmal ein wenig nachlässiger war als sonst, warnte Damayanti sie sofort: «Mädchen, sei nicht faul! Wenn du untätig herumsitzt, wird Gott dir keine Arbeit geben, und dann mußt du verhungern. Bete immer zu Gott, daß er dir Arbeit geben möge. Das tun alle Menschen.» Von da an betete Sudhamani ständig: «O Krishna, bitte gib mir Arbeit, gib mir Deine Arbeit!»

Nachts betete sie in dem Zimmer, in dem der Familienschrein stand, mit Tränen in den Augen zu Krishna. «Oh, mein geliebter Krishna, niemand außer Dir versteht mich und kann in mein Herz hineinsehen. Diese Welt ist voller Leid und Kummer, und überall regiert die Selbstsucht. Die Menschen streben nur nach ihrem eigenen Glück und Vergnügen. Mein geliebter Kanna[1], ich begehre nichts, außer völlig mit Dir eins zu sein. O Gott, siehst du mein Leiden nicht? Bitte komm zu mir! Laß mich Deine göttliche Gestalt sehen! Die Qualen, die ich erdulden muß, machen mir nichts aus, aber von Dir getrennt zu sein, bricht mir das Herz.»

In dieser Zeit komponierte Sudhamani das folgende Lied:

**Karunya Murte**

*Oh, Du Inbegriff des Mitleids, o Gott mit der dunklen Haut,*
*Bitte sei gnädig und öffne Deine Augen.*
*Bist Du nicht der Zerstörer allen Kummers?*
*Wenn das so ist, nimm mein Leid von mir!*

*In dieser Welt bist Du meine Zuflucht,*
*O strahlender Gott, dessen Augen*
*Roten Lotosblütenblättern gleichen. O Krishna,*
*Mit den Blüten meiner Tränen bete ich Dich auf ewig an . . .*

*O Gopala, der Du alle Gemüter bezauberst,*
*Ich irre hilflos in der Dunkelheit umher.*
*O Du, der die vierzehn Welten erfüllt, o Sridhara,*
*Öffne Deine Augen und befreie mich von meinem Schmerz.*

---

[1] Ein anderer Name für Krishna.

Sudhamani war nun dreizehn Jahre alt und hatte drei Jahre voll schmerzlicher Sehnsucht und schwerer Prüfungen hinter sich. Je älter sie wurde, desto mehr Pflichten wurden ihr aufgebürdet.

Um diese Zeit wurde auch ihre spirituelle Praxis immer intensiver. Ständig bewegten sich ihre Lippen im Gesang des göttlichen Namens. Er durchflutete sie und ihre Umgebung wie ein unendlicher Strom.

## Bei den Verwandten

Im Küstengebiet von Alappad waren keine Diener für die Küchendienste und andere Haushaltsarbeiten zu finden, da es viel einträglichere Arbeit gab, zum Beispiel das Nähen von Fischernetzen und die Herstellung von Kokosfasergarn. Außerdem betrachteten die Fischer jede Arbeit außer dem von ihren Vätern ererbten Beruf als entehrend. Daher mußten alle Mädchen, die von der Schule abgingen, tagein, tagaus hart arbeiten und sich um den Haushalt kümmern. Außerdem wurden sie häufig auch noch in die Häuser ihrer Verwandten geschickt, um dort Dienste zu leisten. Es war üblich, daß die Eltern solcher Mädchen von ihren Verwandten um diese Dienste gebeten wurden.

So war es auch bei Sudhamani. Ihre Verwandten bestanden darauf, daß sie zu ihnen geschickt wurde, um in ihrem Haushalt zu arbeiten. Schließlich gaben Sudhamanis Eltern diesem ständigen Drängen nach und schickten sie ins Haus ihrer Großmutter mütterlicherseits. Und so mußte Sudhamani in den nächsten vier Jahren in den Häusern verschiedener Verwandter die Rolle des Dienstmädchens spielen.

Sudhamanis Großmutter lebte sechs Kilometer südlich von Parayakadavu in einem Ort namens Bhandaraturuttu. Man erreichte ihn entweder, indem man mit dem Boot durch die Backwaters fuhr, oder indem man an der Küste entlangwanderte. Wie man sich vorstellen kann, hatten beide Wege eine berauschende Wirkung auf die kleine Sudhamani. Wenn sie im Boot saß, blickte sie zum blauen Himmel empor und vergoß Tränen bei dem Gedanken an ihren blauen Gott Krishna. Sie machte es sich zur Gewohnheit, zu dem Surren des Bootsmotors «Om» vor sich hinzusingen. Sie konzentrierte ihre Aufmerksamkeit auf die kleinen Wellen und versuchte sich darin die Gestalt ihres geliebten Krishna und seine göttlichen Spiele vorzustellen. Bald verfiel sie in einen Zustand der Verzückung, und ihr sanftes «Om» ging in hingebungsvolle Gesänge über. Auf diese Weise empfand sie die Entfernung niemals als weit und die Fahrt niemals als langweilig. Den anderen Menschen, die im Boot saßen, gefielen Sudhamanis melodiöse Lieder sehr, und sie wunderten sich auch gar nicht über ihr Verhalten, da sie sie schon immer für einen Menschen gehalten hatten, der aus einer anderen Welt stammte.

Doch die Freuden der Bootsfahrt währten nicht lange. Eines Tages, als Sudhamani ihre Mutter um das Fahrgeld bat, schalt Damayanti sie: «Wer bist du, daß du in einem Boot fahren mußt? Bist du eine Studentin? Du kannst zu Fuß gehen; das schadet dir nichts.» Kasturi hatte gerade zu studieren begonnen, was im Küstengebiet von Alappad nur wenige taten. Damayanti war ein wenig stolz darauf und gab ihr gern das Geld, das sie für ihre täglichen Ausgaben brauchte. Ein Studium war für die Bewohner dieses Gebietes etwas Besonderes, denn die meisten Familien waren viel zu arm, um ihren Kindern eine höhere Ausbildung zu ermöglichen. Und selbst wenn sie es sich leisten konnten, fehlte den Kindern häufig das Interesse und die Initiative, und so gab man die Idee rasch wieder auf. Daher ist es nicht verwunderlich, daß Damayanti ein wenig eingebildet war.

Sudhamani dagegen wurde wegen ihrer dunklen Hautfarbe und auch, weil sie nur ein Dienstmädchen war, kaum beachtet. Die Grobheit ihrer Mutter machte ihr nichts aus; im Gegenteil – es machte sie glücklich, am Strand entlangwandern zu dürfen. Es war herrlich, in der Einsamkeit in Ekstase zu verfallen und zu singen und zu tanzen. Die sechs Kilometer lange Wanderung war ein wunderbares Erlebnis für dieses kleine Mädchen, das das Meer als seine Mutter betrachtete.

Im Rhythmus der Meereswellen singend, wanderte Sudhamani am Strand entlang. Sie vergaß alles um sich her, und ihre Schritte verlangsamten sich immer mehr. Der Anblick des dunkelblauen Meeres und der blaugrauen Wolken über ihr benahm ihr die Sinne. Das Tosen des Meeres klang in ihren Ohren wie «Om» und hatte eine berauschende Wirkung auf sie. Manchmal erblickte sie Krishna in den Wellen und versuchte sie zu umarmen, und der Meereswind war für sie nichts anderes als eine sanfte Liebkosung Sri Krishnas. Hin und wieder rief sie laut: «Krishna! Krishna!» Sie versank immer mehr in diesen Zustand der Hingabe und ging mit unsicheren, taumelnden Schritten am Strand entlang. Schließlich verlor sie das Bewußtsein und fiel zu Boden.

Wenn sie dann wieder zu sich kam, brach sie in Tränen aus und betete: «Kanna, mein geliebter Krishna, komm zu mir! Wo bist Du hingegangen? Warum hast Du mich hier an dieser unbekannten Küste zurückgelassen? Wo bin ich? Oh, geliebter Krishna, komm, ehe die Wellen dieses Meeres der Wiedergeburten mich verschlingen! O Krishna, hebe mich Unglückliche vom Sand der irdischen Freuden auf. Bist Du nicht der Erlöser der Menschen, die Dich verehren? Weißt Du nichts von den Qualen meines Herzens? Was habe ich verbrochen, daß Du mich so leiden läßt? Oh, Herr aller Welten, habe ein wenig Mitleid mit Deiner bescheidenen Dienerin. Tag für Tag warte ich darauf, den schönen Klang Deiner göttlichen Flöte zu hören. O Krishna, bitte komm . . . bitte komm!»

Singend wanderte sie die Küste entlang. Nach einiger Zeit fiel sie wieder zu Boden und vergaß alles um sich her.

**Karunya Varidhe**

*O Krishna, Meer des Mitleids,*
*Die Qualen des Lebens werden immer größer . . .*
*Es gibt keinen Seelenfrieden,*
*Überall herrscht nur Verwirrung . . .*

*Vergib mir all mein Unrecht,*
*Wisch mir den Schweiß von der Stirn . . .*

*O Kanna, jetzt habe ich keine andere Stütze mehr*
*Als Deine verehrungswürdigen Lotosfüße . . .*

*O Krishna, meine Kehle wird immer trockener,*
*Mein Augenlicht läßt nach,*
*Meine Füße sind müde,*
*Ich falle zu Boden, o Krishna . . .*

So erreichte Sudhamani irgendwie das Haus ihrer Großmutter, wo eine erdrückende Arbeitslast auf sie wartete. Dennoch sang sie beglückt die Namen Krishnas vor sich hin und widmete sich eifrig ihrer Arbeit. Sie betrachtete jeden Augenblick ihres Lebens, ganz gleichgültig, ob er schön oder häßlich war, als Gelegenheit, dem Höchsten Herrn zu dienen und Seiner zu gedenken.

Manchmal wurde Sudhamani in eine Kornmühle geschickt, die ein wenig vom Haus ihrer Großmutter entfernt lag, um Reis zu schälen. Fröhlich machte sie sich auf den Weg und sang dabei ihre Lieblingslieder. Auf dem Weg zu dem Kornspeicher kam sie durch einen Teil des Dorfes, in dem viele Familien in äußerster Armut lebten. Die mitleidige Sudhamani war sehr niedergeschlagen, als sie die Not dieser Menschen sah. Auf dem Heimweg schenkte sie den Familien, die tagelang gehungert hatten, immer etwas Reis. Manchmal entdeckte ihre Großmutter, daß Reis fehlte, und glaubte, Sudhamani habe ihn verkauft und sich dafür etwas zu essen besorgt. Dann beschimpfte und schlug sie das Mädchen. Doch so sehr Sudhamani auch bedrängt wurde, sie verriet niemals den Namen der Familie, der sie den Reis geschenkt hatte, denn sie befürchtete, daß ihre Großmutter Streit mit den Leuten anfangen würde, wenn sie ihren Namen erfuhr.

Manchmal mußte Sudhamani auch Felder, in denen gerade Reis ausgesät worden war, vor Krähen und Geflügel bewachen. Die Felder waren ziemlich abgelegen, und wie üblich nutzte Sudhamani jede Situation, um sich dem Gedanken an Gott hinzugeben. Diese Arbeit war eine besonders günstige Gelegenheit für sie, fern von allen Familienmitgliedern in der Einsamkeit zu Gott zu beten. Jeder ihrer Atemzüge war von dem Klang des Namens «Krishna» erfüllt. Bei jedem Schritt stellte sie sich seine göttliche

Gestalt vor. So intensiv war ihre Liebe und Hingabe, daß sie manchmal in der Nähe des Feldes zusammenbrach, in Ekstase verfiel und weinte.

Es war ein großer Trost für Sudhamani, daß ihre Großmutter eine Anhängerin Krishnas war. An ihrer Wand hing ein Bildnis Krishnas, vor dem Sudhamani oft lange stand und hingebungsvolle Lieder sang, bis die Pflicht sie rief. Dann brachte ihr Onkel Ratnadasan, der sie sehr liebte, ihr einen Schemel, damit sie bei ihren Gebeten nicht zu stehen brauchte. Doch das Kind protestierte: «Wie kann ich sitzen, wenn Krishna steht!» Für sie war das Bildnis kein bemaltes Stück Papier, sondern Krishna selbst, der vor ihr stand. Für einen wahren Verehrer Krishnas gibt es keine unbelebte Materie. In allem offenbart sich die Herrlichkeit Gottes.

Die Nachbarn fühlten sich von den sehnsüchtigen Gesängen Sudhamanis unwiderstehlich angezogen und kamen, um ihr zuzuhören. Nach und nach lernten sie Sudhamanis Kompositionen und sangen sie vor ihren eigenen Schreinen. Als Schutz vor dem bösen Blick[2] bestrich Sudhamanis Onkel die Stirn seiner Nichte mit Asche, die durch besondere Gebete geweiht worden war.

So vergingen Herbst, Winter, Frühling und Sommer. Sudhamani war jetzt vierzehn Jahre alt und wurde in das Haus von Damayantis älterer Schwester geschickt. Wie üblich mußte sie sich ganz allein mit der schweren Hausarbeit abplagen. Zuerst kochte sie den ungeschälten Reis, dann legte sie ihn zum Trocknen in die Sonne. Außerdem mußte sie kochen, putzen und die ganze Wäsche der Familie waschen. Alle Kinder dieser Familie studierten und betrachteten es als Schande, Hausarbeit zu tun. Sie glaubten nicht an Gott und hänselten Sudhamani gnadenlos wegen ihrer hingebungsvollen Anbetung Krishnas. Sie versuchten auch, sie von ihren andächtigen Gesängen abzuhalten. Gegen diese herzlosen Menschen war die arme Sudhamani machtlos. Wenn es ihnen vorübergehend gelang, sie vom Singen abzubrin-

---

[2] Eine abergläubische Vorstellung, die in dieser Gegend herrscht.

gen, verbarg sie das Gesicht in den Händen und brach in Tränen aus. Aber den inneren Strom ihres Herzens zu ihrem Geliebten hin konnte niemand unterbrechen.

Da das Meer so nahe war, enthielten alle Gewässer rund um das Haus Salzwasser. Um Trinkwasser zu holen, mußte Sudhamani in einem kleinen Boot über die Backwaters zu dem weit entfernten Süßwasserbrunnen rudern. Manchmal ruderte sie auch die Kinder ihrer Tante zur Schule und zum College, und sie übernahm auch gern für die Kinder anderer Familien Fährmannsdienste.

Wenn sie mit dem Boot zum Hause ihrer Tante zurückfuhr, gab sie sich dem Genuß der Landschaft hin. Dann konnte sie unbehindert beten und singen, und ihre Sehnsucht nach einer Vision Krishnas steigerte sich bis ins Unermeßliche. Sie sprach zu den kleinen Wellen des Flusses: «O ihr Wellen, hat jemand von euch meinen Krishna gesehen, der die Farbe einer dunkelblauen Wolke hat? Habt ihr je die süßen, melodischen Klänge seiner bezaubernden Flöte gehört?» Doch die Wellen wogten weiter hin und her. Sudhamani hielt das für ein schlechtes Zeichen. Sie brach in Tränen aus und dachte: «Diese kleinen Wellen leiden genau die gleichen schmerzlichen Qualen wie ich, weil sie Krishna nicht sehen dürfen.» Alles war für sie ein Spiegel des entsetzlichen Schmerzes, den die Trennung von Krishna ihr bereitete. Laut weinend betrachtete sie die Landschaft und flehte: «Oh, ihr dunkelblauen Wolken am unendlichen Himmel, wo habt ihr meinen geliebten Krishna versteckt? Oh, ihr weißen, schnell über den Himmel fliegenden Kraniche, fliegt ihr nach Vrindavan[3]? Wenn ihr Krishna seht, bitte erzählt ihm von mir armem kleinem Mädchen, das immer an ihn denkt und seinetwegen viele Tränen vergießt!» Häufig verlor sie das Bewußtsein und saß regungslos wie eine Statue im Boot. Wenn sie dann allmählich wieder zu sich kam, stellte sie fest, daß ihr Boot in der Zwischenzeit ziellos umhergetrieben war.

Dieser Zustand der Verzückung, in den Sudhamani manchmal unabhängig von Zeit und Ort verfiel, brachte sie häufig in große

[3] Der Geburtsort Sri Krishnas.

Gefahr und kostete sie manchmal fast das Leben. Eines Tages ruderte Sudhamani nach dem Reisschälen in ihrem winzigen Kanu nach Hause zurück und genoß wie üblich die Schönheit der Natur. Sie blickte zum Himmel empor, über den dunkelblaue Wolken zogen. Dieser Anblick erinnerte sie an ihren geliebten blauen Krishna, und sie verlor das Bewußtsein und versank in *samadhi*[4]. Den Blick unverwandt gen Himmel gerichtet, saß sie regungslos da. Hin und wieder rief sie «Krishna, Krishna», nahm jedoch nichts von der Welt um sich her wahr. Das Kanu wurde von der Strömung davongetragen und geriet auf einen gefährlichen Kurs. Sudhamani hörte das Surren des großen Motorbootes nicht, das direkt auf ihr kleines Kanu zuhielt. Die Passagiere des großen Boots stießen erschrockene Schreie aus und versuchten vergeblich, das kleine Mädchen zu wecken. Auch die Leute, die am Ufer standen, schrien, und einige warfen in der Nähe des Kanus Steine ins Wasser, um Sudhamani zu warnen. Erst im letzten Augenblick kam das Mädchen wieder zu sich, und irgendwie gelang es ihm, sein Boot aus der Gefahr herauszumanövrieren.

* * * * * * *

Wieder war ein Jahr vergangen. Sudhamani diente jetzt im Hause von Damayantis ältestem Bruder Anandan in der ungefähr zehn Kilometer landeinwärts von Parayakadavu gelegenen kleinen Stadt Karunagappally. Zur großen Freude Anandans und seiner Frau erledigte Sudhamani ihre täglichen Pflichten mit äußerster Gewissenhaftigkeit und Begeisterung. Anandans Frau schenkte der Kleinen zur Belohnung sogar ein Paar Ohrringe.

In der Nähe des Hauses ihres Onkels lebten viele moslemische Familien, und die meisten waren sehr arm. Daher entwendete Sudhamani heimlich Gegenstände aus dem Hause ihres Onkels und gab sie diesen Familien. Anfangs fiel es niemandem auf, doch

---

[4] Ein fortgeschrittenes Stadium der Meditation, in dem das Bewußtsein des Menschen vollständig mit dem Höchsten Bewußtsein verschmolzen ist.

eines Tages wurde sie dabei ertappt. Da faßten Anandan und seine Frau eine Abneigung gegen das kleine Mädchen, und Sudhamani bekam oft Schläge von ihrer Tante. Dennoch fühlte sie sich nie gekränkt. «Warum sollte ich beleidigt sein?» dachte sie. «Man kann nur eine Abneigung gegen einen Menschen haben, wenn man sich als von ihm getrenntes Wesen empfindet. Aber ich habe nie das Gefühl, von den anderen Menschen getrennt zu sein. Sogar in meinem eigenen Hause wurde ich geschlagen. Also ist es nichts Neues für mich, wenn man mich auch hier so behandelt.»

Obwohl sie mehrmals sehr streng bestraft wurde, ließ sie sich nicht davon abbringen, Mitleid mit unglücklichen Menschen zu haben und ihnen etwas zu schenken.

Mit ihrem scharfen, alles durchdringenden Verstand leitete sie aus allem, was sie erlebte, die wesentlichen geistigen Prinzipien ab. Die Prüfungen und Qualen, die sie erdulden mußte, beschrieb sie später als Segnungen, die ihr von Gott zuteil wurden, damit sie die Vergänglichkeit der Welt und der menschlichen Beziehungen erkannte:

«All diese Erlebnisse zeigten mir, daß die Welt voller Leiden ist. Es gibt keine wahren Angehörigen und keine wahren zwischenmenschlichen Beziehungen, da wir Menschen einander nur lieben, um unsere eigenen egoistischen Bedürfnisse zu befriedigen. Die menschliche Liebe beruht nur auf Begierde. Kein Mensch liebt einen anderen völlig selbstlos. Nur Gott besitzt selbstlose Liebe.»

Sudhamani erkannte deutlich, daß es ein großes Hindernis auf dem Weg zu ihrem höchsten Ziel sein würde, wenn sie weiterhin eine so enge Beziehung zu ihren Verwandten hatte. Schließlich ersann sie eine List, um sich von dieser Bindung zu befreien. Eines Morgens brach sie einen hitzigen Streit mit der Familie vom Zaun, nur um zu erreichen, daß die Verwandten auf ihre Dienste verzichteten und sie fortschickten. Ihr Onkel und ihre Tante waren sogar so hart, alle Geschenke zurückzunehmen, die sie ihr vorher gegeben hatten, auch die Ohrringe. Sudhamani wurde mit leeren Händen nach Hause geschickt. Ehe sie ging, sagte sie: «Eines Tages werdet ihr als Bettler zu mir kommen müssen. Bis dahin werde ich dieses Haus nicht mehr betreten.»

Tatsächlich geriet die Familie elf Jahre später in finanzielle Schwierigkeiten und bat Sudhamani um Hilfe. Erst da kehrte sie in ihr Haus zurück, hielt einen Gottesdienst ab und gab ihren Angehörigen auf diese Weise ihren Segen. An diesem Tag bereute Sudhamanis Tante, was sie ihr früher angetan hatte, und sagte: «Ich hätte nie gedacht, daß dieses kleine Mädchen eines Tages ein so großer Mensch werden würde. Wie unbarmherzig habe ich sie beschimpft und geschlagen!»

Der Höchste Herr ist stets darauf bedacht, die Prophezeiungen seiner wahren Anhänger zu erfüllen. In den großen Epen Indiens finden sich viele Beispiele dafür. Gott ist wahrhaftig der Diener seiner Verehrer.

# Drittes Kapitel

# Tränen für Krishna

Ich kann Dir keine Milch und keine Butter anbieten. Daher schenke ich Dir etwas von meinem Schmerz. O Kanna, ich lege Dir meine Tränen zu Füßen . . .

Mata Amritanandamayi

*Sri Bhagavan Uvaca:*

*Mayy avesya mano ye mam nitya-yukta upasate*
*Sraddhaya parayopetas te me yuktatama matah.*

*Mayy eva mana adhatsva mayi buddhim nivesaya*
*Nivasisyasi mayy eva ata urdhvam na samsayah.*

*Der Herr sagt:*

*Wer sich auf Mich konzentriert*
*Und Mich ständig mit höchster Aufmerksamkeit verehrt,*
*Der ist für mich der beste Yogi.*

*Richte dein Gemüt und deinen Verstand ausschließlich auf Mich,*
*Dann wirst du nach deinem Tode in Mir weiterleben.*

Srimad Bhagavad Gita (Kapitel XII, Verse 2 und 8)

## Rückkehr ins Elternhaus

Sudhamani, nun ungefähr sechzehn Jahre alt, war in ihr Elternhaus zurückgekehrt und widmete sich nun ganz ihren spirituellen Übungen, wobei sie gleichzeitig die riesige Last der Hausarbeit bewältigte. Selbst für indische Verhältnisse war die Leidenschaft für spirituelle Entsagung, die dieses Mädchen trotz der größten Schwierigkeiten zeigte, einmalig und unübertroffen. Es ist erstaunlich, wie ihr zierlicher Körper der harten Arbeit standhalten konnte. Damayantis chronischer Rheumatismus hatte sich in der Zwischenzeit verschlimmert, denn während Sudhamanis Abwesenheit war sie gezwungen gewesen, die Hausarbeit selbst zu erledigen. Durch die Verschlimmerung ihrer Krankheit war sie noch jähzorniger und grausamer geworden. Außerdem hatten die Diebstähle, die Sudhamani aus Mitleid in den Häusern ihrer Verwandten begangen hatte, ihr einen schlechten Ruf eingetragen und Damayantis Feindseligkeit gegenüber ihrer Tochter noch verstärkt. Selbst wenn Sudhamani ihre Pflichten im Haushalt tadellos erledigte, wurde sie von ihrer Mutter beschimpft und geschlagen.

Trotz dieser grausamen Behandlung hegte sie keinen Groll gegen Damayanti. Jahre später bezeichnete sie sie sogar ehrerbietig als ihren Guru:

«In gewisser Hinsicht war Damayanti Amma mein Guru. Sie impfte mir Fleiß, Hingabe und Disziplin ein und beobachtete alles, was ich tat, genau. Wenn nach dem Fegen auch nur noch das geringste Stäubchen im Hof lag, schlug sie mich. Wenn ich die Töpfe gereinigt hatte, sah sie es sich genau an, und wenn auch nur eine Spur von Schmutz daran war, wurde ich ausgeschimpft. Selbst wenn mein Besen beim Fegen des Bodens eine Borste verlor, schonte sie mich nicht, und wenn mir ein Sandkorn oder Asche in den Kochtopf fiel, folgte die Strafe auf dem Fuße. Sie erwartete von ihren Töchtern, daß sie frühmorgens ihre Gebete verrichteten; und wenn wir vor Erschöpfung einmal ein wenig länger schliefen, zögerte sie nicht, uns – vor allem mir – einen

Topf Wasser ins Gesicht zu schütten. Wenn ich Gras für die Kühe sammelte, beobachtete sie mich aus der Ferne, um zu sehen, ob ich auch nicht mit den anderen Mädchen schwatzte. Sie schlug mich sogar mit einem hölzernen Stößel, der zum Stampfen von Reis benutzt wurde. Die Dorfbewohner, die das mitansahen, baten sie sogar: ‹Bitte mißhandle sie nicht so. Sie soll doch eines Tages einen Mann finden und heiraten!› Doch ich erkannte, daß all diese Erfahrungen nur zu meinem Besten waren.»

Wer diese Lebensbeschreibung der Heiligen Mutter liest, wird vielleicht ein wenig entsetzt darüber sein, wie grausam Damayanti ihre Tochter behandelte, vor allem, weil zu Beginn erwähnt wurde, daß Damayanti eine fromme Frau war. Doch das ist leicht zu erklären. Viele religiöse Menschen haben einen starken Glauben und große Ehrfurcht vor ihren Göttern und Göttinnen und vollziehen regelmäßig die vorgeschriebenen Riten. Doch ihre Vorstellung von Gott reicht nicht weiter. Sie sehen nicht, daß Gott in allen Lebewesen wohnt, sondern können ihn sich nur in den vier Wänden des Tempels vorstellen. Solche Gläubige vollziehen die religiösen Riten nur, um Gott zufriedenzustellen oder weil sie hoffen, daß ihnen dann ihre persönlichen Wünsche erfüllt werden. Ihre Vorstellung von Religion und Verehrung hat nichts mit Charakteränderung oder gar der Auslöschung ihrer negativen Neigungen zu tun. Solche Gläubige sehen die Verwirklichung Gottes oder ihres Selbst nicht als ihr höchstes Ziel an. Sie beten Gott an, weil sie sich fürchten oder weil ihre Väter es auch so getan haben. Doch es gibt auch Gläubige, die erkennen, daß Gott in allem ist, und ihm entsprechend dienen. Sie entsagen allem und legen ihr ganzes Sein Gott zu Füßen. Ihr wichtigstes Ziel besteht darin, die höchste Wirklichkeit zu erkennen und mit ihr eins zu werden. Damayanti gehörte zur ersten Kategorie, und so ist es kein Wunder, daß sie nur eine begrenzte Vorstellung von Gott und allen geistigen Dingen hatte. Das zeigte sich an ihrem harten Verhalten gegenüber ihrer Tochter.

Manchmal, wenn Damayanti im Begriff war, ihre Tochter zu schlagen, hielt diese ihre Hand fest. Sudhamani war zwar klein, aber sehr kräftig. Da Damayanti sich nicht aus dem Griff ihrer Tochter befreien konnte, versuchte sie sie zu treten. Daraufhin griff Sudhamani auch nach Damayantis Bein und hielt es fest. Da Damayanti nun keine andere Möglichkeit mehr hatte, ihre Tochter zu bestrafen, versuchte sie sie zu beißen. Manchmal schlug sie sogar mit einer Machete nach ihr, die zum Öffnen von Kokosnüssen benutzt wurde. Außerdem überhäufte sie das unschuldige junge Mädchen mit vulgären Beschimpfungen.

Manchmal war Sudhamani bei diesen Auseinandersetzungen mit ihrer Mutter sehr frech und unbeugsam. Wenn Damayanti ihr befahl: «Sei still», widersprach sie: «Nein, ich bin nicht still!» Und wenn Damayanti sagte: «Tu das nicht», erwiderte sie trotzig: «Doch, ich tue es!» Doch je widerspenstiger sie sich zeigte, desto härter war die Bestrafung. Damayanti schreckte auch nicht davor zurück, ihre Tochter zu verfluchen: «Dieses ungehorsame Mädchen soll verdammt sein! Wenn sie sich weiterhin so benimmt, wird sie unsere ganze Familie in Verruf bringen. O Gott, warum machst Du ihrem Leben kein Ende?«

Doch Sudhamani machte die Feindseligkeit ihrer Mutter gar nichts aus. In ihren Augen waren alle Menschen gleich. Schon als Kind nannte sie alle älteren Männer «Vater» und alle älteren Frauen «Mutter». Das ärgerte ihre Eltern, die diese merkwürdige Anrede fremder Menschen als Schande für ihre Familie betrachteten. Sie schimpften sie aus und fragten sie: «Findest du es richtig, all diese schmutzigen, armseligen Leute Vater und Mutter zu nennen?» Da antwortete Sudhamani: «Ich habe meinen richtigen Vater und meine richtige Mutter noch nie gesehen. Daher sind alle Menschen meine Eltern.»

Man verbot ihr, sich die Stirn mit heiliger Asche zu bestreichen, und neckte sie: «Mädchen, willst du etwa ein *sannyasin* werden?» Sie durfte sich nicht einmal so kleiden wie die anderen Mädchen. Wenn sie rote Farbe[1] auf ihre Stirn auftrug, eine karierte Bluse oder eine saubere Jacke anzog, wurde sie sofort bestraft. Spöttisch fragte man sie: «Warum trägst du diese bunten Kleider und die

---

[1] Ein rotes Zeichen auf der Stirn, das Hindus als Schmuck tragen.

rote Farbe? Für wen machst du dich schön? Mädchen sollten stets bescheiden sein.»

All das ertrug Sudhamani mit unerschütterlicher Duldsamkeit. Obwohl sie manchmal frech war, konnte man nie auch nur die geringste Spur von Haß hinter ihrem Verhalten entdecken. Wenn man sie später danach fragte, erklärte sie nur: «In Wirklichkeit hat Damayanti mich gar nicht bestraft. Nur ihr begrenztes Vorstellungsvermögen hat sie dazu verleitet, mich so schlecht zu behandeln. Doch all diese Prüfungen haben dazu beigetragen, mich auf den rechten Pfad zu bringen. Deshalb empfinde ich keinen Haß gegen sie.»

Eine weitere Prüfung war der ältere Bruder Subhagan, der nicht nur Sudhamani, sondern auch den Rest der Familie und die Dorfbewohner tyrannisierte. Er war überzeugter Atheist und der Ansicht, daß Frauen stets ruhig und zurückhaltend sein müssen. Sein Jähzorn war berüchtigt, und am häufigsten fiel Sudhamani ihm zum Opfer. Er erlaubte ihr nicht, sich mit anderen gleichaltrigen Mädchen anzufreunden, da er überzeugt davon war, daß das ihren Charakter verderben würde. Wenn Sudhamani frisches Wasser für ihre Familie holte, mußte sie immer allein gehen. Wenn sie unterwegs zufällig ein paar andere Mädchen traf, konnte sie sicher sein, nach ihrer Rückkehr eine Tracht Prügel von Subhagan zu bekommen. Doch das Verbot ihres Bruders kam ihren eigenen Wünschen entgegen. Sie war viel lieber allein, um sich ungestört ihren Gedanken an Gott hingeben zu können.

Damals gab es nur eine einzige Wasserpumpe für das ganze Dorf, und sie wurde vom Wind angetrieben. Es stand immer eine lange Schlange wartender Frauen mit Tonkrügen davor. Manchmal mußten die Dorfbewohner stundenlang dort stehen und auf Wind warten. Wenn die Menschenschlange sehr lang war, stellte Sudhamani ihre Krüge auf den Boden und entfernte sich, um Gras für die Kühe zu sammeln. Wenn sie dann an der Reihe war, füllten die anderen Frauen, die ihre Frömmigkeit und ihren Fleiß kannten und schätzten, liebevoll die Krüge für sie und stellten sie beiseite.

Wie bereits erwähnt, ging Sudhamani häufig in die Nachbarhäuser, um Gemüse- und Reisabfälle für die Kühe zu sammeln.

Wenn sie ein wenig warten mußte, ging sie solange in das Zimmer, in dem der Familienschrein stand, sang einige andachtsvolle Lieder oder meditierte. Auch den alten Frauen, die in der Nachbarschaft lebten, widmete sie stets etwas Zeit. Sie erkundigte sich liebevoll, wie es ihnen ging, und hörte sich ihre Leidensgeschichten an. Viele dieser Frauen wurden sogar von ihren eigenen Kindern vernachlässigt und schlecht behandelt, nur weil sie alt und gebrechlich waren. So durchschaute Sudhamani schon in ihrer Jugend die Vergänglichkeit und Selbstsucht menschlicher Beziehungen. Wann immer sie konnte, nahm sie diese alten Frauen mit sich nach Hause, ließ sie ein heißes Bad nehmen, bereitete ein nahrhaftes Mahl für sie zu und schenkte ihnen Kleidungsstücke ihrer eigenen Familienmitglieder.

Wenn sie von Menschen hörte, die nichts zu essen hatten, gab sie ihnen eine warme Mahlzeit oder schenkte ihnen zumindest die notwendigen Nahrungsmittel aus ihrem eigenen Haushalt. Manchmal brachte sie kleine Kinder, die einsam umherirrten und von ihren Eltern nicht richtig versorgt und ernährt wurden, mit nach Hause, tat alles Notwendige für sie und brachte sie wieder zurück. Einmal gab sie einer hungernden Familie, weil sie nichts anderes hatte, einen goldenen Armreif ihrer Mutter. Von dem Erlös aus diesem Armreif konnte die Familie sich die Nahrungsmittel kaufen, die sie so dringend brauchte. Als ihr Vater davon erfuhr, fesselte er sie in einem Wutanfall an einen Baumstamm und schlug unbarmherzig so lange auf sie ein, bis ihr zarter Körper blutete. Trotz dieser grausamen Behandlung verlor Sudhamani nicht den Mut, und sie verzieh ihren Eltern immer. Sie bat Gott, ihren Angehörigen die schrecklichen Taten zu verzeihen, die sie in ihrer Unwissenheit begingen.

Wenn Sudhamani einsam dasaß, dachte sie: «O Krishna, was ist das für eine Welt? Selbst die eigene Mutter behandelt ihr Kind ohne Güte. Selbst sie empfindet keine reine Liebe zu ihrer eigenen Familie. Wo ist wahre, selbstlose Liebe auf der Welt zu finden? Gibt es sie überhaupt? Oder ist sie nur eine Illusion?» Manchmal, wenn sie vor dem Familienschrein saß, brach sie bei diesen Gedanken in Tränen aus und rief laut: «Krishna, Krishna! Ich habe niemanden auf dieser Welt außer Dir. In Gedanken bin ich immer auf der Suche nach Dir und sehne mich danach, Deine göttliche Gestalt zu sehen. Willst Du mich nicht zu Dir nehmen? O Krishna, bitte komm!»

Damals zog ein alter Mann, ein entfernter Verwandter der Familie Idamannel, in ihr Haus ein. Er hatte keine Familie und keine Angehörigen mehr, und sein Gesundheitszustand war sehr schlecht. Er konnte nicht einmal mehr gehen, war ständig ans Bett gefesselt, und es blieb ihm nichts anderes übrig, als auch seine Notdurft dort zu verrichten. Unaufgefordert begann Sudhamani diesen alten Mann zu pflegen. Die anderen Mitglieder der Familie beachteten ihn kaum, geschweige denn, daß sie etwas für ihn getan hätten. Sudhamani wusch seine Wäsche, badete ihn jeden Tag, säuberte sein Bett und verabreichte ihm stets pünktlich zur vorgeschriebenen Zeit seine Medizin. Doch keiner ihrer Angehörigen nahm Notiz von dieser allumfassenden Liebe, die sie allem Leben entgegenbrachte. Es war ein göttliches Paradox, daß sie für all ihre Taten nur mit Beschimpfungen überhäuft wurde.

Während ihrer Arbeit dachte Sudhamani stets an Krishna. In ihrer Phantasie verwandelte sie sich in Krishna, Radha, eine der Gopis oder irgendeine andere Person, die in Krishnas Leben eine Rolle gespielt hatte.

Manchmal erschien während des Kochens die Gestalt von Krishnas Mutter Yashoda vor ihren Augen, die Butter herstellte und ihr Baby Krishna stillte. Wenn Sudhamani ihre Brüder und Schwestern anzog, damit sie zur Schule gehen konnten, stellte sie sich vor, sie schmückte Krishna, Balarama und die Gopas[2], ehe sie auf die Wiese hinausgingen, um die Kühe zu weiden. Dabei vergoß sie Freudentränen. Wenn sie auf den Markt ging, um Vorräte zu kaufen, erinnerte sie sich an die Gopis, die durch die Straßen von Vrindavan liefen und Milch und Butter verkauften. Statt «Milch, Butter...» riefen sie «Krishna, Madhava, Govinda, Achuyuta!» So groß war ihre Verehrung für Krishna!

---

[2] Die Hirtenjungen von Vrindavan.

**Kalina Kanan**

*O dunkelhäutiger Gott,*
*Meine Augen brennen und sehnen sich*
*Nach dem Anblick Deiner Füße . . .*
*Oh, Gott mit den Lotosaugen, komm zu mir*
*Mit Deinen Kühen und den Klängen Deiner Flöte . . .*

*Wie viele Tage rufe ich schon nach Dir?*
*Hast Du kein bißchen Mitleid?*
*Was habe ich verbrochen?*
*Liebst du nicht die Menschen, die Dich verehren?*

*Ehe ich weinend zu Boden stürze, sei gnädig und komm*
*Mit Deiner göttlichen Flöte zu mir. . .*
*Ich kann ohne Deinen Anblick nicht leben,*
*Du einzige Wirklichkeit, komm zu mir, komm!*

*Du Ursprung aller Dinge und Erfüller aller Wünsche,*
*O dunkelhäutiger Gott, komm zu mir, komm!*
*Verliere keine Zeit, verschlimmere nicht mein Leiden,*
*O Inbegriff des Mitleids, komm!*

Wenn Sudhamani Wasser holen ging, gedachte sie der Gopis, die mit Krügen auf dem Kopf zum Fluß Yamuna gegangen waren. Wenn sie die Wäsche ihrer Familie wusch, sang sie ihre Lieder und stellte sich vor, sie wasche die seidenen Gewänder Krishnas und der Gopis. Wenn sie die Wäsche zum Trocknen aufhängte und im Winde flattern sah, dachte sie: «Oh, wie schön Krishnas goldene Seidengewänder im Wind tanzen!» Wenn sie Gras für die Kühe sammelte und sie fütterte, richtete sie ihre Gedanken auf Krishna, der als Hirtenjunge auf den Wiesen und in den Wäldern Vrindavans aufgewachsen war, und stellte sich die Liebesspiele dieses göttlichen Kuhhirten mit den Gopis vor.

Die Tageszeit, die Sudhamani am meisten liebte, war die Abenddämmerung. Dann ging sie durch die Backwaters und suchte nach ihren Haustieren wie Enten, Ziegen und Kühen, die sich tagsüber verirrt hatten. Dabei dachte sie an Krishna, der auch immer nach den Kühen und Kälbern gesucht hatte, die sich von der Herde abgesondert hatten. Wenn sie spirituelle Gesänge hörte – in Indien werden in der Abenddämmerung häufig solche Lieder gesungen –, stand sie regungslos da, in eine andere Welt versetzt. Dann mußte sich ein erzürntes Familienmitglied auf den Weg machen und nach dem verirrten Mädchen suchen.

Obwohl Sudhamani ständig mit irgendeiner Arbeit beschäftigt war, konzentrierte sie ihre Gedanken niemals nur auf diese Arbeit. Ihr Gemüt war immer von Sehnsucht nach Krishna erfüllt. Sie trug seine heiligen Namen ständig auf den Lippen, und schon bei dem Wort «Krishna» stiegen ihr die Tränen in die Augen. Da sie ständig Wasser trug, die Wäsche ihrer Familie wusch oder durch die Backwaters watete, war ihre Kleidung immer durchnäßt. «Ich sehnte mich so sehr danach, einmal trokkene Kleider anzuhaben!» erzählte sie später. «Obwohl ich so viel Arbeit hatte, betete ich zu Gott, er möge mir noch mehr geben, damit ich alle meine Handlungen Ihm weihen könnte. Ich trug ständig Wasserkrüge und dampfende Töpfe mit Reisschleim auf dem Kopf. Durch das Gewicht und die Hitze fielen meine Haare an dieser Stelle aus.»

Was Sudhamani auch tat, ihre Lippen bewegten sich dauernd. Niemand wußte, daß sie ständig die Namen Gottes wiederholte. Eines Tages sagte ihr jüngerer Bruder Satheesh, der die Gewohnheit, Sudhamani zu beschimpfen, von den älteren Familienmitgliedern übernommen hatte, spitz: «Seine Lippen immer zu bewegen, ist ein Zeichen von Verrücktheit!» Obwohl Sudhamani seine Bemerkung gehört hatte, ließ sie sich dadurch nicht beirren. Doch eines Tages, als Satheesh einen schweren Asthmaanfall hatte, trug Sudhamani ihn auf ihrer Hüfte bis ins Krankenhaus, obwohl die anderen Familienmitglieder ihn viel leichter hätten tragen können. Niemand kümmerte sich um sein Asthma außer diesem kleinen Mädchen, das immer auf eine Gelegenheit wartete, anderen Menschen selbstlos dienen und helfen zu können.

Sudhamani wurde immer erst spät nachts mit der Hausarbeit fertig, wenn in ihrem Haus und den Nachbarhäusern längst kein Licht mehr brannte. Selbst um diese späte Stunde sang sie noch laut in dem Zimmer, in dem der Familienschrein stand.

Damayanti und Subhagan beschimpften sie, weil sie sie im Schlaf störte. Ihr älterer Bruder Subhagan spottete: «Warum schreist und heulst du so? Damit Gott dich im Himmel hören kann? Ist dein Gott denn taub?» Doch trotz Strafen und Beschimpfungen ließ Sudhamani sich nicht davon abbringen, in den stillen Stunden der Nacht ihre sehnsüchtigen Lieder zu singen. Eines Nachts, als Subhagan wütend hereinkam und sie tadelte, weil sie im Dunklen sang, erwiderte Sudhamani: «Du siehst nur die äußere Lampe, doch in mir brennt eine Lampe, die niemals erlischt!» Für die tiefe Bedeutung dieser Bemerkung hatte der gefühllose Subhagan natürlich kein Verständnis.

Sudhamani hatte Angst, Gott könnte ihre Mutter, ihren Vater und ihren Bruder bestrafen, weil sie sie schlugen, während sie andachtsvolle Lieder sang. Daher sang sie absichtlich leise. Häufig weinte sie, wenn sie nachts vor dem Familienschrein saß, weil die Hindernisse, die ihre Familie ihr in den Weg legte, sie so betrübten. Doch auch dagegen erhoben ihre Eltern und Geschwister Einwände: Sie beharrten darauf, es sei eine Sünde, während frommer Gesänge zu weinen, und sie werde ihre Familie dadurch in große Gefahr bringen. Was Sudhamani auch tat – sie fanden an allem etwas auszusetzen.

Schon von Kindheit an erzählte Sudhamani niemals einem Menschen von ihrem Kummer. Der einzige, dem sie ihr Herz ausschüttete, war Krishna. Sie hatte auch die Angewohnheit, zur Natur und zu den Tieren zu sprechen und sich dabei vorzustellen, Krishna höre jedes Wort. Für sie war Krishna überall. Auch die Kühe, die aufmerksam ihren Worten lauschten, waren für sie Krishna. Wenn eine Kuh sich niederlegte, um sich auszuruhen, legte Sudhamani sich ebenfalls nieder, lehnte sich an ihren Körper und stellte sich beglückt vor, sie liege in Krishnas Schoß.

Wenn Sudhamani zu dem Mond, den Sternen und den blühenden Bäumen emporschaute, fragte sie: «O meine Freunde, habt ihr meinen Krishna gesehen? O sanfter Wind, hast du jemals Seine bezaubernde liebliche Gestalt gestreichelt? O schweigender Mond, o glitzernde Sterne, seid ihr auch auf der

Suche nach Ihm? Wenn ihr Ihn findet, sagt ihm bitte, daß Seine arme Sudhamani sehnsüchtig darauf wartet, Ihn zu sehen.»

**Ningalil Arunum Undo**

*Hat jemand von euch meinen geliebten Kanna gesehen?*
*Ihr könnt Ihn sehen, aber vor meinen Augen erscheint Er nie . . .*

*Das Zeichen aus Sandelholzpaste auf Seiner Stirn,*
*Die Schönheit Seiner goldenen Gewänder,*
*Das lockige Haar mit der Pfauenfeder . . .*
*Oh, wann werde ich das alles sehen?*

*Was nützt mir dieser Körper und dieses Leben?*
*Alles Glück scheint mir versagt zu sein . . .*
*Wie lange muß ich dieses Leid noch ertragen?*

Auch das Meer gehörte zu Sudhamanis besten Freunden. Sie betrachtete es als ihre Mutter. Immer, wenn sie Zeit dazu fand, ging sie an den Strand, blickte unverwandt auf die unendliche blaue Fläche hinaus und schüttete dem Meer ihr unglückliches Herz aus. Die dunkelblaue Farbe erinnerte sie an ihren blauen Geliebten, und bei diesem Gedanken verlor sie bald das Bewußtsein.

* * * * * * *

Sudhamani hatte beobachtet, daß einige ihrer Nachbarn sich ihren Lebensunterhalt durch das Nähen von Kleidern verdienten. Das brachte sie auf die Idee, ebenfalls nähen zu lernen und andere Menschen mit dem Geld, das sie dadurch verdiente, zu unterstützen. Auf diese Weise brauchte sie nichts mehr aus dem Haushalt ihrer Familie zu stehlen, um bedürftigen Menschen zu helfen. Voller Hoffnung erzählte Sudhamani ihren Eltern von ihrem Wunsch, doch Damayantis Antwort war nicht gerade ermutigend: «Du wirst nicht nähen lernen. Du wirst bald einen Kokosnußpflücker heiraten!» Die Kokosnußpflücker gehören in Kerala zu den untersten Bevölkerungsschichten. Ihre einzige Einnahmequelle besteht darin, auf Kokospalmen zu klettern und die Nüsse für andere zu pflücken. Damayanti hatte ihre Tochter oft beim Stehlen von Kokosnüssen ertappt und geglaubt, sie wolle sie selbst essen, obwohl Sudhamani sie in Wirklichkeit bedürftigen Dorfbewohnern geschenkt hatte. Darauf spielte sie nun in ihrem Zorn an.

Doch Sudhamani ließ nicht locker. Schließlich erlaubten ihre Eltern ihr, eine Stunde am Tag nähen zu lernen, aber nur unter einer Bedingung: Sie mußte alle wichtigen Hausarbeiten verrichten, ehe sie zum Nähunterricht ging. Es war erstaunlich, wie hart Sudhamani in jenen Tagen arbeitete. Irgendwie gelang es ihr, alle Hausarbeiten zu bewältigen, die vor Mittag erledigt werden mußten; dann eilte sie zum Unterricht. An manchen Tagen kamen die anderen Mädchen, die an dem Nähunterricht teilnahmen und von ihrer schwierigen Lage wußten, herüber, um ihr bei der Arbeit zu helfen. Dann wanderte Sudhamani in der sengenden Mittagshitze zwei oder drei Kilometer bis zu dem Ort, wo der Unterricht stattfand. Nach einer Stunde hastete sie wieder nach Hause, um ihrer Familie das Mittagessen zu servieren.

Am Nachmittag widmete sie sich dann wieder den aufreibenden täglichen Aufgaben. Für das, was sie als ihre wichtigste Pflicht betrachtete – Gebet und Meditation –, blieben ihr nur die Nachtstunden. Dann weinte sie stundenlang und verfiel in einen Zustand der Verzückung. Hatte sie ihr Bewußtsein wenigstens teilweise wiedererlangt, sank sie dann in Schlaf.

Sudhamanis Geduld, Ausdauer und scheinbar unerschöpfliche Energie, die sie auch heute noch auszeichnen, grenzten an ein Wunder. Ganz gleichgültig, wieviel Arbeit ihr aufgebürdet wurde, sie erledigte sie fröhlich und ohne ein Wort der Klage. Sudhamani faßte es als ihr Geburtsrecht und ihr *dharma* auf, allen Menschen unaufgefordert zu helfen. Später erklärte sie: «Das Glück anderer Menschen zu sehen, war für mich Freude genug. Ich dachte nie an meine eigene Bequemlichkeit oder daran, wie sehr ich mit Arbeit überlastet war. Wann immer sich mir eine Gelegenheit bot, anderen Menschen zu dienen und zu helfen, versuchte ich aufrichtig und liebevoll mein Bestes zu tun.»

Anfangs nahm Sudhamani an zwei verschiedenen Orten Nähunterricht. Doch nach einiger Zeit beschloß sie, an dem Unterricht teilzunehmen, der in einer Gemeindewerkstatt in einer nahegelegenen Kapelle erteilt wurde. Sie lernte rasch, und bald begann sie, kleine Näharbeiten für die armen Frauen in ihrer Nachbarschaft zu verrichten. Anfangs wollte sie dafür kein Geld nehmen; es war nicht ihre Art, sich bezahlen zu lassen. Doch als ihre Eltern sich weigerten, die Gebühren für den Nähunterricht zu zahlen, war sie gezwungen, einen Lohn für ihre Arbeit anzunehmen. Sudhamani war im Nähen sehr geschickt und verdiente recht gut dabei. Auf diese Weise konnte sie ihren Unterricht bezahlen und sich auch noch das notwendige Werkzeug für ihre Näharbeiten kaufen, und mit dem restlichen Geld unterstützte sie die mittellosen Dorfbewohner. Ihrer Familie gab sie nicht eine Paise (kleinste indische Münze) von ihrem Verdienst.

Während Sudhamani in der Werkstatt in der Kapelle nähen lernte, sang sie ihre Lieder und weinte. Die Tränen fielen auf ihre Nähmaschine. Während die anderen Mädchen schwatzten und lachten, war sie ganz in ihre Gesänge versunken. Dem Priester jener Kapelle, einem frommen alten Mann, fiel ihr bemerkenswerter Charakter auf. Er war gerührt und gewann Sudhamani sehr lieb. Da wurden die anderen Mädchen eifersüchtig. Doch Sudhamani behandelte sie nach wie vor liebevoll und ohne eine Spur von Feindseligkeit.

Satheesh begleitete seine Schwester immer zum Nähunterricht und hielt sich während des Unterrichts in der Nähe der Kirche auf oder saß in einer Ecke. Eines Tages fragte Sudhamani ihn beim Gebet: «Warum betest du nicht mit?» – «Aber wir sind doch Hindus», meinte er. Da forderte Sudhamani ihn auf, den Priester zu fragen, ob er auch mitbeten dürfe. Der Priester erlaubte es ihm gern. Von da an nahm Satheesh am Gebet teil.

Nach dem Nähunterricht ging Sudhamani immer auf den Kirchhof, um zu sticken. Sie liebte die Stille und Einsamkeit des Friedhofs und sprach mit den verstorbenen Seelen: «Wo lebt ihr jetzt, und wie ist euer Leben? Seid ihr glücklich? Habt ihr irgendwelche Empfindungen?» Sie hatte das Gefühl, diesen Seelen ganz nahe zu sein, und tröstete sie. Auf diesem Friedhof lag auch eine verstorbene Freundin von Sudhamanis älterer Schwester Kasturi. Dieses Mädchen hatte Sudhamani grenzenlose Liebe entgegengebracht, während sie von ihrer eigenen Familie furchtbar beschimpft und mißhandelt worden war. Vielleicht war das auch einer der Gründe, warum Sudhamani den Friedhof so gern besuchte. Sie vergoß Tränen über das Unglück der Verstorbenen, das sie fühlte, schwebte in Gedanken mit ihren Seelen durch die Lüfte und sang herzzerreißende Melodien, um ihnen Ruhe und Frieden zu schenken. Manchmal meditierte sie auch und fiel in *samadhi,* wenn sie in der Stille und Einsamkeit des christlichen Friedhofs dasaß.

Wenn Sudhamani nach dem Sticken noch etwas Zeit hatte, kehrte sie in die Kapelle zurück und betrachtete in dem gedämpften Licht das Bildnis des gekreuzigten Jesus Christus. Sie hatte das Gefühl, daß er ihr geliebter Krishna war, und verfiel sofort in einen Zustand der Verzückung. Wenn sie dann ihr normales Bewußtsein wiedererlangte, vergoß sie Tränen bei dem Gedanken an die Liebe und Aufopferung Jesu und Krishnas. «Sie haben der Welt alles geopfert», dachte sie. «Die Menschen haben sich gegen sie gewandt, und sie haben sie dennoch geliebt. Warum kann ich es dann nicht auch tun? Es ist nichts Neues.»

Sudhamani war sich ständig der großen Armut der Dorfbewohner bewußt. In den stillen Stunden, die sie vor dem Schrein verbrachte, weinte sie über deren Leid und Kummer. «O Gott, was ist das für ein Leben?» fragte sie. «Die Menschen plagen sich tagein, tagaus, nur um sich ein wenig Nahrung zu verdienen, um ihren Hunger zu stillen. O Krishna, warum läßt du sie hungern? Warum werden sie von Krankheiten befallen? Wo ich auch hingehe, ich sehe nur Selbstsucht und das Leid, das daraus entsteht. Die Kinder wünschen sich selbst ein langes Leben und ihren alten Eltern einen raschen Tod. Niemand hat Interesse daran, sich um die alten Menschen zu kümmern. O Gott, was ist das für eine Welt? Warum hast du eine solche Welt erschaffen? O Krishna, wo ist der Ausweg aus diesem Elend?»

Drei Jahre später beschloß Sudhamani, ihren Nähunterricht

aufzugeben, weil er sie von ihren spirituellen Übungen abhielt, denen sie sich nun noch intensiver hingeben wollte. Zu dieser Zeit wurde auch der Priester in eine andere Gemeinde versetzt. Ehe er fortging, schickte er ein paar Mädchen, die an dem Nähunterricht teilgenommen hatten, in das Haus der Familie Idamannel und trug ihnen auf, Sudhamani auszurichten, daß er ihr Lebewohl sagen wollte. In Begleitung ihres Bruders Satheesh besuchte Sudhamani den Priester noch ein letztes Mal. Als er sie sah, brach er in Tränen aus und weinte wie ein Kind. «Tochter, ich werde meine Arbeit hier nun aufgeben», sagte er. «Ich habe beschlossen, das Leben eines *sannyasin* zu führen.» Als Sudhamani und ihr Bruder sich verabschiedeten, sagte der Priester zu Satheesh: «Sudhamani wird einmal eine große Heilige werden.» Wahrscheinlich hatte er ihr strahlendes, göttliches Wesen bereits erkannt.

* * * * * * *

Nun, da Sudhamani nähen gelernt hatte, wollte sie auch eine eigene Nähmaschine haben. Damayanti schalt sie wegen ihres Ehrgeizes, doch Sugunanandan versprach ihr mehrmals, ihr eine Nähmaschine zu kaufen. Allerdings löste er sein Versprechen nie ein. «Ich werde nicht noch einmal um die Maschine bitten», beschloß Sudhamani. «Nur wenn Gott sie mir gibt, werde ich sie benutzen.» Ein paar Jahre später, als die ersten Verehrer Sudhamanis in das Haus der Familie Idamannel zu strömen begannen, kaufte ein holländischer Anhänger namens Peter ihr eine Nähmaschine. Da erinnerte sie sich an ihr Gelübde. Gott erfüllt alle Bedürfnisse der Menschen, die ihn wahrhaft verehren.

Alle Kinder außer Sudhamani besuchten inzwischen entweder die Realschule oder das College. Sie waren alle hübsch und hatten eine helle Hautfarbe. Auf Sudhamani sahen sie wegen ihrer dunklen Farbe und ihrer harten Arbeit herab und betrachteten sie als bloße Dienerin. Sie bekam nicht einmal genügend Kleidungsstücke. Die Dorfbewohner, die sahen, unter welchen Entbehrungen das Mädchen zu leiden hatte und wie feindselig ihre Eltern und ihr älterer Bruder es behandelten, sagten sich: «Wahrscheinlich ist Sudhamani gar nicht ihre Tochter. Vielleicht haben sie sie in Quilon[3] für ein bißchen Reisspreu gekauft.»

Wenn Feste und andere Zeremonien stattfanden, nahmen die Eltern immer alle Kinder mit in den Tempel, doch Sudhamani ließen sie unbeachtet zurück. Eines Tages bekam Sudhamani eine karierte Bluse geschenkt und zog sie voller Freude an. Als ihr älterer Bruder das sah, befahl er ihr, sie wieder auszuziehen. Er riß sie ihr aus der Hand, verbrannte sie vor ihren Augen und schrie: «Du trägst diese bunten Kleider nur, um die Aufmerksamkeit der anderen auf dich zu lenken!» Ein andermal beschimpfte Damayanti ihre Tochter, weil sie die gelbe Seidenjacke einer ihrer Schwestern trug. Von da an beschloß Sudhamani, nur noch die Kleider zu tragen, die Gott ihr schenkte: alte, abgetragene, von anderen abgelegte Kleider. Diese Kleider zerschnitt sie und schneiderte sich daraus eine Bluse und einen Rock. Sie benutzte die Fäden einer alten Naht, um diese Stoffetzen zusammenzunähen, und war froh, niemandem zur Last zu fallen. «Obwohl ich keinen richtigen Faden, keine Schere und auch keine Nähmaschine hatte, gelang es mir irgendwie, mir Kleider zu nähen», erzählte sie später.

---

[3] Eine 35 Kilometer südlich von Parayakadavu gelegene Stadt an der Küste.

# Viertes Kapitel
# Die wahre Flöte

Die wahre Flöte ist in dir. Versuche Freude daran zu finden, sie zu spielen. Sobald du ihren Klang hörst, gibt es keinen Tod und keine Geburt mehr . . .

Mata Amritanandamayi

*Vaggadgada dravate yasya cittam*
*Rudatyabhisnam hasati kvacicca* I
*Vilajja udgayati nrtyate ca*
*Madbhaktiyukto bhuvanam punati* II

Der Verehrer Gottes, dessen Stimme vor Rührung erstickt ist, dessen Herz vor Liebe dahinschmilzt, der manchmal schluchzt und dann wieder glücklich lacht, der seine Scheu abschüttelt und laut singt und tanzt, heiligt die ganze Welt.

Srimad Bhagavata (XI, xiv. 24)

Der spirituelle Glanz einer Seele, die Gottesverwirklichung erlangt hat, geht weit über das Verständnis und das Bewußtsein eines normalen menschlichen Wesens hinaus. Manche Menschen halten den Durst nach Gott für Verrücktheit, andere bezeichnen ihn als Akt der Verdrängung, und wieder andere weigern sich, überhaupt Gottes Existenz anzuerkennen. Doch die großen Seelen lassen sich dadurch nicht beirren. Sie kümmern sich nicht um die unsinnigen Bemerkungen der Skeptiker und Kritiker, die für ihre begrenzte Wahrnehmung der subtileren Bereiche des Bewußtseins schließlich nichts können. Hört der Physiker etwa auf zu existieren, nur weil der Mann auf der Straße nicht an die Existenz der Elementarteilchen glaubt? Läßt er sich von ihrer völlig unbegründeten Kritik beirren?

Es ist kein Wunder, daß man Sudhamani so viel Skepsis und Abneigung entgegenbrachte. Schon im Alter von siebzehn oder achtzehn Jahren versank sie immer tiefer in einem unendlichen Strom göttlichen Bewußtseins. Ihre Hingabe an Krishna wurde immer intensiver. Ganz mühelos und selbstverständlich stieg Sudhamani zu immer höheren Bewußtseinsebenen auf. Es brach ihr das Herz, von ihrem geliebten Krishna getrennt zu sein. Tag und Nacht sang sie ihre sehnsüchtigen Lieder.

**Niramilla**

Ein Regenbogen ohne Farben, eine Blüte ohne Duft,
Wenn mein Herz so aussieht,
Warum sollte ich dann um Mitleid flehen?

Mein Leben ist kalt geworden;
Es ist keine Spur von Wärme mehr darin zu entdecken.
Es ist wie eine Vina, die keine süßen Melodien mehr spielt,
Sondern nur noch kummervolles Schweigen kennt.

Kann die Lotosblume in einem kleinen Flüßchen
tief im Walde blühen,
Wo die Strahlen der Sonne sie nicht erreichen?

Der Pfau, der die Wolken am Himmel sieht,
Breitet seine Flügel aus, um zu tanzen,
Und der Chataka-Vogel sucht nach Regentropfen,
Doch all das ist vergebens . . .[1]

Sudhamanis Eltern und ihr älterer Bruder, die für diese Zustände der Verzückung kein Verständnis hatten, waren überzeugt davon, daß ihr Verhalten Symptome einer geistigen Krankheit oder Depression waren. Sudhamani verbrachte nun Tag und Nacht mit ihren Meditationen. Häufig schloß sie sich in dem Zimmer ein, in dem der Familienschrein stand, und begann sehr zum Mißvergnügen ihres älteren Bruders ekstatisch zu tanzen. Dann wieder weinte sie vor Schmerz über die Trennung von Krishna, und häufig wurde sie bewußtlos am Strand gefunden. Die Liebesfähigkeit dieses Mädchens schien keine Grenzen zu kennen. Die Tore ihres Herzens standen weit offen, und sie wartete sehnsüchtig auf Krishna.

Sudhamani hatte ein unstillbares Verlangen danach, Geschichten aus dem Leben Sri Krishnas zu hören. Immer, wenn jemand solche Legenden erzählte, lauschte sie mit all ihrer Aufmerksamkeit und fiel in *samadhi*. Und noch lange, nachdem die Geschichte zu Ende war, saß sie regungslos da. Inzwischen fanden die Dorfbewohner nichts Seltsames oder Überraschendes mehr an ihrer Weltentrücktheit. Manchmal rief Sudhamani kleine Kinder zu sich, forderte sie auf, Szenen aus Krishnas Leben zu spielen, und beobachtete ihre Darbietungen mit Tränen in den Augen. Dann umarmte sie die Kinder, als seien sie selbst Krishna. Die Kinder, die nichts von Sudhamanis seltsamen Zuständen wußten, bekamen Angst. Sudhamani machte es sich zur Gewohnheit,

---

[1] Es heißt, daß der Chataka-Vogel nur herabfallende Regentropfen trinkt. Anderes Wasser schmeckt ihm nicht. Der Pfau und der Chataka-Vogel freuen sich über den Anblick der Wolken, sind aber unglücklich, wenn es dann nicht regnet. Ebenso macht das Warten auf Gott allein uns nicht glücklich, wenn unsere lange Suche und unsere unermüdlichen geistigen Übungen fruchtlos geblieben sind.

kleine Kinder zu verehren; sie bot ihnen *naivadyam*[2] und andere Nahrungsmittel an und sang Gebete. Für sie waren diese Kinder Sri Krishna.

Wer nachts nicht schlafen konnte, konnte die flehentlichen Gesänge hören, mit denen Sudhamani Krishna beschwor.

Schließlich brach sie zusammen und stürzte bewußtlos zu Boden, doch sie schlief nicht ein. Stundenlang wartete sie, ohne ein Auge zuzutun. Sie fürchtete, in dem Augenblick, in dem sie ihre Augen schloß, könnte Krishna kommen, sie schlafend finden und sich wieder abwenden.

Manchmal formte Sudhamani ein Bildnis Krishnas aus Ton und betete es an. In Gedanken sprach sie zu ihm: «Siehst Du, niemand hat mir beigebracht, wie ich Dich verehren und Dir dienen soll. Bitte vergib mir meine Fehler!» Da sie keine Blumen hatte, legte sie dem Bildnis Sand zu Füßen. Danach war ihr immer, als sei der wahre Krishna gekommen und stehe direkt vor ihr. Zitternd und mit Tränen in den Augen warf sie sich immer wieder vor der Tonfigur zu Boden. Manchmal hatte sie das Gefühl, Krishna sei im Begriff fortzulaufen, und machte rasch einen Satz nach vorn, um ihn festzuhalten. Doch dann erkannte sie, daß das eine Phantasievorstellung war und daß die Figur nach wie vor nur aus leblosem Ton bestand. Da brach sie in Tränen aus und flehte mit schluchzender Stimme: «Oh, Krishna, Krishna! Komm und segne dieses Kind, dessen Herz von Sehnsucht nach einer Vision von Dir zerrissen ist. Tust Du das alles, um zu prüfen, wie groß meine Liebe zu Dir ist? Warum zögerst Du? O Kanna, alle Qualen kann ich ertragen, aber nicht diese Trennung von Dir. O Krishna, hast Du gar kein Mitleid mehr?»

Sudhamani ließ sich nicht entmutigen. Voller Optimismus und Vorfreude wartete dieses einfache Fischermädchen auf die Ankunft Krishnas. Manchmal betrachtete sie sich als Geliebte Krishnas, dann wieder als seine Dienerin. So wurde dieses ungebildete Mädchen, das nach der vierten Klasse von der Schule

---

[2] Ein Mahl, das der Gottheit im Tempel dargeboten wird, ehe ihre Verehrer es essen.

abgegangen war und sich nie mit den Schriften, den Veden oder Upanischaden, befaßt hatte, ohne jede Anleitung zur Verkörperung der höchsten Hingabe an Krishna.

Zu dieser Zeit verschlechterten sich die finanziellen Verhältnisse der Idamannels sehr, denn Sugunanandan hatte bei seinem Fischhandel große Verluste erlitten. Die Familie war verzweifelt. Eines Tages sagte Damayanti zu Sudhamani: «Warum lädt Gott uns solchen Kummer auf? Bete für deinen Vater. Er hat bei allen seinen Geschäften Mißerfolg gehabt.»

«O Krishna, wie entsteht eigentlich Kummer und Leid?» dachte Sudhamani. «Wo liegt die Ursache, die Wurzel davon? Meine Mutter ist traurig, weil sie von ihrem Mann erwartet, daß er sie glücklich macht, und weil sie ein angenehmes Leben haben möchte. Sind es nicht die Wünsche und Begierden, die den Menschen Unglück bringen? Oh, geliebter Krishna, hilf mir, daß ich mich nicht in Begierden verstricke! Wenn ich mich auf Menschen verlasse, die in Begierde und Unwissenheit befangen sind, werde ich sicherlich auch unglücklich werden. O Krishna, ich will mich immer an Deine Lotosfüße halten!»

Trotz ihrer finanziellen Schwierigkeiten beschlossen Sudhamanis Eltern, sie zu verheiraten. Damayanti hatte es mit der Erziehung ihrer Töchter sehr genau genommen, und es war im Dorf kein Geheimnis, wie stolz sie darauf war. Ihre Töchter sollten unter allen Dorfbewohnern als besonders rechtschaffene, tugendhafte Frauen hervorstechen. Wenn es ihr nicht gelang, das zu erreichen, war in ihren Augen all ihre Mühe vergebens gewesen. Daher hatte Damayanti ihre Töchter äußerst streng erzogen. Sie durften nicht mit Männern sprechen, vor allen Dingen nicht mit jüngeren Männern. In jenen Tagen war das Haus an allen vier Seiten von Wasser umgeben. Trotzdem ließ Damayanti außenherum noch einen Zaun bauen, um vor Eindringlingen geschützt zu sein. Doch selbst diese Vorsichtsmaßnahme genügte ihr noch nicht, daher hielt sie einen Hund, der sie sofort warnte, wenn jemand sich dem Hause näherte. Wenn der Hund bellte, rief sie Subhagan und forderte ihn auf, nachzusehen, wer da war. Wenn es ein Fremder oder ein junger Mann war, öffnete sie die Tür nicht. Damayanti war sehr besorgt um ihre erwachsenen Töchter. Daher wurde ihr Wunsch, Sudhamani, die ihr als große Last vorkam, zu verheiraten, immer dringlicher.

Sugunanandan und Subhagan fanden einen passenden Bräutigam für Sudhamani und setzten einen Tag fest, an dem die beiden sich zum erstenmal sehen sollten, wie es in Indien üblich ist. Auf diese Weise vergewissern die Eltern sich vor der Heirat, ob die beiden sich auch mögen. All das wurde ohne Sudhamanis Wissen und Zustimmung arrangiert. Noch dazu sollte diese Verschwörung in einem anderen Haus stattfinden, das vom Grundstück der Familie Idamannel weit entfernt war. Am festgesetzten Tag kam eine Dame aus diesem Haus zu Sudhamani und gab vor, sie habe eine Näharbeit für sie. Sie bat Sudhamani, mit in ihr Haus zu kommen, um für die Röcke und Blusen, die sie ihrer Tochter nähen sollte, Maß zu nehmen.

Als Sudhamani in ihrem Hause angelangt war, wurde ihr klar, daß die Dame in Wirklichkeit ganz andere Absichten hatte. Sie reichte ihr ein Glas Tee und sagte: «Es sitzt jemand im Nebenzimmer, Sudhamani. Bitte bring ihm diesen Tee.» Das ist die übliche Art, Braut und Bräutigam einander vorzustellen. Sudhamani, die die geheime Absicht der Frau genau durchschaute, erwiderte mit ernster Stimme: «Das kann ich nicht. Ich bin hergekommen, um Maß zu nehmen, nicht, um Tee zu servieren.» Mit diesen Worten verließ sie das Haus. Zu Hause angekommen, erzählte sie Damayanti von dem Vorfall. Erst jetzt begriff sie, daß ihre eigenen Eltern und ihr älterer Bruder diese Vorkehrungen getroffen hatten.

Der nächste Bräutigam, der für Sudhamani ausgesucht wurde, sollte mit seiner Familie ins Haus der Idamannels kommen, da man Sudhamani in dieser Umgebung besser unter Kontrolle halten konnte. Als der künftige Ehemann ankam, bat Damayanti ihre Tochter mit liebenswürdiger Stimme, ihm Bananen zu bringen. Doch Sudhamani erwiderte vor den anderen Gästen trotzig: «Das tue ich nicht! Gebt ihm doch selbst die Bananen!» Damit war auch dieser Versuch, Sudhamani zu verheiraten, gescheitert.

Doch die Eltern gaben ihren Plan nicht auf. Wieder suchten sie einen Bräutigam für Sudhamani aus, und wieder wurde vereinbart, daß er ins Haus der Familie Idamannel kommen sollte. Vorher sprach Damayanti mit Sudhamani und bat sie sogar unter Tränen: «Tochter, bitte mach uns keine Schande. Sei höflich zu deinem künftigen Ehemann.» Der junge Mann kam und setzte sich ruhig ins Wohnzimmer. Sudhamani war in der Küche damit beschäftigt, getrocknete rote Chillies mit einem Stößel zu zerstampfen. Sie hatte insgeheim schon beschlossen, sich diesmal noch unhöflicher zu verhalten als bisher. Sie hob den Stößel mit beiden Händen empor wie ein Soldat, der seinen Feind mit einem Bajonett angreift, stellte sich ans Küchenfenster, kreischte, schwang ihren Stößel und machte lächerliche Gesten. Damayanti wäre vor Scham beinahe in Ohnmacht gefallen, aber Sudhamani hörte trotzdem nicht auf. Sie spielte ihre Rolle weiter, bis der Bräutigam und seine Familie fluchtartig das Haus verließen, weil sie sie für verrückt hielten.

Nach diesem Zwischenfall beschloß Sudhamani, ihre Familie zu verlassen und ihre spirituelle Praxis in einer Höhle oder an irgendeinem anderen einsamen Ort fortzusetzen, falls ihre Eltern sie noch einmal mit Heiratsvorschlägen belästigen sollten. In dieser Angelegenheit war sie äußerst unnachgiebig. Aber sie glaubte fest daran, daß ihre Eltern ihre Versuche nun für einige Zeit aufgeben würden.

* * * * * * *

Nun wurde Sudhamani von ihrer Familie noch häufiger beschimpft und mißhandelt. Da sie das nicht länger ertragen wollte, beschloß sie, von zu Hause fortzugehen. Doch gerade an diesem Tag fiel ihr ein Stück Papier, das der Wind davongeblasen hatte, direkt vor die Füße. Sie hob es auf und stellte zu ihrem Erstaunen fest, daß es ein Zeitungsausschnitt war, in dem von den schrecklichen Dingen berichtet wurde, die einem Mädchen widerfahren waren, das von zu Hause fortgelaufen war. Das faßte sie als Warnung von Gott auf und gab ihren Plan, die Familie zu verlassen, auf.

Ein andermal beschloß sie aus Kummer über die Ungerechtigkeiten und Schikanen ihrer Familie, ins Meer zu springen und ihrem Leben ein Ende zu machen. Doch im nächsten Augenblick dachte sie: «Was bedeuten schon Tod und Geburt? Und wer kann einen wahren Verehrer Gottes quälen?» Diese Überlegungen brachten sie von ihren Selbstmordplänen ab.

In jenen Tagen des intensiven *sadhana* konnte Sudhamani in keinem fremden Haus schlafen und nichts essen, was in der Küche eines weltlichen Menschen zubereitet worden war. Wenn sie zufällig einmal solche Nahrung zu sich nahm, wurde sie sehr unruhig oder mußte erbrechen. Daher fastete Sudhamani die meiste Zeit. Wenn sie versuchte, in einem Haus zu schlafen, in dem sich weltliche Menschen aufgehalten hatten, konnte sie kein Auge zutun. Doch der Schlaf war ihr ohnehin nicht wichtig. Sie zog es vor, wachzubleiben und zu meditieren oder nach ihrem geliebten Krishna zu rufen. Sie hatte immer noch Angst vor dem Einschlafen, weil sie sicher war, daß Krishna ausgerechnet dann kommen würde, wenn sie schlief, und sie auf diese Weise die langersehnte Vision seiner göttlichen Gestalt versäumen würde.

Doch selbst in dieser Zeit, als ihr Geist häufig in den Höhen des Gottesbewußtseins schwebte, gelang es ihr irgendwie, ihre Pflichten im Haushalt zu erledigen. Wegen ihrer ständigen schweren Arbeit gaben die Dorfbewohner ihr den liebevollen Spitznamen «Kaveri». Kaveri bedeutete eine Frau, die alle Tugenden besaß, die ein Mensch nur haben konnte. Selbst wenn Sudhamani krank war, ging sie von Haus zu Haus und verkaufte Milch. Die Dorfbewohner hatten den edlen Charakter dieses frommen Fischermädchens erkannt und liebten und verehrten es sehr.

Die bitteren Erfahrungen, die sie machen mußte, und die ärmliche Umgebung, in der sie aufwuchs, überzeugten Sudhamani von der Vergänglichkeit des weltlichen Lebens und davon, daß überall nur Selbstsucht herrschte. Sie war ständig in Betrachtungen über das Leben und seinen Sinn versunken. «O Gott», betete sie unter Tränen, «siehst Du all das Leid und den Kummer denn nicht? Bin ich allein auf dieser Welt? Mit wem bin ich wirklich verwandt? Wer ist mein wahrer Vater und meine wahre Mutter?

Wo finde ich die Wahrheit? Ist man automatisch dazu verdammt zu leiden, wenn man menschliche Gestalt annimmt?»

Sudhamani hatte Mitleid mit den einfachen Menschen, die sich nach den flüchtigen, weltlichen Vergnügungen des Lebens sehnten, und betete für sie: «O Gott, bitte errette jene, die aus Unwissenheit leiden, weil sie die vergängliche Welt für etwas Großartiges halten. Bitte schenke ihnen die richtige Erkenntnis!»

Damayanti liebte Kühe sehr. Selbst wenn ihre Familie in Not war, durften die Kühe darunter nicht leiden. In ihren Augen standen Kühe auf derselben Stufe wie Gott. In der Zeit der Südwestmonsune traten die Backwaters in Kerala immer über die Flußufer und überfluteten das nahegelegene Küstengebiet des Arabischen Meeres. Dann stand auch der Kuhstall der Familie Idamannel unter Wasser, und Damayanti holte die Kühe ins Haus. Das ganze Wohnzimmer stank nach Kuhmist und Urin. Die Familienmitglieder protestierten und verfluchten Damayanti, nur Sudhamani nicht. Denn sie liebte die Kühe noch mehr als ihre Mutter, weil sie im Leben Sri Krishnas eine so wichtige Rolle gespielt hatten.

Alle Jahreszeiten begeisterten und inspirierten Sudhamani gleichermaßen. Für sie war alles Ausdruck des göttlichen Spiels. Die sengende Hitze des Sommers, die heftigen Wolkenbrüche des Monsuns, die kalten Meereswinde des Winters – all das machte Sudhamani nichts aus. Sie erkannte überall in der Natur ihren Geliebten und erwartete ohnehin nichts von dieser flüchtigen, vielgestaltigen Welt. Ihr einziges Ziel bestand darin, mit Sri Krishna eins zu werden. Selbst der Klang der Regentropfen erfüllte ihr Herz mit Liebe und Hingabe. Alle Geräusche – vor allem das eintönige Plätschern des Regens – erinnerten sie an die heilige Silbe «Om». Glücklich blickte sie aus dem Fenster und stellte sich in jedem Regentropfen Krishna vor.

Sudhamani widmete sich nun von Tag zu Tag intensiver ihren spirituellen Übungen, und ihre inneren Zustände traten immer deutlicher zutage. Manchmal ging sie ins Badezimmer, um zu duschen, versank aber statt dessen in *samadhi.* Nach

Stunden entdeckte man sie dann, wie sie in sich selbst versunken dasaß und alles um sich her vergessen hatte.

Auch während der Hausarbeit versank sie manchmal in einen Zustand der Verzückung und schwang sich zu einer höheren Bewußtseinsebene empor. Diese Zustände waren ihren Familienangehörigen völlig rätselhaft. Sie waren überzeugt davon, daß Sudhamani an geistiger Verwirrung litt. Einsam reiste sie durch ihre eigene Welt, für die niemand Verständnis hatte.

Wenn Sudhamani Futter für die Ziegen sammelte, wurde sie häufig von kleinen Kindern begleitet, die ihr überallhin folgten. Sudhamani war gern mit ihnen zusammen. Sie war ihre Anführerin. Wenn sie auf einem Ast saß, um Blätter abzupflücken, hatte sie häufig das Gefühl, selbst Krishna zu sein. «All die Jungen und Mädchen, die unter dem Baum standen, waren für mich Gopas und Gopis», erzählte sie später. Dieses beglückende Erlebnis des Einsseins mit Gott hatte sie im Alter von siebzehn und achtzehn Jahren sehr häufig. Doch ihre Familie und die Dorfbewohner sollten erst Jahre später begreifen, was Sudhamanis seltsame Zustände zu bedeuten hatten.

Sudhamani hatte nun auch viele göttliche Visionen. Krishna, der göttliche Flötenspieler, erschien ihr mitten in der Nacht, faßte sie bei den Händen und tanzte mit ihr. Manchmal spielte er auch mit ihr und brachte sie zum Lachen. In solchen seligen Augenblicken vergaß sie alle äußeren Umstände, tauchte tief ins höchste Bewußtsein ein und tanzte in einer göttlichen Ekstase, wie sie sie noch nie zuvor erlebt hatte. Es war der Tanz Radhas und Krishnas. Immer, wenn sie tanzte, hörte sie den melodischen Klang von Krishnas Flöte. Zuerst glaubte sie, Krishna stehe irgendwo in der Nähe und spiele auf seiner himmlischen Flöte. Doch dann stellte sie fest, daß die Klänge aus ihr selbst kamen! Da brach sie in Tränen aus, verlor das Bewußtsein und stürzte vor dem Bildnis Krishnas zu Boden. Wenn sie einschlief, erschien Krishna sofort und weckte sie wieder. «Seine Gesichtsfarbe war eine Mischung aus Dunkelblau und Hellrot», erinnerte Sudhamani sich später. Manchmal sah sie ein Kinderbett, das mit verschiedenartigen duftenden Blumen bestreut war. Krishna faßte nach ihrer Hand und tanzte mit ihr auf dem Bett. Er nahm sie mit auf eine Reise über die Wolken und zeigte ihr andere Welten und schöne Landschaften. Aber Sudhamani dachte: «Was haben diese Dinge für mich für einen Reiz, wenn Er nicht da ist? Er ist das Wesen aller Dinge. Das äußere Erscheinungsbild dieser Welten dagegen wird sich ständig wandeln!» Von dieser Überzeugung ließ sie sich nicht abbringen. Immer häufiger versenkte sie sich in sich selbst und flüchtete im Geiste zu ihrem Geliebten. In diesem Stadium erreichte ihre Hingabe an Krishna ihre höchste Vollendung.

Manchmal sah Sudhamani Krishna neben sich hergehen. Schon allein dieser Anblick hob sie auf eine göttliche Bewußtseinsebene empor. Dann wieder identifizierte sie sich innerlich mit Krishna und verspürte den Drang, alle Bilder von Göttern und Göttinnen, auch das Krishnas, von den Wänden zu reißen. «Diese Bilder sind nur Papier und Farbe, sie sind nicht Krishna. Ich selbst bin Krishna!» Doch im nächsten Augenblick änderte sie ihre Meinung wieder: «Nein, ich sollte diese Bilder nicht abreißen. Dieses Bildnis hat mir dazu verholfen, zu Krishna zu gelangen. Alles ist von Krishna, dem höchsten Bewußtsein, durchdrungen, also auch dieses Bild!»

Jetzt erkannte Sudhamani in allem ihren geliebten Krishna. Das war der Höhepunkt einer langen Zeit der Aufopferung und Sehnsucht. Sie umarmte und küßte Bäume, Pflanzen und kleine Kinder, denn sie sah auf Schritt und Tritt die liebliche Gestalt Krishnas. Er war überall gegenwärtig. Später sagte sie über diese Zeit:

«Ich betrachtete die Natur und sah überall Krishna. Ich konnte nicht einmal eine Blume abpflücken, weil auch sie für mich Krishna war. Wenn ein Windhauch über meinen Körper strich, hatte ich das Gefühl, daß es Krishna war, der mich liebkoste. Und ich hatte Angst vor jedem Schritt, den ich gehen mußte, weil ich dachte: ‹Oh, ich trete überall auf Krishna!› Jedes Sandkorn war für mich Krishna. Hin und wieder hatte ich auch das intensive Gefühl, selbst Krishna zu sein. Allmählich wurde das zum Dauerzustand. Ich konnte keinen Unterschied mehr zwischen mir selbst und Krishna entdecken.»

So versank Sudhamani im Meer der reinen Existenz und Glückseligkeit und erlangte völligen Seelenfrieden. Doch ihre Familie und die Dorfbewohner wußten nichts von ihrer Identität mit Gott, denn in ihrer äußeren Erscheinung war sie nach wie vor ein einfaches Dorfmädchen.

## Fünftes Kapitel

# Zum Wohl der Menschheit

All die Hindu-Gottheiten, die unendliche Formen des einen höchsten Wesens sind, existieren auch in uns. Wer göttliche Kraft besitzt, der kann durch seine innere Entscheidung zum Wohl der Menschheit all diese Gottheiten manifestieren. Krishna Bhava[1] ist die Manifestation von *purusha*, dem reinen Bewußtsein, einem Aspekt des Absoluten . . .

Mata Amritanandamayi

*Vamsi Vibhushita Kannavaniratabhat*
*Pitmbarat Aruna Bimba Phala Dharoshtat*
*Purnedu Sundara Mukhat Aravinda Netrat*
*Krishna Param Kimapi Tatva Maham Na Jane*

Ich kenne keine Wirklichkeit außer Sri Krishna, den Flötenspieler im gelben Gewand. Er ist schön wie eine frische Regenwolke, seine Lippen sind rot wie eine Aruna-bimba-Frucht, sein Gesicht ist bezaubernd wie der Vollmond, und er hat schmale, längliche Augen wie Lotosblütenblätter . . .

Madhusudhara Saraswati

---

1 «Bhava» bedeutet «Gefühl, Empfindung, Ekstase»; also ist «Krishna Bhava» die Ekstase, in die Sudhamani bei ihrer Manifestation Krishnas verfiel.

# Die ersten Krishna Bhavas

Nun hatte Sudhamani ewige Ruhe im Höchsten gefunden. Doch ihr tägliches Leben war weiterhin mühevoll und reich an Entbehrungen. Sie mußte nach wie vor die ganze Hausarbeit bewältigen und gab sich auch große Mühe, all ihre Pflichten tadellos zu erfüllen; doch Gott hatte andere Pläne mit ihr.

Eines Mittwochabends im September 1975 begann ein neues Kapitel in den Annalen der geistigen Geschichte Indiens. Sudhamani hatte gerade Gras für die Kühe gesammelt und kehrte nun in Begleitung ihres jüngeren Bruders Satheesh heim. Es war schon fast fünf Uhr nachmittags. Sudhamani trug ein großes Bündel Gras auf dem Kopf, war wie üblich ganz in sich versunken und hatte die melodischen Klänge eines hingebungsvollen Liedes auf den Lippen. Als die beiden durch das Gartentor eines Nachbarhauses traten, das sich nördlich vom Grundstück der Familie Idamannel befand, blieb Sudhamani plötzlich stehen. Sie hatte gehört, wie im Hof dieses Hauses die letzten Verse der Srimad Bhagavatam vorgelesen wurden.[2] Im Anschluß an diese Lesung begannen die andächtigen Gesänge.

Sudhamani war ganz von diesen Gesängen gefangengenommen und schien mit ungeteilter Aufmerksamkeit zu lauschen. Doch plötzlich ging eine erstaunliche Wandlung mit ihr vor. Das Grasbündel fiel ihr vom Kopf. Sie rannte in den Hof, stellte sich in den Kreis der Verehrer Krishnas, die sich dort versammelt hatten, und wurde zu Krishna. Diesmal zeigte sich dieses Einssein mit Gott auch an ihrer äußeren Erscheinung: Sie nahm die Gesichtszüge und Bewegungen Sri Krishnas an.

Die meisten der Versammelten glaubten, Sri Krishna selbst sei vorübergehend in der Gestalt dieses Dorfmädchens zu ihnen gekommen, um sie zu segnen. Sudhamani bat einen von ihnen, einen Krug Wasser zu bringen, und besprengte alle mit diesem

---

[2] In dieser Familie wurde jeden Monat das große Epos vorgelesen, in dem das Leben und die Spiele Krishnas beschrieben wurden. Die Lesungen wurden von einem Mann aus dem Nachbardorf gehalten.

heiligen Wasser. Die Neuigkeit von Sudhamanis Manifestation Krishnas verbreitete sich rasch, und bald versammelte sich eine große Menschenmenge um sie. Es waren auch Skeptiker darunter, die Einwände erhoben: «Wenn du wirklich Krishna bist, solltest du es uns auch beweisen, indem du ein Wunder vollbringst. Wie sollen wir dir sonst glauben?» Ohne zu zögern, antwortete Sudhamani:

«Was nicht bereits existiert, kann auch nicht erschaffen werden. In Wirklichkeit sind alle Dinge nur Schöpfungen unserer Vorstellungskraft. Wenn ihr den wahren Edelstein in euch tragt, warum sehnt ihr euch dann nach einer Imitation? Das reine Sein ist in euch; aber es wird von eurer Unwissenheit verhüllt!»

Doch sie verstanden diese erhabene Wahrheit nicht, die nur ein Mensch aussprechen kann, der im reinen Sein verwurzelt ist, und drängten sie, ein Wunder zu vollbringen. Sudhamani erwiderte:

«Ich bin nicht daran interessiert, jemandem durch ein Wunder zum Glauben zu verhelfen. Es ist nicht meine Absicht, Wunder zu wirken, sondern in den Menschen die Sehnsucht nach Befreiung zu wecken. Diese Befreiung aber können sie nur durch Verwirklichung ihres ewigen Selbst erlangen. Wunder sind Illusionen. Das wesentliche geistige Prinzip, das hinter allen Dingen steht, hat nichts mit Wundern zu tun. Außerdem werdet ihr, wenn ich ein Wunder vollbringe, das Verlangen danach haben, immer wieder welche zu sehen. Ich bin aber nicht hier, um Verlangen zu erwekken, sondern um es auszulöschen.»

Doch die Skeptiker beharrten auf ihrem Wunsch und versprachen: «Nein, wir werden nie wieder ein Wunder von dir verlangen, wenn du nur ein einziges Mal eines vollbringst!» Schließlich gab Sudhamani ihrem Drängen nach: «Damit ihr mir glaubt, will ich es dieses eine Mal tun; aber tretet nie wieder mit einem solchen Ansinnen an mich heran. Wer an mir zweifelt, der komme bei der nächsten Srimad-Bhagavatam-Lesung hierher.»

Als die nächste Bhagavatam-Lesung stattfand, versammelte sich eine große Menschenmenge im Hause und im Hof. Die Ungläubigen kletterten sogar auf Bäume und Dächer, um den vermeintlichen Schwindel zu enthüllen. Sudhamani forderte einen der Zweifler auf, einen Krug Wasser zu bringen. Wie beim vorigen Mal besprengte sie die Verehrer Krishnas mit diesem Wasser. Dann bat sie den Mann, der den Krug gebracht hatte, seine Finger in das restliche Wasser zu tauchen. Zur großen Überraschung aller Anwesenden hatte das Wasser sich in Milch verwandelt! Diese Milch wurde als heiliges Geschenk Gottes verteilt. Dann rief Sudhamani einen weiteren Skeptiker zu sich und forderte ihn auf, seine Finger in den Krug zu tauchen. Er stellte fest, daß die Milch sich in *panchamritam*[3] verwandelt hatte! Da riefen alle Anwesenden: «Oh, Gott! Oh, Gott!» Jetzt glaubten sie wirklich, daß Krishna unter ihnen war. Das *panchamritam* wurde unter den über tausend Menschen verteilt, die sich versammelt hatten, und doch blieb der Krug randvoll. Einige der Skeptiker zweifelten immer noch. Sie erklärten diesen seltsamen Vorfall als hypnotischen Trick und schworen darauf, daß das *panchamritam* in ein paar Sekunden verschwinden würde. Doch zu ihrer großen Enttäuschung geschah nichts dergleichen, und der süße Duft entströmte noch tagelang von den Händen der Versammelten. Da glaubten alle Dorfbewohner fest an Sudhamanis Göttlichkeit.

Später erzählte Sudhamani über den Beginn der Krishna Bhavas:

«Schon früher verwandelte ich mich in Krishna, wenn ich in Ekstase sang und tanzte. Aber niemand wußte davon. Eines Tages empfand ich den starken Drang, mich für immer im höchsten Wesen zu versenken. Da hörte ich eine innere Stimme: ‹Tausende und Abertausende von Menschen auf dieser Welt leben in Unglück und Elend. Ich habe viele Aufgaben für dich, die eins mit mir ist.› »

---

[3] Ein süßer, duftender Pudding, der aus fünf verschiedenen Zutaten bereitet wird: Bananen, Zucker, Honig, Kandiszucker und Butterschmalz.

Als Sudhamani diese Stimme gehört hatte, offenbarte sie den Dorfbewohnern ihr Einssein mit Krishna.

«Ich wußte alles über alle Menschen. Mir war bewußt, daß ich Krishna war, und zwar nicht nur während der Bhavas, sondern immer. Aber ich hatte deshalb nicht das Gefühl, etwas Großartiges zu sein. Wenn ich die Menschen und ihre Leiden sah, hatte ich ungeheures Mitleid mit ihnen. Wenn meine Verehrer sich an mich wandten, nannten sie mich ‹Gott›. Ich wußte immer schon von ihren Kümmernissen, ehe sie sie mir erzählten.»

Von da an hielt Sudhamani regelmäßig in der Nähe eines kleinen Banyanbaumes, der im Westen des Grundstücks der Familie Idamannel stand, Krishna Bhava ab. Der Baum war von vielen blühenden Blumen umgeben und wirkte dadurch eher wie ein Busch. Vor ein paar Jahren hatten die Dorfbewohner geplant, dort einen Tempel zu errichten. Zur Einweihung des Tempelgrundstücks hatten ein paar junge Leute aus dem Dorf noch einen Banyanbaum gepflanzt und eine geweihte Öllampe angezündet.

Sugunanandan hatte die jungen Leute dazu ermutigt und sich auch an ihren Arbeiten beteiligt. Jeden Abend kam seine alte Mutter Madhavi, häufig in Begleitung von Sudhamani, zündete die Öllampe an und sang ein paar religiöse Lieder. Vor diesem Banyanbaum hatte man eine winzige, mit geflochtenen Kokospalmblättern gedeckte Hütte erbaut und darin ein Bildnis von Krishna und Mutter Kali aufgestellt.[4]

Nun, ein paar Jahre später, wurde dieser Tempel zu dem heiligen Ort, an dem Sudhamani ihre Identität mit Krishna offenbarte. Da dieses Grundstück öffentliches Eigentum war, eignete es sich gut als Versammlungsplatz. Während des Krishna Bhava legte Sudhamani sich waagerecht auf einen schmalen Ast des Banyanbaums und nahm die Stellung Anantasayanas (Vishnus, der auf der tausendköpfigen Schlange Ananta ruht) ein. Durch ihre innere Entscheidung *(sankalpa)* wurde ihr Körper so leicht wie

[4] Diesen kleinen Schrein kann man heute noch besichtigen.

Luft. Ihre Verehrer staunten sehr über diesen Anblick. Dieser Platz wurde zu einem zweiten Vrindavan – einer heiligen Stätte, an der Sri Krishna weilte. Ständig erklangen hier Lieder zum Lobe Krishnas. Von überallher strömten Verehrer in das kleine Dorf, nicht nur, um an dem wunderbaren *darshan* Sri Krishnas teilzunehmen, sondern auch, um von ihren Sorgen und Kümmernissen befreit zu werden. Tatsächlich lösten sich all ihre Probleme auf wundersame Weise, sobald sie Sudhamani beim Krishna Bhava ihr Herz anvertraut hatten.

Immer wenn jemand mit einem Problem zum Krishna Bhava kam, forderte Sudhamani in Gestalt Krishnas ihn auf, ein Stück Kampfer anzuzünden und ihr den brennenden Kampfer auf die ausgestreckte Zunge zu legen. Dann schluckte sie ihn mitsamt der Flamme hinunter. Dennoch konnte nach dem Krishna Bhava niemand Spuren einer Verbrennung an ihrer Zunge entdecken. Auch das bestärkte ihre Anhänger in ihrem Glauben.

Die Nachricht von den Krishna Bhavas verbreitete sich rasch, und es kamen Leute aus ganz Kerala und aus verschiedenen anderen Teilen Indiens nach Parayakadavu. Das war der Beginn eines Pilgerzuges, der bis heute unvermindert anhält. Manche Menschen erhofften sich Heilung von ihren Krankheiten, andere suchten nach einem Ausweg aus finanziellen Schwierigkeiten, einige kamen aus Neugier, andere aus wirklicher Religiösität. Doch alle stellten fest, daß ihre Probleme sich lösten, nachdem sie zu Sudhamani gekommen waren.

Manche Skeptiker kamen auch nur, um sich die Zeit zu vertreiben und in der Hoffnung, den Schwindel zu enthüllen, für den sie Sudhamanis Manifestationen Krishnas hielten. Doch Sudhamani blieb stets gleichmütig und gelassen. Später erklärte sie:

«Die Menschen kommen aus den verschiedensten Gründen zu meinen Krishna Bhavas: einige aus Verehrung, andere, weil sie weltliche Probleme haben, wieder andere, weil sie sich Linderung von ihren Krankheiten erhoffen. Ich schicke niemanden fort. Wie könnte ich sie zurückweisen? In welcher Hinsicht unterscheiden sie sich von mir? Sind wir nicht alle Perlen, die an der Schnur des

Lebens aufgereiht sind? Jeder nimmt mich so wahr, wie seine Bewußtseinsebene es ihm erlaubt. Die Menschen, die mich lieben, und die Menschen, die mich hassen, sind für mich eins.»

Während der ersten beiden Krishna Bhavas war Sugunanandan aus geschäftlichen Gründen nicht im Dorf gewesen. Als er später von der geheimnisvollen Verwandlung seiner Tochter erfuhr, fürchtete er, es könne sich um eine Krankheit handeln, die die Ärzte bisher noch nicht erkannt hatten. Doch er beschloß, sich das Krishna Bhava selbst anzusehen, ehe er eine endgültige Entscheidung traf. Also traf er Vorkehrungen für eine Bhagavatam-Lesung im Hause der Familie Idamannel. Auch an diesem Tage offenbarte Sudhamani wieder ihre Einheit mit Sri Krishna. Als Sugunanandan diese Verwandlung seiner Tochter sah, die die Familie seit ihrer Geburt immer wieder überrascht hatte, war er wie vom Donner gerührt und konnte kein Wort sagen. Von da an nahm Sugunanandan, der ein glühender Verehrer Krishnas war, an allen *darshans* teil, die in diesem geheiligten Küstengebiet nun regelmäßig stattfanden.

Damals glaubten die Eltern noch, Sudhamani sei nur während der Bhavas von Krishna besessen, und ihre hingebungsvollen Übungen seien eine vorübergehende geistige Verwirrung, die sich eines Tages legen würde. Sie warteten sehnsüchtig darauf, daß Sudhamani endlich «normal» würde, damit sie sie verheiraten konnten. Man kann sie nicht für ihren Irrtum tadeln, sie wußten ja nichts von großen Seelen. Sie hatten eine sehr einfache Vorstellung von Gott. Ihrer Ansicht nach erschien das Göttliche auf der Erde nur in Gestalt der Götter und Göttinnen, die sie in ihren Schreinen und Tempeln verehrten. Woanders zeigte es sich nicht – und schon gar nicht in ihrer überspannten Tochter!

Da sie ihre früheren schlechten Erfahrungen inzwischen vergessen hatten, unternahmen Sudhamanis Eltern wieder einmal den Versuch, sie zu verheiraten. Doch Sudhamani bedrohte jeden Bräutigam, der das Unglück hatte, ins Haus der Familie Idamannel eingeladen zu werden, mit lautem Geschrei und wilden Gebärden. Schließlich warnte sie ihre Eltern voller Zorn: «Wenn es euch gelingt, mich zu verheiraten, werde ich meinen Mann töten und in euer Haus zurückkehren!»

Da beschlossen die Eltern, einen bekannten Astrologen[5] zu Rate zu ziehen, der weit von Parayakadavu entfernt wohnte und weder von der Familie Idamannel noch von Sudhamani noch von ihren Krishna Bhavas jemals etwas gehört hatte. Sie hofften, das Hindernis, das Sudhamanis Heirat im Wege stand, auf diese Weise beseitigen zu können. Nachdem der Astrologe Sudhamanis Horoskop erstellt hatte, wandte er sich an Sugunanandan und sagte in feierlichem Ton: «Dieses Mädchen ist ein *mahatma*[6]. Unternehmt bitte keine weiteren Versuche, sie zu verheiraten. Sollte die Hochzeit bereits stattgefunden haben, holt das Mädchen sofort zurück, sonst wird euch aus dieser Heirat sehr viel Unglück erwachsen.»

Schweren Herzens kehrte Sugunanandan nach Hause zurück, und alle Hochzeitspläne wurden aufgegeben.

Als sich herumsprach, daß Sudhamanis Manifestationen Krishnas kein Betrug waren, kamen immer mehr Menschen zu ihr, um ihren Segen zu empfangen. Manche Leute versuchten auch, Sudhamanis göttliche Güte auszunutzen und sie zur Unterstützung ihrer selbstsüchtigen Motive zu überreden. Sie hofften, mit ihrer Hilfe vielleicht zu Geld zu kommen. Eines Nachts kamen einige Leute zu Sudhamani und boten ihr eine große Geldsumme an, falls sie bereit sei, ein paar Wunder zu vollbringen. Aber Sudhamani lachte nur und erklärte ihnen liebevoll:

«Ich werde keine Wunder vollbringen, denn ich habe dadurch nichts zu gewinnen. Es ist nicht mein Ziel, durch Wunder Ruhm und weltliche Reichtümer zu erwerben. In uns allen ruht ein unerschöpflicher Reichtum an Göttlichkeit. Wer diesen Reichtum vernachlässigt, dem nützt es nichts, den vergänglichen, unbedeutenden Gütern dieser Welt nachzujagen. Der Sinn mei-

---

[5] Es ist in Indien üblich, daß die Eltern die Ehen arrangieren, nachdem ein Astrologe das Horoskop des Sohnes oder der Tochter erstellt hat.

[6] Eine große Seele.

nes Lebens besteht im selbstlosen Dienst an Gott und der leidenden Menschheit. Ich bin nicht hier, um etwas zu verdienen, sondern um für das Glück anderer Menschen auf alles zu verzichten.»

Die erstaunlichen Erfahrungen der Menschen, die während des Krishna Bhava zu Sudhamani kamen, bewogen auch andere Gläubige dazu, ihre Zuflucht bei Sudhamani zu suchen. So nahm die Zahl ihrer Verehrer von Tag zu Tag zu. Ständig waren am Strand rund um den Banyanbaum andächtige Gesänge zu hören. Die Dorfbewohner versammelten sich friedlich und einträchtig dort, sangen und empfingen Sudhamanis Segen.

Einmal hatte sich während des Krishna Bhava eine große Menge von Verehrern versammelt. Plötzlich zogen sich am Himmel dunkle, bedrohliche Wolken zusammen, und dann brach ein Wolkenbruch los. Da es nirgends eine Möglichkeit gab, sich unterzustellen, blieben die Menschen einfach stehen und fanden sich damit ab, völlig durchnäßt zu werden. Doch zu ihrem großen Erstaunen fiel an der Stelle, an der sie standen, kein Regentropfen zu Boden, obwohl es in Strömen goß.

In dieser Zeit wurde das Dorf, vor allem nachts, immer wieder von einer giftigen Kobra unsicher gemacht. Die Dorfbewohner fürchteten sich davor, im Dunkeln am Strand entlangzugehen. Einige wandten sich während des Krishna Bhava an Sudhamani und baten sie um Hilfe. Eines Abends erschien die gefürchtete Schlange während des *darshan*. Die Menschen stoben erschrocken auseinander und verkrochen sich in Verstecken. Doch Sudhamani packte die Kobra furchtlos und berührte die hin und her schnellende Zunge des Tiers mit ihrer eigenen! Dann ließ sie sie wieder los. Von diesem Tag an versetzte die giftige Schlange die Dorfbewohner nie wieder in Angst und Schrecken, und sie konnten sich wieder ungehindert am Strand bewegen.

Einmal herrschte unter den «Kindern der Mutter Meer», wie die Fischer genannt wurden, große Hungersnot, weil sie viele Tage lang keinen einzigen Fisch gefangen hatten. Da kamen sie während des Krishna Bhava zu Sudhamani und klagten ihr ihr

Leid. Sudhamani gab ihnen ein Tulasi-Blatt[7] und sagte, ein kleiner Junge solle es an einer bestimmten Stelle ins Meer werfen. Dann sollten sie an dieser Stelle auf Fischfang gehen. Da die Fischer sie prüfen wollten, befolgten sie ihren Rat nicht und traten während des nächsten *darshan* wieder mit ihrer Bitte an sie heran. Doch noch ehe sie ein Wort sagen konnten, erklärte Sudhamani ihnen, daß sie von dem dummen Streich wußte, den sie begangen hatten, und gab ihnen noch einmal ein Tulasi-Blatt. Überrascht und reumütig nahmen sie es an sich und fuhren aufs Meer hinaus; doch sie fanden die richtige Stelle nicht, an der sie es ins Meer werfen sollten. Sudhamani hatte Mitleid mit ihnen. Beim nächsten *darshan* tanzte sie in Gestalt Krishnas am Strand und schenkte ihnen auf diese Weise ihren Segen. Zur großen Freude und Erleichterung der Fischer kam schon am nächsten Tag ein großer Fischschwarm direkt an ihre Küste geschwommen. Noch nie zuvor in der Geschichte dieses Dorfes hatten sie einen so reichen Fang gemacht. Sudhamani half den Fischern noch zweimal auf diese Weise aus der Not, weil sie aufrichtig darum gebetet hatten. Doch gefiel ihr diese egoistische, nur von weltlichem Verlangen genährte Verehrung der Fischer nicht, und sie bestärkte sie niemals in dieser Haltung.

* * * * * * *

Sudhamanis Eltern und auch die meisten Dorfbewohner glaubten nach wie vor nicht an ihre Identität mit Krishna. Sie vermuteten vielmehr, Sudhamani sei nur während des Bhava vorübergehend von Krishna besessen. Ihr älterer Bruder und ihre Eltern hegten außerdem den Verdacht, sie sei schizophren oder leide an irgendeiner anderen Form von Wahnvorstellungen. Sudhamani störte sich nicht daran und ließ sie in diesem Glauben. Es genügte ihr, daß sie die Menschen durch ihr *darshan* in ihrer Hingabe an Gott bestärken und von ihren weltlichen Leiden befreien konnte.

---

[7] Tulasi ist eine Basilikum-Art, die vor allem bei den Verehrern Sri Krishnas als heilig gilt.

Am Strand konnten ihre Verehrer sich zwar ungehindert versammeln, aber es brachte auch gewisse Nachteile mit sich, das Krishna Bhava dort abzuhalten. Viele Menschen kamen aus aufrichtiger Achtung und Hingabe für Krishna, doch es gab auch eine Gruppe von Dorfbewohnern, die nur an den Bhavas teilnahm, um Sudhamani zu beschimpfen und zu belästigen. Außerdem bildeten sich in der ständig wachsenden Masse der Verehrer auch einige Gruppen heraus, die ihre eigenen selbstsüchtigen Interessen verfolgten. Einige Dorfbewohner schlossen sich sogar zu einem sogenannten «Verwaltungskomitee» zusammen, ließen eine verschlossene Dose herumgehen und sammelten Geldspenden, die sie für ihre eigenen Zwecke ausgaben. Das waren die ersten unheilverkündenden Vorboten eines Bündnisses, das Sudhamani noch viele Schwierigkeiten bereiten sollte.

Sugunanandan war über all diese Vorfälle sehr traurig. Eines Nachts kam er während des Krishna Bhava zu seiner Tochter und sagte kummervoll: «Es ist sehr schmerzlich für mich, Dich hier am Straßenrand Bhava Darshana veranstalten zu sehen, und ich kann es auch nicht ertragen, zu hören, wie diese Ungläubigen sich über Dich lustig machen. Das Mädchen ist meine Tochter, und es bricht mir das Herz, sie an einem öffentlichen Ort von wildfremden Menschen umgeben zu sehen.» Bei diesen Worten brach er in Tränen aus.

«Dann zeige mir einen anderen Ort, an dem ich meine Verehrer empfangen kann», erwiderte Sudhamani. «Und wenn du keinen Platz für mich hast, genügt mir auch der Kuhstall.» Diesem Vorschlag stimmte Sugunanandan bereitwillig zu und ließ den Kuhstall sogleich ausbessern. Er wurde zementiert, und in der Mitte wurde eine halbhohe Mauer durchgezogen, die ihn in zwei Hälften teilte. Der eine Teil wurde weiterhin als Kuhstall benutzt, in dem anderen sollten künftig die Krishna Bhavas stattfinden. Alle vier Wände wurden mit geflochtenen Kokospalmblättern ausgekleidet.[8]

---

[8] Im Jahre 1976 wurde der Tempel renoviert und mit einem Ziegeldach versehen. Vor dem Schrein wurde eine kleine Veranda gebaut, auf der

Nun wurden die Krishna Bhavas in den Kuhstall der Familie Idamannel verlegt, wo sie bis zum heutigen Tag stattfinden. In dem Stall wurde ein neuer Schrein errichtet, in dem Sudhamani während des Krishna Bhava stand. Hin und wieder streckte sie dabei einen Arm in die andere Hälfte des Stalls und legte ihre Hand auf eine der Kühe.

Einige Dorfbewohner stellten mißvergnügt fest, daß ihre eigenen Interessen unter dieser Verlegung des Krishna Bhava litten, und protestierten lauthals dagegen. «Wir wollen keinen Gott, der sich den Wünschen seines Vaters beugt», sagten sie. Sudhamanis Anhänger spalteten sich nun in zwei Gruppen auf. Die eine Gruppe verlieh ihrem Protest Ausdruck, indem sie nicht mehr an den Krishna Bhavas teilnahm; die anderen kamen in den Kuhstall der Familie Idamannel, um *bhajans*[9] zu singen, wie sie es früher am Strand getan hatten. Darüber ärgerten sich die abtrünnigen Verehrer, und einige von ihnen kamen nur in das Haus der Idamannels, um Streit anzufangen und Unruhe zu stiften.

Eines Nachts rief Sudhamani ihren Vater während des Krishna Bhava zu sich und erklärte ihm:

«Meine Verehrer werden von überall her zu mir kommen, und viele werden sich für immer hier niederlassen. Du wirst vielen Schwierigkeiten und Hindernissen ins Auge sehen müssen; aber habe keine Angst. Ertrage alles. Räche dich an niemandem und erwarte von niemandem etwas. Alles, was du brauchst, wirst du bekommen, ohne darum bitten zu müssen. Und du solltest

---

die Verehrer während des Bhava *darshan,* das normalerweise von fünf Uhr nachmittags bis fünf Uhr morgens dauerte, saßen und bhajans sangen. Im Jahr 1982 wurden an dem Tempel größere Renovationen vorgenommen: die Veranda wurde erweitert, so daß mindestens dreißig Leute darauf Platz hatten, und auch das Zimmer, in dem der Schrein steht, wurde vergrößert. Doch eines hat sich bis heute nicht verändert: Sugunanandans alte Mutter Madhavi sitzt immer noch jeden Tag auf der Veranda und fädelt Blüten zu Girlanden auf, die dann während der morgendlichen *puja* (Gottesdienst) im Tempel dargebracht werden.

[9] *bhajan* bedeutet «Verehrung Gottes durch Gesang».

immer einen Teil dessen, was du erhältst, für wohltätige Zwecke verschenken. Bald wird dieser Ort zu einem großen spirituellen Zentrum werden. Deine Tochter wird viele Male um die Welt reisen. Du wirst in der nächsten Zukunft vielleicht viel Leid erdulden müssen, aber Gott wird dich immer segnen und dafür sorgen, daß du alles bekommst, was du brauchst. Die Dorfbewohner und selbst deine Freunde und Verwandten werden dich hassen und beschimpfen. Doch eines Tages werden sie dir wieder wohlgesonnen sein. Für Tausende meiner Verehrer wirst du die Stelle eines Vaters einnehmen. Und deine Tochter wird vom heutigen Tage an für immer rein sein.»

Wieder war Sugunanandan sprachlos vor Erstaunen! Seine Tochter mit der merkwürdigen dunkelblauen Hautfarbe, die er so oft geschlagen hatte, sollte um die Welt reisen? Sie war doch noch nicht einmal am Kap Comorin[10] gewesen! Und Tausende von Menschen würden in das Haus der Familie Idamannel kommen? Wo um alles in der Welt sollte er sie denn alle unterbringen? Es war doch nur ein winzig kleines Haus. Und was hatte es zu bedeuten, daß seine Tochter von heute an für immer rein sein würde?[11] Diese Worte hinterließen zwar einen tiefen Eindruck bei Sugunanandan; doch er tat sie als Äußerungen einer Verrückten ab. Erst Jahre später erkannte er die Wahrheit dessen, was seine Tochter an jenem Tag gesagt hatte.

Die Gruppe, die Sudhamani feindlich gesonnen war, ging nun dazu über, die *bhajan*-Sänger während des Bhava *darshan* unverhohlen zu beschimpfen. Eines Tages hatte Sugunanandan genug davon und verjagte sie mit Hilfe einiger Verehrer Sudhamanis aus seinem Hause. Doch ihm standen noch viel größere Schwierigkeiten bevor.

---

[10] Kap Comorin ist die Südspitze Indiens, 200 Kilometer von Parayakadavu entfernt.

[11] Nach Beginn der Krishna Bhavas bekam Sudhamani nie wieder ihre Periode.

## Die Widersacher

Zu der feindseligen Gruppe gehörten auch einige Söhne von Grundbesitzern. Sie schlossen sich zu einer Organisation zusammen, die sie «Komitee zur Bekämpfung blinden Aberglaubens» nannten und die im Dorf auch unter dem Namen «Rationalistenbewegung» bekannt wurde. Es gelang ihnen, etwa tausend junge Leute aus dreizehn Küstendörfern für ihre Kampagne gegen Sudhamani zu gewinnen.

Während eines der ersten Krishna Bhavas hatte Sudhamani ihren Vater davor gewarnt, jemals Streit mit ihren Gegnern anzufangen oder Rache an ihnen zu nehmen. Sugunanandan hörte aber nicht auf diesen göttlichen Rat und unternahm Schritte gegen das Komitee. Doch das verstärkte die feindselige Haltung der sogenannten Rationalisten nur noch.

Zuerst verfaßten sie Slogans gegen Sudhamani, dann verleumdeten sie sie in öffentlichen Bekanntmachungen, und schließlich zeigten sie sie sogar als Betrügerin bei der Polizei an. Daraufhin kamen einige Polizeibeamte in das Haus der Familie Idamannel, um Sudhamani zu verhören. Doch Sudhamani, die in keiner Situation den Mut verlor, sagte lachend zu den Beamten: «Bitte nehmt mich fest und bringt mich ins Gefängnis, wenn ihr wollt. Hier lassen meine Angehörigen und die Dorfbewohner mich nicht meditieren. Im Gefängnis habe ich wenigstens Ruhe und kann immer an Gott denken. Wenn es Gottes Wille ist, soll es geschehen.» Mit diesen Worten streckte sie ihnen ihre Hände entgegen. Die Polizisten waren sehr beeindruckt von der Furchtlosigkeit und Unschuld, mit der Sudhamani der Situation ins Auge sah. Einige hielten sie für verrückt, doch die anderen waren von ihrer Persönlichkeit fasziniert, und es tat ihnen leid, daß eine so große Seele so verunglimpft und verfolgt wurde, ohne etwas verbrochen zu haben. Sie erwiesen ihr ihre Ehrerbietung und verließen das Haus wieder.

In dieser Zeit komponierte Sudhamani das folgende Lied:

*O Bhagavan! O Bhagavan!*[12]
*Du hast Mitleid mit den Menschen, die Dich verehren ...*
*O reines Bewußtsein!*
*Überwinder aller Missetaten!*
*Gibt es denn nur Sünder auf dieser Welt?*

*O Bhagavan! O Bhagavan!*
*Wer kann uns den rechten Weg zeigen?*
*Die wesentlichen Grundsätze*[13]
*Sind nur in Büchern zu finden ...*

*O Bhagavan! O Bhagavan!*
*Ich sehe überall nur*
*Verkleidung und wertlosen Plunder.*
*O Kanna, bitte stelle die Rechtschaffenheit wieder her*
*Und beschütze sie!*

Doch bald wurde wieder Anzeige gegen Sudhamani erstattet, und in der Abenddämmerung, zur Zeit der Gesänge, kam ein weiterer Polizist, der mit dem Ergebnis des ersten Verhörs nicht zufrieden war, ins Haus der Familie Idamannel. Doch zu seiner großen Überraschung hatte die Atmosphäre in dem Hause eine wohltuende, besänftigende Wirkung auf ihn, und da er nichts Anstößiges oder Unrechtes entdecken konnte, verließ er das Haus wortlos wieder.

Doch die Ungläubigen gaben nicht auf. Sie taten nach wie vor alles, um die Krishna Bhavas zu unterbinden. Jetzt wandten sie noch aggressivere und direktere Methoden an, um ihr Ziel zu erreichen. Sie faßten einen bösartigen Plan: Sie wollten während des nächsten Bhava *darshan* in kleinen Gruppen ins Haus der Familie Idamannel gehen, Sudhamani ergreifen und verprügeln, um sie zu blamieren und das *darshan* als Betrug zu entlarven. Diese Rüpel hielten sich viel auf ihren Mut und ihre Kraft zugute und waren überzeugt davon, daß ihr Plan gelingen würde. Doch

---

12 O Gott, o Gott.

13 Damit sind die ewigen Wahrheiten der Hindu-Schriften gemeint.

beschämt mußten sie das Haus wieder verlassen. Unerklärlicherweise wagte es keiner von ihnen, sich Sudhamani während des Krishna Bhava zu nähern.

Doch auch durch dieses Erlebnis ließen sie sich nicht abschrekken. Sie zogen einen schwarzen Magier zu Rate, der für seine tödliche Zauberkraft berüchtigt war. Er ging zu Sudhamani und brachte ihr sogenannte «heilige Asche» dar, in die er böse Kräfte beschworen hatte. Die Asche stammte von dem verbrannten Körper einer Kobra und galt als so wirkungsvoll, daß sie den Menschen, gegen den ihre Zauberkraft gerichtet war, sogar töten konnte. Schon wenn einem diese Asche in die Hand gegeben wurde, galt das als schlechtes Omen, das großes Unglück bringen konnte.

Obwohl Sudhamani sich der Wirkung bewußt war, die diese Asche angeblich haben sollte, nahm sie sie und rieb vor den Augen des irregeleiteten Mannes ihren ganzen Körper damit ein. «Wenn mein Körper dadurch zugrunde geht», dachte sie, «dann soll es eben so sein. Wer kann Gottes Willen entrinnen?» Der skrupellose Magier blieb noch lange da und wartete auf die tödliche Wirkung seines Zaubers, mit dem er schon zahllose Opfer gequält hatte. Doch es geschah nichts. Nach vielen Stunden gab er sich geschlagen und verließ das Haus.

Nun waren die Ungläubigen zum Äußersten entschlossen. Jedes Mittel war ihnen recht, um Sudhamani zu vernichten und den Manifestationen Krishnas ein Ende zu machen. Da heckten sie ihren tückischsten Plan aus. Sie kamen während des Krishna Bhava in den Tempel und boten ihr ein Glas vergifteter Milch an. Sudhamani nahm es mit liebenswürdigem Lächeln an und trank es, ohne zu zögern, in einem Zug aus. Die Feinde warteten begierig darauf, daß Sudhamani in ihrem Schrein zusammenbrechen und unter Krämpfen ihr Leben aushauchen würde; doch es geschah nichts dergleichen. Einen Moment später wandte Sudhamani sich während des Krishna Bhava plötzlich in die Richtung ihrer Gegner und erbrach die vergiftete Milch zu ihrer großen Bestürzung direkt vor ihren Füßen. Dann fuhr sie mit dem Krishna Bhava fort, als sei nichts geschehen. Da flohen die Rationalisten und gaben ihren Kampf gegen Sudhamani für eine Zeitlang auf.

* * * * * * *

Das zweite Hindernis, mit dem Sudhamani ständig zu kämpfen hatte, war die ablehnende Haltung ihrer Familie. Die feindliche Organisation und ihre grausamen Pläne, der unschuldigen Sudhamani zu schaden, bereiteten Sugunanandan großen Kummer. In dieser Zeit pflegte Sudhamani ihre Nächte im Freien zu verbringen und unter dem Sternenhimmel zu meditieren. Die Einsamkeit und Stille der Nacht, in der sie ungestört Zwiesprache mit Gott halten und verzückt tanzen konnte, war ihr schon in ihrer Kindheit heilig gewesen. Das verstärkte Sugunanandans Sorge um seine Tochter. Bekümmert dachte er daran, wie leicht ihre Feinde sich heimlich an sie heranschleichen und sie angreifen konnten, während sie allein dasaß und meditierte. Daher forderte er sie eines Tages auf: «Tochter, komm und schlafe wieder im Haus!» Doch Sudhamani beruhigte ihren Vater und erklärte ihm in bestimmtem Ton: «Ich habe kein eigenes Haus. Ich schlafe lieber draußen. Gott ist allgegenwärtig. Er ist überall – drinnen und draußen. Warum sollte ich mir also Sorgen machen? Wenn jemand kommt und mir etwas tun will, wird Gott mich beschützen.»

* * * * * * *

Damayanti glaubte zwar an die Echtheit der Krishna Bhavas; doch nach dem Krishna Bhava behandelte sie ihre Tochter wieder ebenso schlecht wie vorher. Sie war der irrigen Annahme, ihre Tochter sei nur während des Bhava *darshan* von Krishna besessen und verwandle sich anschließend sofort wieder in ihre Dienerin und überspannte Tochter. Als Sudhamani mit ihren Krishna Bhavas begann, blieb Damayanti nichts anderes übrig, als sie von ihren Pflichten im Haushalt zu entbinden; denn es konnte jederzeit geschehen, daß sie alles um sich her vergaß und in *samadhi* versank. Wenn sie in diesen Zustand verfiel, während sie gerade kochte oder durch die Backwaters watete, konnte das sehr gefährlich werden.

Was ihre Töchter anging, war Damayanti, wie bereits erwähnt, sehr konventionell eingestellt. Sie verbot Sudhamani, nach dem *darshan* mit ihren Anhängern zu sprechen – vor allem mit jungen Männern durfte sie keinen Kontakt haben. Wenn sie sich diesem Verbot widersetzte, bekam sie Schläge von ihrer Mutter. Sie fürchtete immer noch, daß Sudhamani durch ihr ungewöhnliches Verhalten Schande über die Familie bringen würde. Sudhamani stand über allen Zuneigungen und Abneigungen, doch das hatten ihre Eltern noch nicht erkannt. Sie hielten sie nach wie vor für ein ganz gewöhnliches junges Mädchen mit normalen menschlichen Gefühlen, Vorlieben und Schwächen, das nur während des Bhava *darshan* über seine menschliche Natur hinauswuchs. Es ist erstaunlich, daß gerade die Menschen, die Sudhamani am nächsten standen, die Wahrheit nicht erkannten.

Am unnachgiebigsten war ihr älterer Bruder Subhagan. Es mißfiel ihm, wie seine Schwester ihre Verehrer empfing, und ihre ekstatischen Tänze und Gesänge waren ihm zuwider. Sudhamani, für die alle Lebewesen gleich waren, empfing Männer und Frauen, Kinder und Greise, ohne einen Unterschied zu machen – sehr zum Zorn Subhagans, der nicht nur Atheist war, sondern auch glaubte, Frauen müßten stets bescheiden und unterwürfig sein, und man dürfe sie weder sehen noch hören. Er hielt seine Schwester für schizophren und tat alles, um ihr Hindernisse in den Weg zu legen.

Eines Tages zerschlug er absichtlich die Öllampe, die ihre Anhänger während des Krishna Bhava immer im Tempel anzündeten. Als sie an jenem Abend zum *darshan* kamen und die zerbrochene Lampe sahen, waren sie sehr betrübt, denn sie hatten keine andere Lampe. Sudhamani sah ihre betretenen Gesichter und bat einige von ihnen, ein paar Muscheln zu holen, Dochte hineinzulegen und sie anzuzünden. Und das Unmögliche geschah tatsächlich: Obwohl kein Öl da war, brannten die Dochte die ganze Nacht, bis das Krishna Bhava vorüber war. Als man Sudhamani fragte, wie das möglich gewesen sei, erwiderte sie einfach: «Das *sankalpa*[14] meiner Anhänger hat die Dochte zum Brennen gebracht.» Am nächsten Bhava *darshan*-Tag stiftete ein Verehrer, der gar nichts von der zerschlagenen Lampe und dem Wunder mit den Muscheln wußte, mehrere Öllampen für den Schrein. Als man ihn fragte, wie er auf diese Idee gekommen sei, erklärte er, eine Stimme habe ihn im Traum dazu aufgefordert, die Lampen zu bringen.

* * * * * * *

Über einige der Dorfbewohner, die Sudhamani verspotteten, kam später großes Unglück. Eines Tages, als Sudhamani nach einem Besuch in einem Nachbarhaus nach Hause ging, stand eine Gruppe von Dorfbewohnern am Wegrand. Sie hörte, wie einer von ihnen – ein sehr wohlhabender Mann – sich über sie lustig machte. «Seht euch dieses Mädchen an», sagte er mit lauter Stimme. «Sie ist verrückt. Ständig singt und tanzt sie und tut so, als sei sie Krishna. Was für ein Unsinn! Sie ist hysterisch, weiter nichts. Wenn ihr Vater sich nur endlich entschließen könnte, sie zu verheiraten, würde sie rasch von ihrer Krankheit geheilt werden.» Seine Freunde brachen in Gelächter aus. Selbstgefällig fuhr der Mann fort: «Wenn ihr Vater kein Geld für eine Mitgift hat, bin ich bereit, ihm einen Kredit in Höhe von zweitausend Rupien zu geben, damit er sie endlich unter die Haube bringt. Noch heute werde ich ihm mein Angebot machen!»

Sudhamani sagte kein Wort. Zu Hause angelangt, eilte sie in das Zimmer, in dem der Familienschrein stand, und schloß sich darin ein. Dann schüttete sie Krishna ihr Herz aus: «O Krishna, hast Du nicht gehört, was sie über mich sagen? Sie halten mich für verrückt! Sie wissen nichts von Deiner Schönheit. Statt dessen möchten sie mich zu ihrer eigenen egoistischen Lebensweise zwingen. O Krishna, Beschützer aller Menschen, die bei Dir Zuflucht suchen, hast auch Du mich verlassen? Wie werden die

---

[14] Innere Entscheidung.

Menschen Dich je wieder in mir verehren können, wenn sie sehen, wie verzweifelt ich bin? Ist das der Lohn für die vielen Tränen, die ich beim Gedanken an Dich vergossen habe? Ist meine Liebe und Hingabe wirklich nichts anderes als die Wahnvorstellung einer Verrückten? Du bist mein einziger Trost. Im blauen Himmel sehe ich Dein lächelndes Gesicht, in den Wellen Deine tanzende Gestalt. Das morgendliche Lied der Tauben ist für mich nichts anderes als der Klang Deiner göttlichen Flöte! O Krishna, Krishna ...» Sudhamani begann zu schluchzen und sank zu Boden.

Inzwischen bereitete der reiche Mann, der Sudhamani verspottet hatte, seine Boote und Netze für den täglichen Fischfang vor, rief seine Fischer zusammen und fuhr mit ihnen aufs Meer hinaus. An diesem Tag machten sie einen ungewöhnlich guten Fang, und alle waren fröhlich und guter Dinge, als sie an die Küste zurückruderten.

Einige der Fischer, die Sudhamani liebten und verehrten, tadelten den Bootsbesitzer auf der Rückfahrt: «Es war aber nicht richtig von dir, dieses unschuldige Mädchen so zu verhöhnen.» Da erwiderte der Bootsbesitzer spöttisch: «Na und? Wie du siehst, hat mein Spott mir nicht geschadet! So einen guten Fang wie heute haben wir schon lange nicht mehr gemacht!»

Darauf fiel den Verehrern Sudhamanis keine Antwort ein, und sie senkten traurig die Köpfe. Als das Boot sich der Küste näherte, hatte der Bootsbesitzer plötzlich eine Idee. «Warum fahren wir nicht nach Neendakara[15]?» schlug er vor. «Dort können wir einen guten Preis für unsere Fische verlangen. In Parayakadavu sind die Preise sehr niedrig.» Die Fischer stimmten ihm zu und ruderten in Richtung Neendakara. Sie hatten ihr Ziel schon fast erreicht, als plötzlich ein heftiger Sturm aufkam. Von einer Minute zur anderen türmten sich hohe Wellen auf. Das hölzerne Boot wurde zwischen den riesigen Wogen hin und her geworfen, und alle Versuche des Bootsführers, es unter Kontrolle zu halten, waren vergebens. Das Boot füllte sich mit Wasser und begann zu sinken.

---

[15] Eine Stadt in Kerala, die für ihre Fischmärkte berühmt ist.

Dann wurde es von einer gewaltigen Welle erfaßt und gegen die Klippen geschleudert und zerbrach in tausend Stücke. Der Fang war verloren, eines der besten Boote des reichen Mannes zerstört, und die Netze hingen zerfetzt an den Klippen. Nur das Leben der Fischer war verschont worden. Mit großer Mühe gelang es dem Bootsbesitzer und seinen Fischern, an Land zu schwimmen.

So war völlig unerwartet Not und Unglück über den hochmütigen Bootsbesitzer gekommen. Er konnte seinen Verlust nicht verwinden und brach ohnmächtig am Strand zusammen. Die Fischer, die Sudhamani verehrten, flüsterten einander zu: «Das ist der Zorn Gottes, der über ihn gekommen ist. Hat er nicht mit seinem Vermögen geprahlt, nachdem er Sudhamani verspottet hatte? Er hat Sudhamani als hysterisch bezeichnet und geprahlt, er werde ihrem Vater zweitausend Rupien geben, damit er sie endlich unter die Haube bringt. Nun wollen wir sehen, von wem er sich dieses Geld borgt!» Der Bootsbesitzer hatte insgesamt 75 000 Rupien eingebüßt. Die Fischer fuhren mit dem Bus in ihr Dorf zurück, und die Geschichte hatte sich bald überall herumgesprochen.

* * * * * * *

In dieser Zeit war Sudhamani manchmal verspielt wie ein dreijähriges Kind und trieb allerlei Unsinn mit den Verehrern, die zu ihren Krishna Bhavas kamen. Nach dem *darshan* schlich sie sich an ihre schlafenden Anhänger heran wie eine Diebin. Manchmal band sie den Zipfel des Saris einer Frau an dem Haar einer anderen Frau fest, oder sie warf den Männern, die mit weit offenem Mund schliefen, eine Handvoll Sand ins Gesicht. Harshan, Sudhamanis älterer Vetter, der sie sehr liebte und verehrte, war lahm. Nach dem *darshan* suchte Sudhamani immer nach ihm, und wenn sie ihn irgendwo schlafend fand, faßte sie ihn an den Beinen und schleifte ihn auf dem Boden umher. Das machte ihm großen Spaß, und alle Anhänger brachen in Gelächter aus, wenn sie Sudhamanis kindliche Spiele beobachteten. Subhagan mißfiel das Benehmen seiner Schwester sehr, und er beschimpfte sie deswegen. Da er auf einer sehr niedrigen Bewußtseinsebene stand, konnte er das Verhalten seiner Schwester natürlich nicht begreifen. Später erklärte Sudhamani, warum sie ihren Anhängern diese Streiche spielte:

«Mein Geist strebt ständig in die Höhe und will mit dem Absoluten verschmelzen. Ich bemühe mich, ihn wieder auf die Erde zurückzuholen, denn nur so kann ich der leidenden Menschheit helfen. Mit Hilfe dieser Spiele gelingt es mir, meinen Geist auf die Welt zu konzentrieren, in der meine Anhänger leben, wenn ich auch nicht an dieser Welt hänge.»

## Sechstes Kapitel

# Das Kind der göttlichen Mutter

Hohe Ziele und Sehnsüchte erfüllten mein Gemüt, und die göttliche Mutter strich mir mit sanften, strahlenden Händen über den Kopf. Ich senkte den Kopf und sagte Mutter, daß ich ihr mein Leben geweiht hatte.

Mata Amritanandamayi

*Sivastvam gurustvanca saktistvameva*
*tvamevasi mata pita ca tvameva   I*

*Tvamevasi vidya tvamevasi bandhu*
*rggatirmme matirddevi! Sarvam tvameva   II*

O Devi, Du bist wahrlich Shivā, Du allein bist die Lehrerin, Du allein bist die höchste Energie, Du allein bist die Mutter, Du allein bist der Vater.
Für mich bist Du alles: Wissen, Verwandte, Nahrung und Intelligenz.

Devi Bhujangam

Von *bhakti*[1] geht ein einzigartiger Zauber aus. Ein wahrer Verehrer Gottes hat den aufrichtigen Wunsch, Gott für immer und ewig zu verehren. Sein Leben besteht in der Hingabe. Gott ist sein Höchstes, sein ein und alles. Nichts bereitet ihm mehr Freude, als in seinen Liedern den Höchsten zu rühmen. Daher sagen die *Bhakti Sastras*:

> Die Hingabe an Gott bringt als Frucht immer wieder neue Hingabe hervor. Diese Liebe zu Gott ist unsterbliche Seligkeit . . .

Selbst dem großen Heiligen Suka, der ganz im höchsten Bewußtsein verwirklicht war, bereitete es große Freude, zum Ruhme Gottes seine Lieder zu singen. So groß ist die Seligkeit, die man durch die reine Hingabe an Gott erlebt.

Sudhamani, die ganz im Bewußtsein Krishnas verwirklicht war, hatte eine unstillbare Sehnsucht danach, die Seligkeit der höchsten Hingabe *(para bhakti)* zu genießen. Doch da sie ganz mit Krishna eins war, war es ihr unmöglich, auf seine göttliche Gestalt zu meditieren oder sich in den Gedanken an ihn zu versenken. Sie selbst war Krishna, daher konnte sie auch nicht mehr zu Krishna beten. Das war das Ende ihres Krishna *sadhana*.

* * * * * * *

Eines Tages hatte Sudhamani eine Vision, die in ihrer Manifestation des Göttlichen und ihrem Dienst an der Welt eine grundlegende Veränderung bewirkte. Diese unerwartete Vision war der erste Schritt zu Sudhamanis Devi *sadhana,* ihrem leidenschaftlichen Streben danach, das Göttliche nun nicht mehr in Gestalt Krishnas, sondern in Gestalt der Mutter des Universums zu verwirklichen.

Sudhamani saß allein in einem Zimmer des elterlichen Hauses. Ihre Augen waren geöffnet, doch ihr Geist war nach innen gerichtet, und sie war ganz im Selbst versunken. Plötzlich erschien

---

[1] *Bhakti* bedeutet Hingabe (auch Gottesliebe).

direkt vor ihr eine strahlende Lichtkugel. Sie war rötlich wie die untergehende Sonne und gleichzeitig sanft und beruhigend wie der Mond. Die Kugel ruhte weder auf der Erde, noch hing sie am Himmel – sie drehte sich. Vor dieser strahlenden und doch beruhigend wirkenden Lichtkugel erschien die hinreißende Gestalt Devis, der göttlichen Mutter. Sie trug eine wunderschöne Krone. Aufgeregt rief Sudhamani: «O Krishna, Mutter ist gekommen! Bitte bring mich zu Ihr, ich möchte Sie umarmen!» Da hatte sie das Gefühl, von Krishna in die Höhe gehoben zu werden. Er stieg mit Sudhamani über die Wolken empor, wo sie viele seltsame Dinge sah – hohe Berge, große, dichte Wälder, blaue Schlangen und furchterregende Höhlen. Doch Devi war nirgends zu sehen. Wie ein kleines Kind rief Sudhamani: «Ich will zu meiner Mutter! Wo ist meine Mutter?» und begann zu weinen.

Die herrliche Vision der großen Zauberin war wieder verschwunden, doch in Sudhamanis Herz hatte sie sich für immer unauslöschlich eingegraben. Von diesem Augenblick an sehnte sie sich ständig danach, das gütige Lächeln und das mitfühlende Gesicht der göttlichen Mutter wiederzusehen.

So weihte Sudhamani, die nie auf eine andere Gestalt meditiert hatte als auf die Krishnas, und fest geglaubt hatte, es gebe keine höhere Gottheit, nun ihr ganzes Leben der Verwirklichung des Göttlichen in Gestalt der alles umfassenden und alles durchdringenden Mutter, Adi Para Shakti[2]. Wenn sie nicht gerade Krishna Bhava abhielt, war sie in Meditationen über die strahlende Gestalt der göttlichen Mutter versunken. Die Sehnsucht nach dieser Vision brannte Tag und Nacht in ihrem Herzen wie Feuer. Früher hatten ihre Pflichten im Haushalt sie gezwungen, in der irdischen Welt funktionsfähig zu bleiben. Doch diese Fessel hatte sie nun abgeworfen und sich ganz von der groben weltlichen Existenzebene entfernt. Es kostete sie ungeheure Überwindung, ihrem Körper auch nur die geringste Pflege angedeihen zu lassen. Monatelang lebte sie nur von Tulasi-Blättern und Wasser.

---

[2] Die höchste Urenergie, die Schöpferin, das weibliche Gegenstück zum männlichen Shiva oder das reine Bewußtsein.

Manchmal, wenn Sudhamani aus tiefer Meditation erwachte, begann sie laut zu weinen.

«Amma! Amma![3] Wo bist Du hingegangen? Bist Du mir an jenem Tag nur erschienen, um mich gleich wieder zu verlassen? Bitte habe Gnade mit Deinem Kind und enthülle mir noch einmal Deine unübertrefflich anmutige Gestalt! O Mutter, wenn ich es wert bin, laß mich mit Dir eins werden, ich kann die Qual der Trennung nicht mehr ertragen! O Mutter des Universums, warum achtest Du nicht auf die Rufe Deines untröstlichen Kindes? Bitte umarme mich, nimm mich auf Deinen Schoß!»

**Kannunir Kondu**

*Ich werde Deine Füße in meinen Tränen waschen.*
*O Katyayani, verlaß mich nicht!*
*Wie viele Tage, meine Mutter, muß ich noch warten,*
*Bis Du mir den Anblick Deiner göttlichen Gestalt gewährst?*

*Obwohl Du mir nicht schenkst, wonach mein Herz verlangt,*
*Bin ich zufrieden, weil Deine maya* mich umgibt.
*Erlaubst Du mir, Dir eine rote Blüte zu Füßen zu legen?*

*In der Hoffnung, Dich zu finden,*
*Wandere ich diesen einsamen Pfad entlang.*
*Sag mir, o Geliebte Shivas,*
*Ist in Deinem harten Herzen nicht auch ein klein wenig Güte?*

So wie Sudhamani am Ende ihres Krishna *sadhana* im ganzen Universum Krishna wahrgenommen hatte, so fühlte sie nun in allem die göttliche Gegenwart Devis. Selbst der Wind war für sie nichts anderes als der erhabene Atem Devis. Sudhamani streifte durch die Natur und sprach mit den Pflanzen und den Tieren. Sie empfand die Erde als ihre Mutter. Häufig wälzte sie sich im Sand und rief: «Amma, Amma! Wo bist Du? Wo bist Du?»

Eines Tages, als Sudhamani nach der Meditation aus dem kleinen Zimmer kam, in dem der Schrein stand, hatte sie plötzlich das

---

[3] «O Mutter, o Mutter!»

Gefühl, sie sei ein kleines Kind, und die Natur sei die göttliche Mutter. Sie krabbelte wie ein Baby auf allen vieren zu einer Kokospalme, setzte sich darunter, weinte und bettelte: «Mutter... Meine Mutter... Warum versteckst Du Dich vor mir? Ich weiß, daß Du Dich in diesem Baum verborgen hast. Du bist in all diesen Pflanzen, Du wohnst in den Vögeln und den anderen Tieren! Die ganze Erde ist nichts anderes als Du. O Mutter, warum verbirgst Du Dich in den Meereswellen und dem kühlenden Windhauch? Warum weichst Du mir immer wieder aus?» Dann umarmte sie die Kokospalme, denn für sie war diese Palme nichts anderes als die göttliche Mutter.

Manchmal legte Sudhamani sich nieder, aber nicht, um sich auszuruhen oder zu entspannen. Sie hatte eine heftige Abneigung gegen die Welt der Materie entwickelt. Der schöne Schein und die Menschen, die völlig in ihren sinnlichen Vergnügungen aufgingen, mißfielen ihr. Nein, wenn sie sich hinlegte, betrachtete sie den endlosen Himmel, die silbrigen Wolken, die glitzernden Sterne, die strahlende Sonne oder den besänftigend schimmernden Mond. Wenn sich über ihr dunkle Sturm- oder Gewitterwolken zusammenzogen, sah Sudhamani darin nicht mehr Krishna, sondern stellte sich das lang herabwallende, lockige Haar der göttlichen Mutter vor. Alles, was sie am unendlichen Himmel sah, erinnerte sie an Devi. Wer sie so betrachtete, hätte meinen können, sie schlafe. Doch in Wirklichkeit befand sie sich in einem Zustand der Bewußtlosigkeit, in den ihre ständigen flehentlichen Bitten zur höchsten Mutter des Universums sie versetzt hatten.

Später sagte Sudhamani über jene Tage:

«Auf meinen Wanderungen wiederholte ich auf Schritt und Tritt den göttlichen Namen. Ich tat erst den nächsten Schritt, wenn ich das *mantra* rezitiert hatte. Wenn ich es einmal vergaß, ging ich sofort wieder einen Schritt rückwärts und holte es nach. Erst dann ging ich weiter. Wenn ich mich mit irgendeiner weltlichen Tätigkeit beschäftigte, beschloß ich vorher, eine bestimmte Anzahl von *mantras* zu rezitieren, ehe ich die Arbeit beendete. Wenn ich im Fluß badete und mit dem Kopf unter Wasser tauchte, nahm ich mir ebenfalls vor, das *mantra* soundso viele Male zu rezitieren, ehe ich wieder an die Wasseroberfläche kam. Ich hatte nie einen Guru, niemand unterwies mich oder gab mir ein besonderes *mantra*. Mein *mantra* lautete ‹Amma, Amma!› »

In den Schriften heißt es: «Im höchsten Stadium der Hingabe hören alle Handlungen von selbst auf...» Das zeigt sich deutlich am Verhalten Sudhamanis. Schon wenn sie morgens ihre Zähne putzte, versenkte sie sich in den Gedanken an die göttliche Mutter. Dieser Zustand der Versunkenheit wurde immer intensiver und hielt manchmal stundenlang an. Ihre Versuche, ein Bad zu nehmen, waren noch erfolgloser. Wenn sie das Badezimmer betrat, stellte sie fest, daß sie vergessen hatte, ein Handtuch mitzubringen. Sobald sie das Handtuch geholt hatte, merkte sie, daß auch die Seife fehlte. Dann dachte sie: «O Mutter, wieviel Zeit verschwende ich mit dem bloßen Versuch, ein Bad zu nehmen! Ich will meine Gedanken lieber auf Dich konzentrieren! Wenn ich auch nur ein paar Sekunden lang nicht an Dich denke, bereitet mir das einen quälenden Schmerz...» Dann gab sie ihren Plan, ein Bad zu nehmen, auf, setzte sich hin und versank in *samadhi*. Stunden vergingen, ehe ihre Eltern oder Geschwister, die sie schon verzweifelt gesucht hatten, sie in Meditation versunken im Badezimmer fanden. Um sie aufzuwecken, schütteten sie ihr einen Eimer Wasser über den Kopf, und auf diese Weise kam sie schließlich zu ihrem Bad. Wenn sie sich dadurch nicht ins Bewußtsein zurückrufen ließ, schüttelten ihre Eltern oder Geschwister sie heftig, und manchmal blieb ihnen nichts anderes übrig, als sie aus dem Badezimmer hinauszutragen.

* * * * * * *

Stundenlang saß Sudhamani und konzentrierte sich auf die Gestalt der göttlichen Mutter. Vorher legte sie immer fest, wie lange sie meditieren wollte. Dann befahl sie ihrem Körper: «Bleib hier sitzen» und sagte zu Devi: «Spiel mir nur keinen Deiner Streiche. Wenn Du mich nicht hier sitzen und meditieren läßt, halte ich Dich fest und lasse Dich nie wieder los!» Wenn Sudhamani dann durch irgend etwas in ihrer Meditation gestört wurde, biß sie Devi und zog sie an den Haaren, bis sie zu sich kam und erkannte, daß sie sich selbst biß und sich ihre eigenen Haare herausriß.

Eines Tages konnte Sudhamani nicht so lange meditieren, wie sie es sich vorgenommen hatte, weil sie heftig geschüttelt wurde. Das störte sie in ihrer Versenkung. «Das ist wieder ein Trick von ihr, um mich zu prüfen!» dachte Sudhamani. «Warum läßt sie mich nicht in Ruhe meditieren!» Sie öffnete die Augen, rannte aus dem Zimmer und kehrte ein paar Sekunden später mit einem hölzernen Stößel wieder, mit dem sie Devi bedrohen und schlagen wollte. Drohend erhob sie den Stößel und schrie Devi an: «Heute werde ich . . .» Doch im nächsten Augenblick erkannte sie, wie unsinnig ihr Verhalten war. «Was wollte ich tun!» dachte sie. «Devi schlagen? Ist das richtig? Ist das möglich?» Sie ließ den Stößel fallen und versenkte sich wieder in ihre Meditation.

Sudhamani verschwendete keine Sekunde. Ständig dachte sie an die göttliche Mutter. Wenn jemand mit ihr sprach, stellte sie sich vor, es sei Devi. Irgendwann verstummte ihr Gesprächspartner dann, weil er erkannte, daß sie in eine andere Welt entschwunden war. Wenn auch nur eine Sekunde verging, ohne daß Sudhamani an Devi dachte, war sie sehr bekümmert und gestand: «O Mutter, diese Zeit war vergeudet.» Um den Zeitverlust wiedergutzumachen, meditierte sie an dem entsprechenden Tag länger. Wenn sie einmal eine Meditation versäumte, ging sie die ganze Nacht auf und ab, wiederholte das *mantra* und betete: «O Mutter, was hat dieses Leben für einen Sinn, wenn ich nicht meditieren und mich in Dich versenken kann? Dann gibt es nur noch *maya,* die darauf wartet, mich zu verschlingen. O Mutter, bitte gib mir Kraft! Schenke mir Deine Vision! Laß mich in Deinem ewig verheißungsvollen Selbst aufgehen!»

Am liebsten meditierte Sudhamani in der Stille der Nacht am Meer. Für sie waren die Wellen, die an den Strand schlugen, vom Klang der heiligen Silbe «Om» erfüllt. Und der endlose, tiefblaue Himmel, an dem unzählige Sterne funkelten, spiegelte für sie die unendliche Göttlichkeit der Mutter wider. Bei diesem Anblick wandte sich ihr Geist sofort nach innen und ruhte im Selbst.

Wenn Sugunanandan in solchen Nächten nach seiner Tochter suchte und sie nicht im Haus oder Hof fand, regte er sich sehr auf. Schließlich führte seine Suche ihn an den Strand. Dort saß Sudhamani tief in Meditation versunken und unbeweglich wie ein Fels. Einige Dorfbewohner, die nicht wußten, warum Sudhamani nachts an den Strand ging, begannen Gerüchte über sie zu verbreiten. Sie kamen schließlich auch Sugunanandan zu Ohren, der seiner Tochter diese nächtlichen Ausflüge daraufhin streng verbot.

* * * * * * *

Diese Ereignisse, die Sudhamanis Devi *sadhana* einleiteten, überzeugten ihre Familie nur noch mehr davon, daß sie verrückt war. Ihre Zustände der Verzückung und Hingabe gingen über das Vorstellungsvermögen gewöhnlicher Menschen hinaus. Manchmal schluchzte Sudhamani wie ein kleines Kind und rief nach einem unsichtbaren Wesen, dann wieder klatschte sie in die Hände und lachte laut, dann wälzte sie sich auf dem Boden oder versuchte die Wellen des Meeres zu küssen und rief dabei «Amma, Amma!» Da ist es kein Wunder, daß man Sudhamanis Flucht in die Einsamkeit für Verrücktheit hielt. Selbst ihre Anhänger, die ihren Krishna Bhavas beiwohnten, konnten ihr leidenschaftliches Verlangen, mit der göttlichen Mutter eins zu werden, nicht begreifen.

Doch obwohl ihre Familie sie für verrückt hielt, gab man sich niemals Mühe, die Ursache ihrer Krankheit herauszufinden oder einen Arzt zu suchen, der sie heilen konnte. Statt dessen verspottete und quälte man sie unablässig, vor allem ihr ältester Bruder Subhagan. Wegen dieser unmenschlichen Behandlung beschloß Sudhamani eines Tages, ihrem Leben ein Ende zu machen und ins Meer zu springen. Verzweifelt rief sie nach der göttlichen Mutter: «Bin ich denn wirklich ein so abgrundtief schlechter Mensch? Warum ist meine Familie so grausam zu mir? Nur die netten Menschen werden geliebt. Ich kann nirgends auf der Welt reine, wahre Liebe entdecken. O geliebte Mutter, ich habe das Gefühl, daß alles eine Illusion ist. Bist Du denn nicht die Beschützerin aller Menschen, die Dich verehren? Und bin ich nicht Dein Kind? Hast auch Du mich verlassen? Warum soll ich diesen Körper dann noch mit mir herumschleppen? Er ist eine Last für mich und für die anderen. Nimm Dein Kind zu Dir, o Mutter Meer!» Entschlossen rannte Sudhamani auf das Meer zu. Doch als sie hineinspringen wollte, erkannte sie, daß die weite, unermeßliche Fläche des Meeres nichts anderes war als Devi. Da konnte sie nicht mehr länger auf der materiellen Bewußtseinsebene verharren. Sie versank in *samadhi* und fiel bewußtlos in den Sand.

Harshan, Sudhamanis Cousin, schätzte und verehrte sie sehr. Er hatte das Abschiedsgebet gehört, mit dem sie ihr Elternhaus verlassen hatte, hatte ihre Absicht geahnt und war ihr nachgelaufen. Als er sie bewußtlos am Strand liegen sah, war er froh, daß sie noch am Leben war. Ehrfürchtig hob er sie auf und trug sie ins Haus zurück.

Auch viele Dorfbewohner hielten Sudhamani für verrückt; doch sie nahmen Anteil an ihren seltsamen Zuständen. «Seht, in was für einem erbarmungswürdigen Zustand sie ist», sagten sie zueinander. «Das arme Mädchen! Niemand kümmert sich um sie, sogar ihre Eltern haben sie im Stich gelassen. Als sie noch gesund und normal war, mühte sie sich Tag und Nacht für sie ab, und jetzt wollen sie nicht einmal für sie sorgen. Ist sie denn nicht ihre Tochter?»

Einige der Nachbarinnen hatten Mitleid mit ihr und begannen sich liebevoll um sie zu kümmern. Diese Frauen hatten das seltsame Fischermädchen schon von seiner Kindheit an sehr bewundert und gehörten jetzt zu den Anhängern, die zu den Krishna Bhavas kamen. Irgendwie konnten sie vage Sudhamanis Zustände verstehen. Wann immer sich eine Gelegenheit dazu bot, halfen sie ihr oder retteten sie aus den Gefahren, in die sie durch ihre Selbstvergessenheit häufig geriet.

Chellamma und ihre Tochter Vatsala lebten auf einem Grundstück direkt gegenüber dem Hause der Familie Idamannel. Vatsala betrachtete Sudhamani als ihre enge Freundin und brachte ihr grenzenlose Liebe entgegen. Da diese beiden Frauen in unmittelbarer Nähe von Sudhamanis Elternhaus wohnten, bemerkten sie es am ehesten, wenn das Mädchen bewußtlos ins Brackwasser fiel. Dann fischten sie sie sofort wieder heraus, trockneten sie ab und zogen ihr frische Kleider an.

Auch Pushpavathi und ihr Mann waren leidenschaftliche Verehrer Sudhamanis. Für sie war Sudhamani wie eine Tochter, und sie waren sehr traurig darüber, daß das Mädchen von seiner Familie so gequält wurde. Neben der Familie Idamannel wohnten zwei Schwestern, Rema und Rati, die Sudhamani ebenfalls sehr liebgewonnen hatten. Auch Aisha, Sudhamanis Cousine, hatte nur gute Erinnerungen an das gütige, liebevolle Mädchen.

Diese Frauen hatten das Glück, Sudhamani während jener Zeit ihres intensivsten *tapas*[4] dienen zu dürfen. In einer Zeit, in der Sudhamani von ihrer Familie völlig vernachlässigt wurde, versuchten diese Frauen ihr zu helfen, wann immer sie konnten. Wenn das Mädchen alles um sich her vergaß, war es häufig eine dieser Frauen, die sie bewußtlos im schlammigen Wasser oder im Schmutz liegen sah. Wenn es ihnen nicht gelang, sie wieder zum Bewußtsein zu erwecken, nahmen sie sie in die Arme und trugen sie in ihr eigenes Haus. Dort putzten sie ihr die Zähne, badeten sie, zogen ihr saubere Kleider an und fütterten sie, als sei sie ein kleines Kind.

Subhagan hatte nach wie vor eine große Abneigung gegen Sudhamani und ihre Zustände göttlicher Verzückung. Er drängte sie immer wieder, mit den Krishna Bhavas aufzuhören, denn er hielt sie für eine Schande, die die Familie früher oder später in Verruf bringen würde. Da er mit seinen Forderungen nichts erreichte, beschloß er, drastischere Maßnahmen zu ergreifen.

Eines Tages, als Sudhamani nach dem Bhava *darshan* im Begriff war, wieder ins Haus zu gehen, stand Subhagan drohend in der Tür und versperrte ihr den Weg. «Betritt dieses Haus nicht!» schrie er sie an. «Ich werde dir erst wieder erlauben, hereinzukommen, wenn du mit diesen schändlichen Tänzen und Gesängen aufhörst!» Sudhamani faßte seine Worte als göttliches Gebot

---

4 Strenge Askese.

auf, verließ ohne ein Wort das Haus und setzte sich in den Hof. Doch Subhagan verbot ihr auch, dort zu sitzen. Da gab Sudhamani ihrem Bruder eine Handvoll Sand und sagte: «Wenn dir dieser Sand gehört, bitte zähle die Körner!»

Von da an lebte sie im Freien, was ihr ohnehin viel besser gefiel. Der Himmel wurde ihr Dach, die Erde ihr Bett, der Mond ihre Lampe und der Meereswind ihr Fächer. Dieses karge Leben bestärkte sie nur noch in ihrer Entschlossenheit, ein Leben der Entsagung zu führen und die göttliche Mutter auf Erden zu manifestieren. Immer wieder hob sie die Hände wie ein kleines Mädchen, das seine Mutter um etwas bittet, und Tränen liefen ihr über die Wangen. Dann weinte sie laut: «Amma, Amma ... Hast Du mich verlassen? Muß ich vor Sehnsucht nach Deinem Anblick sterben? Ein Tag nach dem anderen vergeht, und ich habe immer noch keinen Seelenfrieden gefunden, weil ich Deine bezaubernde Gestalt nirgends sehe. All meine Hoffnungen richten sich auf Dich. Willst Du mich auch verlassen? Siehst Du nicht, wie verzweifelt ich bin?» In dieser Zeit komponierte Sudhamani das folgende Lied:

**Bhaktavalsale Devi**

*O Devi, o Ambika, Inbegriff der Schönheit,*
*O Mutter, die ihre Verehrer liebt,*
*Bitte komm zur Erde herab*
*Und mach dem Leid Deiner Anhänger ein Ende ...*
*Du bist alles, Du hast die Macht,*
*Mein Unglück zu beenden,*
*Du bist die Wurzel aller Dinge ...*

*Du stehst als Herrin aller Lebewesen vor uns.*
*Du bist alles, und alles steht unter Deinem Schutz ...*

*Weil ich daran glaube, liebe und verehre ich Dich.*
*O Göttin des Universums, ich sehne mich nach Deinem Anblick ...*

*Wie lange warte ich schon darauf, Dich zu sehen?*
*Ich verliere keine Sekunde;*
*Ständig preise ich Dich ...*

*Habe ich etwas verbrochen,*
*Oder willst Du mich einfach nicht von meinem Kummer befreien?*

*Oder vielleicht möchtest Du,*
*Daß mein Selbst zu Asche verbrennt?*
*Ich werde immer verwirrter; ich weiß nichts . . .*

*Stimmt es vielleicht gar nicht,*
*Daß die Mutter allen ihren Kindern die gleiche Liebe entgegenbringt?*

*Bitte gib mir ein bißchen von dem Nektar Deiner Gnade,*
*Der aus Deinen heiligen Augen strömt,*
*Und mach meinem Unglück ein Ende . . .*

*Ich sinke Dir zu Füßen,*
*Um Dein gnädiges Gesicht zu sehen,*
*Und bitte Dich um die Erfüllung meines Lebens . . .*

* * * * * * *

**Oro Tulli Sneham**

*O Mutter, schenke meinem Leben einen Sinn*
*Und gib meinem dürstenden Herzen einen Tropfen von Deiner Liebe.*
*Warum, oh, warum düngst Du diese arme, versengte Schlingpflanze*
*Mit brennendem Feuer?*

*Wie viele heiße Tränen habe ich*
*Dir schon geopfert?*
*Hörst Du nicht, wie mein Herz schlägt?*
*Vernimmst Du nicht die Qual meiner unterdrückten Seufzer?*

*Bitte laß das Feuer nicht*
*In die Sandelholzwälder eindringen.*
*Laß nicht zu, daß das Feuer des Schmerzes seine Stärke zeigt*
*Und mit Allmacht hervorbricht . . .*

*O Devi, ich singe immerzu Deinen Namen – «Durga, Durga» – Ich habe alle anderen Wege vergessen.*
*O meine Durga, ich will weder Himmel noch Befreiung,*
*Ich strebe nur noch danach, mich Dir hinzugeben . . .*

Während dieses intensiven *tapas* wurde Sudhamanis Körper so heiß, als stehe sie inmitten glühender Kohlen. Die Hitze war so unerträglich, daß sie kaum noch Kleider am Leibe tragen konnte. Um sich Linderung zu verschaffen, wälzte sie sich im Schlamm der Backwaters. Manchmal stand sie stundenlang in Meditation versunken im Wasser.

* * * * * * *

Die Verehrer Sudhamanis luden sie oft zum Gottesdienst in ihre Häuser ein. Sie glaubten, ihre Anwesenheit verleihe der Feier einen besonderen Glanz. Diese Familien holten Sudhamani zu Hause ab und brachten sie mit dem Bus in ihre Häuser. Während sie auf den Bus warteten, verfiel Sudhamani manchmal in einen Zustand der Verzückung. Sie vergaß die Welt um sich her, wälzte sich auf dem Boden und brach in glückliches Gelächter aus. Natürlich hatten die anderen Leute an der Bushaltestelle kein Verständnis für dieses merkwürdige Verhalten und beobachteten sie erstaunt. Manche verspotteten oder tadelten sie auch und sagten, sie sei verrückt. Die Kinder standen um sie herum und machten verächtliche Bemerkungen; doch all das glitt an Sudhamani ab. In die Welt der Seligkeit, in der sie lebte, konnten höhnische Worte und Zurechtweisungen nicht eindringen.

In ihrem großen Schmerz über die Trennung von der göttlichen Mutter weinte und schrie Sudhamani manchmal laut. Dann versammelten sich kleine Kinder um sie und baten sie: «Weine doch nicht, Chechi[5]! Hast Du Kopfschmerzen?» Später begriffen sie, daß Sudhamani weinte, weil sie sich so sehr nach dem Anblick Devis sehnte. Während dieser unbezähmbaren Gefühlsausbrüche stellte sich einmal eine der jüngeren Schwestern im Sari und mit lang herabwallendem Haar vor sie hin und nahm die Haltung Devis ein. Da rannte Sudhamani voller Freude auf sie zu und fiel ihr um den Hals. Immer wenn sie in dieser Stimmung ein schönes Mädchen sah, umarmte und küßte sie es.

---

[5] Ältere Schwester.

Sugunanandan, der sah, daß seine Tochter ihren Körper völlig vernachlässigte, und Mitleid mit ihr hatte, versuchte mehrmals, ihr ein strohgedecktes Obdach zu bauen, um sie wenigstens vor Regen und Sonne zu schützen. Immer wenn sie irgendwo saß oder lag und in Meditation versunken war, ergriffen ihre Eltern die günstige Gelegenheit und bauten eine solche notdürftige Unterkunft um sie herum. Doch sobald Sudhamani wieder zum Bewußtsein kam und sah, was ihre Eltern taten, ging sie fort und sagte: «Das wird nur Kummer und Sorgen bringen. Wie lange wird diese Strohhütte hier stehen können? Wer wird sie instand halten? Laßt mich nur unbeirrt Hitze, Kälte und Regen ertragen und auf diese Weise über sie hinausgelangen.»

In diesen Tagen höchster Sehnsucht nach der göttlichen Mutter nahm Sudhamani das Wesen eines zweijährigen Kindes an – des Kindes der göttlichen Mutter. Sie identifizierte sich völlig mit dieser kindlichen Haltung, und viele ihrer Handlungen sind nur im Lichte dieser Einstellung zu verstehen. Eines Tages hatte Sudhamani nach der Meditation großen Hunger und Durst. In diesem Augenblick sah sie Pushpavathi im Nachbarhaus ihr Baby stillen. Ohne zu zögern, ging Sudhamani zu ihr, nahm ihr den Säugling von der Brust und legte sich selbst in ihren Schoß, um an ihrer Brust Nahrung zu finden. Pushpavathi war gar nicht peinlich berührt von diesem unerwarteten Verhalten. Im Gegenteil, sie empfand eine überströmende mütterliche Liebe für das Mädchen. Dieser Vorfall wiederholte sich noch mehrere Male, bis Pushpavathi klar wurde, daß es sicherer war, ihr Baby außerhalb der Sichtweite Sudhamanis zu stillen.

Eines Tages lag Sudhamani in der Nähe der Backwaters bewußtlos im Schlamm, und ihre Nasenlöcher, Augen, Ohren und Haare waren voller Sand. Einige ihrer Verehrer fanden sie und waren untröstlich, als sie sahen, in welchem Zustand sie sich befand. Ihre unaufhörlich fließenden Tränen hatten helle Streifen auf ihren dunklen, schmutzverschmierten Wangen hinterlassen. Sie gingen zu Sugunanandan und erzählten ihm davon, stießen jedoch auf taube Ohren. Da es ihnen nicht gelang, Sudhamani zu wecken, beschlossen sie betrübt, sie nach Hause zu tragen. Sie reinigten ihren Körper von dem Schmutz und legten sie nichtsahnend auf das Bett ihres Bruders Subhagan. Dann gingen sie fort, damit Sudhamani sich ausruhen konnte.

Als Subhagan nach Hause kam, bekam er einen Wutanfall und rüttelte so heftig an dem Bett, als wolle er es in tausend Stücke zerbrechen. Wie ein Verrückter schrie er: «Wer hat mir dieses elende Frauenzimmer ins Bett gelegt? Wer hat mir dieses elende Frauenzimmer ins Bett gelegt?» Das Bett brach tatsächlich entzwei, doch Sudhamani lag ungerührt und weltvergessen inmitten der Trümmer. Als sie später erfuhr, in welcher Gefahr sie geschwebt hatte, sagte sie nur: «Was auch geschehen mag, es ist Gottes Wille und zu meinem Besten.» Beim nächsten *darshan* schenkte einer der Anhänger, der Zimmermann war, Sudhamani zur Überraschung aller Anwesenden ein Bett, einen Tisch und Stühle. Als man ihn fragte, warum er das getan habe, erzählte er, Krishna sei ihm im Traum erschienen und habe ihn aufgefordert, Sudhamani diese Dinge zu bringen.

## Die Weisen

> Die Menschen sind nicht die einzigen Lebewesen, die die Fähigkeit der Sprache haben. Auch Tiere und Pflanzen können sprechen, aber wir können sie nicht verstehen. Wer einmal eine Vision des Selbst gehabt hat, weiß um all diese Dinge.
>
> Mata Amritanandamayi

Als Sudhamani draußen im Freien lebte, suchten Hunde, Katzen, Kühe, Ziegen, Schlangen, Eichhörnchen, Tauben, Papageien und Adler ihre Nähe und wurden ihre vertrautesten Freunde. Die von keinerlei Zu- oder Abneigung befleckte Liebe ist imstande, Eintracht zwischen Tieren zu schaffen, die normalerweise Feinde sind. Selbst in Zeiten, in denen ihre eigenen Angehörigen sie im Stich ließen und ihr ganz der spirituellen Vervollkommnung geweihtes Leben ablehnten, standen ihr diese Tiere zur Seite und dienten ihr. Es war, als hätten sie mehr Verständnis für Sudhamanis Zustand als die sogenannten «intelligenten» Menschen.

In dieser Zeit aß Sudhamani niemals im Hause ihrer Familie, denn sie war sehr empfindlich gegen Nahrung, die in einem weltlichen Haushalt zubereitet worden war. Sie konnte nur Essen zu sich nehmen, während dessen Zubereitung *mantras* rezitiert worden waren. Eines Tages, als sie nach der Meditation aus dem Tempel kam, war sie sehr hungrig und durstig. Direkt vor dem Tempel lag eine Kuh, die ihrer Familie gehörte. Sie spreizte ihre Hinterbeine, so daß Sudhamani unter sie kriechen konnte; und Sudhamani, die überzeugt davon war, daß Gott ihr die Kuh geschickt hatte, trank die Milch direkt aus dem Euter und stillte auf diese Weise ihren Durst und ihren Hunger.

Das kann kein purer Zufall gewesen sein, denn von da an legte diese Kuh sich jeden Tag vor den Tempel und wartete, bis Sudhamani ihre Meditation beendet hatte. Erst wenn Sudhamani gekommen war, ließ die Kuh sich dazu bewegen, auf die Weide zu gehen und ihr eigenes Kalb zu säugen. Sugunanandan und der Rest der Familie ärgerten sich darüber und versuchten, die Kuh von der Stelle zu vertreiben, an der sie immer auf Sudhamani wartete. Sie zogen sie am Schwanz und begossen sie mit Wasser, doch was sie auch taten – das Tier rührte sich nicht vom Fleck.

Manchmal brachten die Nachbarinnen Sudhamani Milch zum Trinken. Aber es war keine reine Milch, sie war mit Wasser verdünnt. Wenn Sudhamani diese Milch trank, mußte sie erbrechen; und auch den Menschen, die sie ihr gebracht hatten, ging es nicht gut. Aus diesem Grund beschloß Sudhamani, von nun an nur noch die Nahrungsmittel zu sich zu nehmen, die Gott ihr schenkte.

Am nächsten Tag ereignete sich etwas Ungewöhnliches, woran sich das geheimnisvolle Wirken des göttlichen Plans zeigt. In dem sechs Kilometer südlich von Parayakadavu gelegenen Dorf Bhandaraturuttu holte Sudhamanis Onkel Ratnadasan wie üblich die Kühe aus dem Stall und ließ sie in den Hof, um sie zu waschen und zu füttern. Plötzlich entwich eine der Kühe, rannte aufs Meer zu und lief in Richtung Norden. Sie lief so schnell, daß Ratnadasan Mühe hatte, sie einzuholen. Schließlich lief die Kuh in Sudhamanis Dorf, in dem sie noch nie zuvor gewesen war, und rannte direkt auf das Haus der Familie Idamannel zu.

Ratnadasan war sehr erstaunt über das, was dann geschah. Die Kuh ging geradewegs auf Sudhamani zu, die dasaß und meditierte, und begann sie sanft zu beschnuppern und zu lecken, als begrüße sie eine geliebte alte Freundin. Doch Sudhamani blieb in ihre Meditation versunken. Da legte die Kuh sich in der Nähe nieder, beobachtete Sudhamani aufmerksam und wartete, bis sie aus der Meditation erwachte. Nach einiger Zeit öffnete Sudhamani die Augen. Als sie die Kuh sah, die ihr bekannt vorkam, stand sie auf und ging zu ihr hinüber. In diesem Augenblick hob die Kuh eines ihrer Hinterbeine, als wolle sie Sudhamani zum Trinken auffordern. Sudhamani trank sich an ihrem Euter satt. Ihr Onkel, der ein paar Meter entfernt dastand und zusah, schüttelte ungläubig den Kopf.

Welche geheimnisvolle Macht hatte die Kuh dazu getrieben, an diesen unbekannten Ort zu kommen, wo Sudhamani lebte? Sie hatte bei ihrem Ausbruch und ihrem wilden Lauf an der Küste entlang eindeutig ein ganz bestimmtes Ziel gehabt. Sudhamani hatte diese Kuh während ihres kurzen Aufenthalts im Haus ihrer Großmutter vor vielen Jahren zwar einmal gepflegt, doch erklärt das das Verhalten dieses Tieres, das bisher noch nie ausgebrochen war? Hier muß unser Verstand sich vor der Weisheit des Herzens beugen.

* * * * * * *

Wenn Sudhamani draußen saß und meditierte, wanden sich häufig Schlangen um ihren Körper, als wollten sie sie wieder zum Bewußtsein bringen. Nicht immer ließen diese Zwischenfälle sich als bloßer Zufall abtun. Eines Tages zum Beispiel verließ Sudhamani das Grundstück der Idamannel, da ihre Familie sie wieder einmal sehr gequält und schikaniert hatte. Unterwegs begegnete sie einer Nachbarin, die sie tröstete und in ihrem eigenen Haus aufnahm. Sudhamani trat in das Zimmer, in dem der Familienschrein der Nachbarin stand, und begann der göttlichen Mutter ihr Herz auszuschütten. Bei dieser Gelegenheit komponierte sie das folgende Lied:

**Manasa Vacha**

*Ich gedenke ständig Deiner*
*Im Gemüt und in meinen Worten und Taten.*
*Warum zögerst Du dann,*
*Mir Deine Gnade zu zeigen, geliebte Mutter?*

*Jahre sind vergangen,*
*Doch mein Geist hat immer noch keinen Frieden gefunden.*
*O geliebte Mutter, bitte schenk mir ein wenig Linderung . . .*

*Mein Gemüt schwankt hin und her wie ein Boot im Sturm.*
*O Mutter, gib mir ein wenig Seelenfrieden,*
*Sonst werde ich verrückt . . .*

*Ich bin müde, Mutter, unerträglich müde.*
*Ich möchte kein solches Leben.*
*Ich kann Deine Prüfungen nicht ertragen.*
*O Mutter, ich habe nicht die Kraft dazu!*

*Ich bin elend und untröstlich.*
*Ich habe niemanden außer Dir, Mutter.*
*Bitte erspare mir Deine Prüfungen,*
*Strecke Deine Hand aus und zieh mich zu Dir empor . . .*

Plötzlich wandelte sich Sudhamanis Stimmung, und sie verfiel in Ekstase und benahm sich wie eine Rasende. Sie weinte, wälzte sich auf dem Boden umher und riß an ihren Kleidern. Im nächsten Augenblick brach sie in Gelächter aus. Die Familie beobachtete sie erstaunt und besorgt und wußte nicht, wie sie sie wieder beruhigen sollte. In diesem Augenblick erschien eine große Schlange im Türeingang und kroch direkt auf Sudhamani zu. Schreckensstarr beobachtete die Familie, wie die Schlange mit der Zunge über das Gesicht des Mädchens fuhr. Das wirkte sofort beruhigend auf Sudhamani. Schon nach ein paar Minuten erlangte sie ihr Bewußtsein wieder, und die Schlange kroch davon. Es war, als habe sie gewußt, wie man Sudhamani wieder zum Bewußtsein erwecken könne.

* * * * * * *

Jedem, der das Haus der Familie Idamannel besucht, fallen die vielen verschiedenen Vögel auf, die in der Nähe des Grundstücks leben. Sudhamani liebte Vögel – vor allem Papageien, weil sie die Lieblingsvögel der Göttin waren. Manchmal, wenn sie betete: «O Mutter, komm zu mir», kam ein Papageienschwarm angeflogen und setzte sich in ihrer Nähe auf den Boden. Eines Tages schenkte einer ihrer Anhänger ihr einen Papagei. Dieser Vogel hielt sich immer in Sudhamanis Nähe auf. Sie sperrte ihn nie in einen Käfig. Einmal klagte Sudhamani: «Oh, wie schrecklich und grausam ist diese Welt! Nirgends ist eine Spur von Wahrhaftigkeit oder Rechtschaffenheit zu finden. Alle Menschen sind falsch, die Welt ist voller Sünder. Es scheint niemanden zu geben, der der Menschheit den rechten Weg zeigt.» Bei diesem Gedanken liefen ihr Tränen über die Wangen, und sie blieb lange Zeit traurig und in sich gekehrt. Plötzlich sah sie, daß der Papagei direkt vor ihr stand und auch Tränen vergoß. Ihr großer Schmerz hatte sogar den Vogel gerührt.

Außer dem Papagei gab es auch noch zwei Tauben, die ständig Sudhamanis Nähe suchten. Immer wenn sie in ihren Gesängen die göttliche Mutter verherrlichte, breiteten die drei Vögel die Flügel aus, hüpften umher und begannen fröhlich zu der Melodie zu tanzen.

In einem großen Baum auf dem Grundstück der Familie Idamannel befand sich ein Adlernest[6]. Eines Tages wurde das Nest zufällig zerstört und fiel zu Boden. Die beiden Jungvögel lagen betäubt und verletzlich auf dem Boden. Ein paar boshafte Kinder begannen die winzigen Vögel mit Steinen zu bewerfen und versuchten sie zu töten. Da kam Sudhamani und rettete sie. Sie nahm sie bei sich auf und pflegte sie liebevoll. Innerhalb von ein paar Wochen waren sie so kräftig geworden, daß sie fliegen konnten. Da ließ Sudhamani sie frei. Diese beiden Garudas kamen immer angeflogen, wenn Sudhamani Krishna Bhava abhielt, und saßen auf dem Schrein. Sie lockten viele Verehrer an, denn Garuda war

---

[6] Der Weißkopf-Seeadler wird in Indien «Garuda» genannt. Garuda war das Reittier Vishnus, Sri Krishna ist eine Inkarnation Vishnus.

der Vogel, auf dem Vishnu ritt. Die geheimnisvolle Anhänglichkeit der beiden Vögel bestärkte die Anhänger in ihrem Glauben an Sudhamanis göttliche Natur, und durch ihre Anwesenheit wurde das *darshan* noch eindrucksvoller.

Wenn Sudhamani in der Zeit ihres Devi *sadhana* das Bewußtsein verlor und sich mit Tränen in den Augen nach dem Anblick der göttlichen Mutter sehnte, flogen diese beiden Vögel zu ihr und setzten sich in ihre Nähe, als wollten sie sie beschützen. Fassungslos beobachteten die Frauen aus der Nachbarschaft, wie die beiden Adler Sudhamani ins Gesicht sahen und ebenfalls in Tränen ausbrachen, weil sie so großen Anteil an ihrem Schmerz nahmen.

Eines Tages überkam Sudhamani nach ihrer Meditation ein entsetzliches Hungergefühl. Da flog einer der beiden Garudas aufs Meer hinaus und kehrte ein paar Minuten später mit einem Fisch im Schnabel zurück. Er legte Sudhamani den Fisch in den Schoß, und sie aß ihn roh, als sei das die größte Selbstverständlichkeit der Welt. Irgendwie erfuhr Damayanti davon. Von da an wartete sie jedesmal, bis der Garuda kam und Sudhamani seine tägliche Gabe brachte. Sobald er den Fisch fallen gelassen hatte, stürzte sie herbei und riß ihn an sich, um ihn für Sudhamani zu kochen. Während ihres Krishna *sadhana* aß Sudhamani keinen Fisch. Schon vom bloßen Geruch wurde ihr übel. Doch die Fische, die der Garuda ihr brachte, waren in ihren Augen eine Gottesgabe, und daher aß sie sie. Eine ganze Zeitlang brachte ihr der Garuda jeden Tag einen Fisch.

Auch eine Katze hielt sich ständig in Sudhamanis Nähe auf. Sie kam während des Bhava *darshan* in den Tempel und umkreiste Sudhamani wie beim *pradakshina*[7]. Dann setzte sie sich in Sudhamanis Nähe und verharrte lange Zeit mit geschlossenen Augen in dieser Stellung, als meditiere sie. Einmal versuchte jemand, die Katze loszuwerden, indem er mit ihr über den Fluß fuhr und sie am anderen Ufer aussetzte. Doch

---

[7] *Pradakshina* ist eine religiöse Übung, bei der das Bildnis der verehrten Gottheit ehrfürchtig umkreist wird.

schon am nächsten Tag war sie wieder da und wich Sudhamani nicht von der Seite.

Treue ist zwar eine typische Eigenschaft des Hundes, doch das Verhalten eines schwarzweißen Hundes, der Sudhamani sehr liebte, ging weit über hündische Anhänglichkeit hinaus. Wenn Sudhamani zu lange weinend nach Devi rief und bei ihren Gebeten in Ohnmacht fiel, rieb er sich an ihr und leckte ihr Gesicht und ihren Körper ab, um sie wieder zum Bewußtsein zu erwecken. Wenn Sudhamani das Grundstück der Familie Idamannel verlassen wollte, faßte er sie am Rock und bellte, um sie von ihrem Entschluß abzubringen. Manchmal kam er mit einem Päckchen mit Nahrungsmitteln in der Schnauze zu ihr und legte es vor sie hin. Er fraß kein einziges Reiskorn von dem Essen, das er ihr brachte. Nachts schlief er immer in ihrer Nähe, und wenn Sudhamani sich niederlegte, um den Himmel zu betrachten, benutzte sie seinen Körper als Kopfkissen.

Eines Nachts saß Sudhamani am Ufer der Backwaters und meditierte. Sie war so in *samadhi* versunken, daß sie gar nicht merkte, daß ihr Körper von Moskitos übersät war. Sugunanandan, der zufällig vorbeikam, rief sie beim Namen, um sie aufzuwecken. Doch sie antwortete nicht. Da begann er sie heftig zu schütteln, wie alle in der Familie es taten, um sie aus ihrem Zustand der Verzückung zu reißen. Dabei stellte er fest, daß sie leicht wie ein Zweig geworden war. «Ihr Körper war regungslos wie der einer Leiche. Doch es war nicht das erste Mal, daß ich sie in diesem Zustand erlebte, und daher machte ich mir keine Sorgen», erzählte Sugunanandan später.

Er setzte sich neben seine Tochter. Im nächsten Augenblick erschien der schwarzweiße Hund und begann laut zu bellen. Da öffnete Sudhamani binnen Minuten die Augen und erlangte das Bewußtsein wieder. Tiere schienen eher die Fähigkeit zu haben, Sudhamani aus der anderen Welt zurückzuholen, in der sie oft weilte, als Menschen.

Weil der Hund sie so sehr liebte, glaubte Sudhamani manchmal, er sei die göttliche Mutter selbst. Dann vergaß sie alles um sich her, umarmte und küßte den Hund und rief laut: «Ende Amma, ende Amma . . .!»[8]

Eines Tages überkam Sudhamani während der Meditation eine merkwürdige Unruhe. Sie sprang auf und eilte ins Dorf. Da sah sie, daß ihr schwarzweißer Hund einem Hundefänger in die Hände gefallen war. Er heulte und winselte, versuchte aber nicht, den Hundefänger zu beißen. Da er sich nicht aus der Schlinge des Mannes befreien konnte, stemmte er sich mit aller Kraft dagegen und rührte sich nicht vom Fleck. Einige der Dorfmädchen, die Sudhamani liebten und bewunderten, erkannten in dem Hund ihren treuen Begleiter und baten den Hundefänger, ihn freizulassen. Als er sich weigerte, boten sie ihm sogar Geld für das Tier an. In diesem Augenblick kam Sudhamani. Der Hund blickte kläglich zu ihr hinüber, und ihm stiegen Tränen in die Augen! Dieser Beweis übergroßer Liebe rührte selbst den Hundefänger, und er ließ den Hund frei.

Es gab in der Nachbarschaft auch eine Hündin, die Sudhamani sehr liebte. Eines Tages, als Sudhamani nach der Meditation aus dem Tempel kam, sah sie die trächtige Hündin wartend davorstehen. Sie kam nicht hinein, sondern legte nur die Vorderpfoten auf den Boden des Tempels und begann auf seltsame Art und Weise zu heulen; es klang, als weine sie. Sudhamani umarmte und küßte sie und fragte: «Was ist denn passiert, Tochter? Was ist denn passiert?» Da legte die Hündin sich in Sudhamanis Nähe in den Sand und tat ihren letzten Atemzug.

Immer wenn einer von Sudhamanis Anhängern sich vor ihr niederwarf, streckte auch der schwarzweiße Hund seinen Kopf und seine Vorderpfoten aus und neigte seinen Kopf vor ihr. Wenn sie in hingebungsvoller Ekstase zu tanzen begann, sprang er um sie herum, als wolle er mittanzen. Wenn während des Gottesdienstes in der Abenddämmerung auf der heiligen Muschel geblasen wurde, begann der Hund jedesmal zu heulen und ahmte dabei den Klang der Muschel nach.

Eines Tages hatte Sudhamani das feste Gefühl, daß ihr

---

[8] «Meine Mutter, meine Mutter . . .!»

schwarzweißer Freund an Tollwut leide und sterben müsse. Der Hund erkrankte auch tatsächlich ein paar Tage später an Tollwut, doch er mußte nicht lange leiden. Als man Sudhamani fragte, ob sie über den Verlust ihres treuen Begleiters traurig sei, erwiderte sie: «Nein, überhaupt nicht. Er ist zwar gestorben, aber er wird trotzdem weiterhin zu mir kommen. Warum sollte ich also traurig sein?» Später erklärte sie, der Hund sei in der Nähe ihres Hauses wiedergeboren worden, verriet aber nichts Näheres.

Eine Ziege, die Sudhamani sehr liebte, erkrankte eines Tages an einer Euterinfektion und rang mit dem Tode. Sudhamani kam gerade zurück, als sie im Sterben lag. Sie setzte sich ein paar Schritte entfernt von ihr nieder und versank in Gebet und Meditation. Als sie die Augen wieder öffnete, sah sie, wie das arme Tier auf den Knien auf sie zugekrochen kam. Als es sie erreicht hatte, legte es den Kopf in ihren Schoß und tat seinen letzten Atemzug. Die Ziege hatte Sudhamani so sehr geliebt, daß sie noch im Tode unbedingt bei ihr sein wollte. Als Sudhamani sich einige Jahre später an diese Ereignisse erinnerte, sagte sie:

«Wie glücklich waren diese Tage! Seltsamerweise hatten die Tiere mehr Verständnis für meine Gefühle als die Menschen und konnten sich dementsprechend verhalten. Wenn ich weinte, weinten sie mit. Wenn ich sang, begannen sie vor mir zu tanzen. Wenn ich das äußere Bewußtsein verlor, krochen sie über meinen Körper, um mich wieder zu wecken. Alle Charakterzüge der verschiedenen Tiere sind auch im Menschen vertreten. Wer sich von aller Zu- und Abneigung befreit, so daß in seinen Augen alles gleichwertig ist, in dessen Gegenwart werden sogar normalerweise feindselige Tiere freundlich.»

## Siebentes Kapitel

# Blendend wie eine Million Sonnen

Lächelnd wurde Sie (Devi) zu einem strahlenden göttlichen Glanz und verschmolz mit mir. Mein Geist erblühte, gebadet im vielfarbigen Licht der Göttlichkeit, und die Erinnerung an Ereignisse von Jahrmillionen stieg in mir auf. Von da an nahm ich nichts mehr als von meinem eigenen Selbst getrennt wahr. Ich sah nur noch eine einzige Einheit, ging in der allumfassenden Mutter auf und entsagte allen Genüssen.

Mata Amritanandamayi

Laßt uns meditieren und eins werden mit jenem großen Glanz, der keine Eigenschaften hat außer Bewußtsein und Glückseligkeit. Er geht vom Herzen der Sonne aus und ist die Antriebskraft unserer Gemüter, die den verschiedenartigsten Beschränkungen unterworfen sind. Die Veden und andere heilige Schriften preisen ihn und sagen, daß er uns von unseren Sünden und Beschränkungen befreien kann. Er ist die Ursache der Dreiheit Geburt, Erhaltung und Zerstörung des Universums. Er ist unsere glückselige Zuflucht. Möge diese Mutter, die über allen Eigenschaften steht, uns erretten.

Bedeutung des Sri Gayatri Mantra

Sudhamani, das einfache Fischermädchen, setzte ihren ganzen Glauben in die göttliche Mutter und schwamm im Meer der unsterblichen Liebe. Für sie war die ganze Atmosphäre, alle Himmelsrichtungen, von Devis göttlicher Gegenwart durchdrungen. Der Wind war nichts anderes als eine Liebkosung der Mutter. Auch die Bäume, Blumen und Schlingpflanzen waren in Sudhamanis Augen Devi und somit der Anbetung würdig. Wenn sie zum Himmel emporblickte und dort Dinge sah, von denen wir nichts wissen, brach sie häufig ganz unvermittelt in Tränen oder unbändiges Gelächter aus und stürzte schließlich bewußtlos zu Boden. Das Haus der Familie Idamannel war Tag und Nacht von den traurigen Gebeten dieses verwaisten Kindes an seine entschwundene Mutter erfüllt. Als Sudhamani sich auf dieser Ebene der Gottesverwirklichung befand, auf der sie die ganze Natur als göttliche Mutter wahrnahm, schrieb sie folgendes Lied:

**Srishtiyum Niye**

*Du bist die Schöpfung und die Schöpferin,*
*Du bist die Energie und die Wahrheit.*
*O Göttin, o Göttin, o Göttin!*

*Du bist die Schöpferin des Weltalls,*
*Du bist der Anfang und das Ende ...*

*Du bist das Wesen,*
*Das den individuellen Seelen zugrunde liegt,*
*Und Du bist auch die fünf Elemente ...*

Sudhamani war jetzt fast immer von Tieren umringt. Sie schlief nicht mehr, aß nicht mehr und hatte keinerlei Kontakt mit anderen Menschen – es sei denn, die Menschen wandten sich ausdrücklich an sie. Selbst zu so alltäglichen Verrichtungen wie Waschen und Zähneputzen war sie nicht mehr in der Lage, da ihr Geist ständig in höheren Sphären schwebte. Wenn sie überhaupt aß, konnte es sein, daß sie ausgelaugte Teeblätter, Kuhmist, Glasscherben oder menschliche Ausscheidungen aß. Für sie gab es keinerlei Unterschied zwischen diesen widerwärtigen Dingen und köstlichem Essen. Jetzt konnte sie ihren Schmerz keine Minute mehr für sich behalten. Ständig strömten ihre Gebete zur göttlichen Mutter empor:

«O Mutter, dieser Trennungsschmerz zerreißt mir das Herz! Warum bringt mein endloser Tränenstrom Dein Herz nicht zum Schmelzen? O Mutter, viele große Seelen haben Dich schon angebetet und durch ihre Verehrung Deine Vision herbeigerufen und sind für immer mit Dir verschmolzen. O geliebte Mutter! Bitte öffne Deiner bescheidenen Dienerin die Tore Deines mitfühlenden Herzens! Ich ersticke wie eine Ertrinkende. Wenn Du nicht zu mir kommen willst, dann mach meinem Leben ein Ende. Laß dieses Schwert, mit dem Du die Grausamen und Ungerechten enthauptest, auch auf mich herniedergehen. Segne mich wenigstens durch die Berührung Deines Schwertes! Warum soll ich diesen nutzlosen Körper behalten, der mir nur eine schwere Last ist?»

* * * * * * *

Nun erreichte Sudhamanis sehnsüchtiger Schmerz ihren Höhepunkt. «Jede Pore meines Körpers war vor Verlangen weit geöffnet», erzählte sie später. «In jedem Atom meines Körpers hallte das heilige *mantra* wider, mein ganzes Sein strebte der göttlichen Mutter entgegen ...» Immer wieder rief sie nach Devi: «O Mutter ... Hier ist Dein Kind, das im Sterben liegt, das in unermeßlichen Qualen ertrinkt ... Mein Herz bricht ... Meine Glieder zittern ... Ich sterbe unter Krämpfen wie ein an Land gespülter Fisch ... O Mutter ... Du bringst mir keine Liebe und Güte entgegen ... Es gibt nichts mehr, was ich Dir darbringen kann, außer meinem letzten Atemzug ...»

Sudhamanis Stimme erstarb, sie hörte auf zu atmen und wurde bewußtlos. Der Augenblick, den die göttliche Mutter ihr bestimmt hatte, war gekommen. Nun erschien die Zauberin des Universums, das allwissende, allgegenwärtige, allmächtige Sein, die Urschöpferin, die göttliche Mutter in lebendiger Gestalt vor

Sudhamani, blendend wie eine Million Sonnen. Sudhamanis Herz wurde von einer Woge von Liebe und Glückseligkeit überflutet. Die göttliche Mutter lächelte gütig, verwandelte sich in reinen Glanz und verschmolz mit Sudhamani.

Was dann geschah, läßt sich am besten mit Sudhamanis Lied «Ananda Veethi» oder «Der Pfad der Glückseligkeit» beschreiben, in dem sie versuchte, diese mystische Vereinigung, die über Geist und Verstand hinausgeht, in Worte zu fassen.

*Einst tanzte meine Seele*
*Verzückt den Pfad der Glückseligkeit entlang.*
*In dieser Zeit verbargen alle inneren Widersacher*
*Wie Zuneigung und Abneigung*
*Sich in den hintersten Winkeln meines Gemütes.*

*Ich vergaß mich selbst und versank in dem goldenen Traum,*
*Der in mir erstand. Hohe Ziele und Sehnsüchte*
*Erfüllten mein Gemüt, und die göttliche Mutter*
*Strich mir mit sanften, strahlenden Händen über den Kopf.*
*Ich senkte den Kopf und sagte Mutter,*
*Daß ich Ihr mein Leben geweiht hatte.*

*Lächelnd wurde Sie zu einem strahlenden göttlichen Glanz*
*Und verschmolz mit mir. Mein Geist erblühte,*
*Gebadet im vielfarbigen Licht der Göttlichkeit,*
*Und die Erinnerung an Ereignisse von Jahrmillionen*
*Stieg in mir auf. Von da an nahm ich nichts mehr*
*Als von meinem eigenen Selbst getrennt wahr.*
*Ich sah nur noch eine einzige Einheit,*
*Ging in der göttlichen Mutter auf*
*Und entsagte allen Genüssen.*

*Mutter trug mir auf, allen Menschen zu zeigen,*
*Wie sie den Zweck ihrer menschlichen Geburt erfüllen können.*
*Daher verkünde ich der ganzen Welt*
*Die erhabene Wahrheit, die sie ausgesprochen hat:*
*«O Mensch, verschmelze mit Deinem Selbst!»*

*Tausende und Abertausende von Yogis*
*Sind in Indien zur Welt gekommen*

*Und haben nach den Grundsätzen gelebt, die die großen Weisen*
*Aus grauer Vorzeit in ihren Visionen erschauten.*
*Es gibt so viele unverhüllte Wahrheiten,*
*die die Menschheit von ihren Leiden befreien könnten!*

*Noch heute zittere ich vor Seligkeit,*
*Wenn ich mich an Mutters Worte erinnere:*
*«O mein geliebtes Kind, komm zu Mir,*
*Laß von allen anderen Werken ab.*
*Du gehörst für immer Mir.»*
*O reines Bewußtsein,*
*O Verkörperung der Wahrheit,*
*Ich werde Deinen Worten folgen.*
*O Mutter, warum ließest Du mich so lange auf Dich warten?*
*Warum hast Du mich auf diese Welt geschickt?*
*Ich weiß nichts, o Mutter,*
*Bitte vergib mir meine Fehler.*

In dieser Zeit entwickelte Sudhamani eine heftige Abneigung gegen alle weltlichen Dinge. Sie grub tiefe Löcher, in denen sie sich verbarg, um der Welt der mannigfaltigen Erscheinungen und den Menschen zu entfliehen, die nur ihren sinnlichen Vergnügungen nachjagten. Sie genoß Tag und Nacht die immerwährende Seligkeit der Gottesverwirklichung und ging jeder menschlichen Gesellschaft aus dem Weg. Hatte man sie schon vorher für verrückt gehalten, so war man nun vollends davon überzeugt, daß sie geisteskrank war. Natürlich konnte keiner dieser einfachen Fischer sich vorstellen, auf welcher hohen Bewußtseinsebene Sudhamani nun lebte. Innerlich hatte sie die Schwelle zum Absoluten überschritten; für ihre Familie und die Dorfbewohner jedoch war sie immer noch die verrückte Sudhamani, die drei Nächte in der Woche von Krishna besessen war. Die einzige Veränderung bestand für sie darin, daß das Mädchen sich nun nicht mehr im Sand wälzte, sondern tiefe Löcher grub.

# Ich wohne im Herzen aller Wesen

(Die ersten Devi Bhavas)

Eines Tages hörte Sudhamani in sich eine Stimme:

«Mein Kind, ich habe keinen festen Aufenthaltsort. Ich wohne im Herzen aller Wesen. Du bist nicht geboren worden, um nur die ungetrübte Seligkeit des Selbst zu genießen, sondern um die leidende Menschheit zu trösten. Von nun an verehre Mich in den Herzen aller Wesen und befreie sie von den Leiden der irdischen Existenz ...»

Nachdem Sudhamani diese innere Stimme gehört hatte, begann sie zusätzlich zu Krishna Bhava auch Devi Bhava zu manifestieren, und so den Dorfbewohnern ihre Einheit mit Devi, der göttlichen Mutter, zu offenbaren. Ihre Anhänger wußten das allerdings nicht. Sie nahmen an, Sudhamani sei jetzt nicht nur von Krishna, sondern auch von Devi besessen.

Devi Bhava begann ein halbes Jahr nach den Krishna Bhavas gegen Ende des Jahres 1975. Eines Nachts, als Sudhamanis Anhänger während des Krishna Bhava *darshan* nacheinander den Tempel betraten, geschah etwas Unerwartetes. Wie üblich sang eine Gruppe von Verehrern auf der Veranda vor dem Raum, in dem der Schrein stand, *bhajans*. Sudhamani hatte die Gestalt Krishnas angenommen und empfing voller Freude ihre Anhänger. Ein strahlendes Lächeln lag auf Krishnas Gesicht, und die Verehrer erfreuten sich an Seiner göttlichen Gegenwart. In diesem Augenblick kam einer der Verehrer völlig aufgelöst in den Tempel. Offenbar war er von einem der Dorfbewohner, die Sudhamani feindlich gesonnen waren, beschimpft und beleidigt worden[9], und die boshaften Bemerkungen hatten ihn aus der Fassung

[9] Die Ungläubigen hatten ihre Intrigen gegen Sudhamani immer noch nicht aufgegeben. Immer wenn Sudhamanis Verehrer zu den Bhavas kamen, standen sie am Straßenrand und machten spöttische Bemerkun-

gebracht. Unter Tränen bat er Sudhamani flehentlich, dieser unerträglichen Situation endlich abzuhelfen.

Ohne jede Vorwarnung verschwand das huldvolle Lächeln von ihrem Gesicht, das nun einen wilden und zornigen Ausdruck annahm. Es war, als sei der Tag des Weltuntergangs gekommen. Sudhamanis Augen sahen aus wie glühende Eisenkugeln, die zornige Flammen sprühten. Ihre Finger waren in Devi *mudra*[10]. Alle Anwesenden in und vor dem Tempel erschraken über das unbändige Gelächter, das ihren ganzen Körper erschütterte. Ein solches Gelächter hatten sie in ihrem ganzen Leben noch nicht gehört. Die Verehrer, die im Tempel standen, zitterten vor Angst und wußten nicht, was sie tun sollten. Einige Gelehrte, die zufällig anwesend waren, begannen laut Friedens-*mantras* und Lieder zum Lobe der göttlichen Mutter zu singen, andere versuchten es mit *aarathi*[11]. Nachdem Sudhamani diesen Gebeten und Gesängen eine Zeitlang zugehört hatte, wurde sie wieder ruhig und friedlich, doch sie blieb nun in Devi Bhava.

Später erzählte Sudhamani: «Als ich das Leid und den Kummer meines Verehrers sah, hätte ich am liebsten all diese schlechten Menschen vernichtet, die meine Anhänger verspotten. Ohne daß ich es wußte, hatte sich in mir der zornvolle Aspekt von Devi[12] manifestiert, um meinen armen, verfolgten Anhängern Zuflucht zu gewähren.» Von da an schenkte die Heilige Mutter, wie wir sie von nun an nennen werden, ihren Verehrern zusätzlich zum Krishna Bhava regelmäßig *darshan* in der Gestalt Devis.

Die Heilige Mutter war nun die Verkörperung der allumfassenden Liebe. Die Tugenden, die sie schon von frühester Kindheit an ausgezeichnet hatten – das Verlangen, die Menschen zu lieben,

---

gen. Nicht nur die Dorfbewohner verhielten sich so bösartig, sondern auch Sudhamanis Vater und Bruder. Sie versuchten sogar, die Verehrer fortzuschicken, ehe das *darshan* zu Ende war.

10 Eine rituelle Geste, die mit der göttlichen Mutter verbunden ist.

11 Das Verbrennen von Kampfer oder Schwenken von brennendem Kampfer vor einer Gottheit.

12 Kali Mata (Mutter Kali).

ihnen zu helfen und zu dienen –, kamen jetzt zu voller Entfaltung. Die Mutter nahm weltliche und spirituelle Menschen, Gebildete und Analphabeten, Reiche und Arme, Kranke und Gesunde mit der gleichen Güte und dem gleichen Mitgefühl bei sich auf. Geduldig hörte sie sich all ihre Probleme an, die sie sich von der Seele redeten, und paßte die Antwort ihrem jeweiligen Wesen und dem Grad ihrer Reife an.

Bald nach dem Beginn der Devi Bhavas ging eine große Veränderung mit Sudhamani vor. Während ihres Devi *sadhana* war sie verschlossen und unnahbar gewesen. Sie hatte die ganze Zeit gebetet und auf die Gestalt der göttlichen Mutter meditiert. Wenn ihre Eltern oder ihr Bruder sie beschimpften und mißhandelten, hatte sie geschwiegen. Jetzt wurde sie wagemutiger, und auch ihr Gesichtsausdruck veränderte sich. Gab es mit ihren Eltern und ihrem Bruder Auseinandersetzungen wegen des Bhava *darshan* und ihres Umgangs mit ihren Anhängern, war sie nun furchtlos und unnachgiebig. Sie mischte sich auch mehr unter ihre Anhänger und gab ihnen religiöse Unterweisungen. Das war der Beginn ihres spirituellen Auftrags.

## Mein formloses Selbst

> «Von jenem Tag an[13] nahm ich nichts mehr als von meinem formlosen Selbst getrennt wahr, in dem das ganze Universum in Form einer winzigen Luftblase existiert . . .»
>
> Mata Amritanandamayi

In diesem kurzen Satz ist eine Fülle an Einsichten enthalten. Obwohl die Heilige Mutter im höchsten Zustand der Gottesverwirklichung verwurzelt war, widmete sie sich weiterem *sadhana,* um zu beweisen, daß all die verschiedenen Gestalten der Götter und Göttinnen nur Erscheinungsformen ein und derselben, nichtdualistischen Realität sind. Nachdem sie vollkommene Kontrolle

13 Gemeint ist der Tag, an dem die göttliche Mutter sich in ein strahlendes Leuchten verwandelte und mit Sudhamani verschmolz.

über Geist und Gemüt erlangt hatte, stellte sie fest, daß sie sich durch ihre bloße Willenskraft mit jedem beliebigen Aspekt des Göttlichen identifizieren konnte. Sie berichtet von verschiedenen Erfahrungen, die sie während dieser *sadhanas* machte:

«Eines Tages hatte ich nach dem *sadhana* ein Gefühl, als wachse mir ein großer Eckzahn aus dem Mund. Gleichzeitig hörte ich ein lautes, schreckliches Summen und sah die Gestalt Devis mit großen Eckzähnen, langer, aus dem Mund ragender Zunge, dickem, schwarzem, lockigem Haar und rötlichen Augen, die aus den Höhlen traten. Ihr Körper war dunkelblau.[14] ‹Nichts wie fort!› dachte ich. ‹Devi ist gekommen, um mich zu töten!› Doch als ich im Begriff war wegzulaufen, erkannte ich, daß ich selbst Devi bin. Auch das Summen war von mir gekommen. Im nächsten Augenblick hielt ich Devis *Veena*[15] im Schoß. Ich hatte ihre Krone auf dem Kopf und trug auch ihren Nasenring. ‹Was ist geschehen?› dachte ich. ‹Warum habe ich mich in Devi verwandelt? Vielleicht ist das nur ein Streich, den die göttliche Mutter mir gespielt hat, um mich an meinem *sadhana* zu hindern.›

Dann dachte ich: ‹Nun will ich mich in meiner Meditation auf Shiva konzentrieren und abwarten, was dann geschieht.› Doch in dem Augenblick, in dem ich mit meiner Meditation begann, verwandelte ich mich auch schon in Shiva. Ich hatte filziges Haar, und Schlangen ringelten sich um meinen Nacken und die Oberarme. ‹Vielleicht will auch Shiva mich prüfen›, dachte ich. Also hörte ich auf, auf ihn zu meditieren. Als nächstes konzentrierte ich mein Herz und meine Gedanken auf Ganesha, den Beseitiger aller Hindernisse. Sofort verwandelte ich mich in ihn, und mir wuchs ein Elefantenkopf mit langem Rüssel und zwei Stoßzähnen, von denen der eine halb abgebrochen war.

Ich konnte mich mühelos in alle Gottheiten verwandeln, deren Gestalt ich kontemplierte. Schließlich beschloß ich, Sri Rama-

---

[14] Diese Beschreibung entspricht dem Aussehen Kali Matas.

[15] Ein Saiteninstrument, das Sarasvati, die Göttin des Wissens, immer im Schoß hielt.

krishna (den großen Heiligen aus Dakshineswar) zu rufen. Schon der bloße Gedanke an Sri Ramakrishna veränderte meinen Körper völlig. Ich wurde wie er, mit einem Bart und geschorenem Kopf. Dann hörte ich seine Stimme: ‹Es gibt doch keinen Unterschied zwischen dir und mir. Ich bin schon vor langer Zeit mit dir verschmolzen. Warum also rufst du mich?› »

Von da an meditierte die Heilige Mutter nicht mehr auf Gott in einer Form. Jetzt strömte nur noch die alles durchdringende heilige Silbe ‹Om› durch ihr Inneres, und ihr ganzes Wesen verschmolz mit dieser Silbe. Trotzdem saß sie nach wie vor in Meditation versunken. Als man sie fragte, warum sie das tue, erklärte sie: «Während der Meditation ist Mutter allen ihren Kindern nahe, vor allem denen, die intensiv an sie denken oder die leiden müssen.»

In dem großen Epos Srimad Bhagavatam wird ein ähnliches Ereignis beschrieben. Eines Tages, als der berühmte Weise Narada den Aufenthaltsort Sri Krishnas, Dvaraka, besuchte, fand er Krishna in Meditation versunken. Er verneigte sich ehrerbietig vor ihm und fragte: «O Herr, auf wen meditierst Du?» Lächelnd erwiderte Krishna: «Auf meine Verehrer.»

* * * * * * *

Obwohl das junge Mädchen in den Augen vieler Menschen zu ‹Mutter› geworden war, blieb sie für ihre Familie nach wie vor Sudhamani. Sie mißdeuteten ihr Verhalten weiterhin als Schizophrenie und fürchteten, daß ihr Kontakt mit ihren Anhängern sie vom Pfad der Moral abbringen und die Familie in Verruf bringen würde. Vor allem ihr Bruder Subhagan verfolgte sie weiterhin mit fanatischem Haß und wurde noch bösartiger.

Eines Tages riefen Subhagan und einige seiner Cousins die Mutter unter einem Vorwand ins Haus eines Verwandten. Als sie dort ankam, schlossen sie sie in einem Zimmer des Hauses ein. Einer ihrer Cousins begann sie zu bedrohen und zog plötzlich ein langes Messer, das er in seinen Kleidern versteckt hatte, hervor.

«Dein schamloses Benehmen geht zu weit», sagte Subhagan. «Du wirst Schande über unsere Familie bringen. Da du nicht aufhören willst, ohne Hemmungen mit allen möglichen Leuten umzugehen und in aller Öffentlichkeit zu singen und zu tanzen, ist es besser, wenn du stirbst.» Er war sehr wütend, als die Mutter daraufhin lachte und erwiderte: «Ich habe überhaupt keine Angst vor dem Tod. Der Körper muß früher oder später sterben, aber es ist unmöglich, das Selbst zu töten. Nun, da du entschlossen bist, meiner körperlichen Existenz ein Ende zu machen, habe ich noch einen letzten Wunsch. Den muß du mir erfüllen. Laß mich noch eine Zeitlang meditieren, und dann darfst du mich während der Meditation töten.»

Diese tapfere Antwort erzürnte die Männer noch mehr. «Wer bist du, daß du uns Befehle erteilen willst?» rief einer von ihnen. «Glaubst du, wir töten dich deinen Wünschen entsprechend?» Da lächelte die Mutter und entgegnete furchtlos: «Nur Gott allein kann meinem Leben ein Ende setzen!» – «Gott!» rief einer der Cousins verächtlich. «Wer ist denn schon dein Gott!» Wütend beschimpften sie die Heilige Mutter, doch keiner hatte den Mut, ihr etwas zu tun – so sehr hatte ihre beherzte Antwort und ihre Gelassenheit sie beeindruckt.

Plötzlich machte der Cousin, der vorher das Messer geschwungen hatte, einen Satz nach vorn und drückte das Messer gegen Sudhamanis Brust, als wolle er sie erstechen. Doch schon im nächsten Augenblick konnte er sich nicht mehr rühren, denn er verspürte einen entsetzlichen Schmerz in der eigenen Brust, und zwar genau an der Stelle, an der er die Heilige Mutter mit seinem Messer bedroht hatte. Er sank unter qualvollen Schmerzen zu Boden. Als die anderen das sahen, erschraken sie sehr. In diesem Augenblick erschien Damayanti, die Sudhamani mit Subhagan und seinen Cousins hatte fortgehen sehen und sich Sorgen um sie machte. Als sie den Lärm hörte, ahnte sie, daß in dem Haus etwas Schreckliches geschah, und begann heftig an die Tür zu klopfen und zu rufen. Da schlossen die Männer die Haustür auf. Damayanti nahm die Heilige Mutter bei der Hand und verließ rasch das Haus mit ihr.

Auf dem Heimweg gingen sie an der Küste entlang. «Ich bringe deiner Familie Schande», sagte Sudhamani zu Damayanti. «Das Meer ist auch meine Mutter. Sie wird mich mit offenen Armen aufnehmen. Ich werde mich in ihren Schoß legen.» Bei diesen Worten geriet Damayanti völlig außer sich. «Sag das nicht, Tochter!» schrie sie. «Sag das nicht! Beim Krishna Bhava hat Bhagavan[16] mir gesagt, wenn du Selbstmord begehst, würden alle meine Kinder den Verstand verlieren...» Irgendwie gelang es ihr, Sudhamani von ihrem Plan abzubringen und sie wieder mit nach Hause zu nehmen.

Der Cousin, der das Messer gegen Sudhamani erhoben hatte, mußte ins Krankenhaus eingeliefert werden. Obwohl er eine ausgezeichnete ärztliche Behandlung erhielt, erbrach er ständig Blut und starb schließlich. Vorher besuchte die Heilige Mutter ihn noch im Krankenhaus. Sie tröstete ihn liebevoll und fütterte ihn eigenhändig. Er bereute seine Tat unter Tränen, da er nun am eigenen Leibe das Mitleid und die alles verzeihende Liebe der Heiligen Mutter erfahren hatte.

Die Heilige Mutter hatte keine Abneigung gegen den Cousin, der versucht hatte, sie zu ermorden, und sie hatte das Unglück, das ihn befallen hatte, auch nicht herbeigerufen. Er hatte lediglich die Frucht seines Handelns geerntet. Später erklärte die Mutter:

«Mutter wird nicht nur von Menschen geliebt. Es gibt auch noch andere, feinstoffliche Wesen, die ihr zugetan sind. Wenn jemand versucht, der Mutter Schaden zuzufügen, reagiert sie nicht darauf, sondern nimmt es gelassen hin und hegt nicht einmal einen Groll gegen diesen Menschen, der ja nur aus Unwissenheit handelt. Doch die feinstofflichen Wesen werden zornig und rächen die Mutter. Versteht ihr das nicht? Wenn eine Frau angegriffen wird, stehen ihre Kinder dann ruhig daneben und kümmern sich gar nicht darum? Nein. Sie werden ihre Mutter rächen, selbst wenn diese versucht, sie davon abzuhalten.»

---

[16] Gott.

* * * * * * *

Die Heilige Mutter, die alle Grenzen und Beschränkungen der weltlichen Existenz überwunden hatte, empfing all ihre Anhänger mit gleicher Liebe, egal, welcher Kaste, welcher Konfession, welcher Klasse und welchem Geschlecht sie angehörten. Doch in den Augen der unwissenden Ungläubigen war diese Weitherzigkeit und die gleiche Behandlung, die sie allen Menschen angedeihen ließ, nur ein Symptom ihrer geistigen Verwirrung. Sie kamen nach wie vor während des Bhava *darshan* in den Tempel und stellten ihr unverschämte Fragen. Die Mutter blieb völlig gelassen und ungerührt, doch Sugunanandan war sehr deprimiert. Obwohl alle Versuche, seine Tochter zu verheiraten, fehlgeschlagen waren, hatte er die Hoffnung immer noch nicht ganz aufgegeben, und er hatte das Gefühl, daß dieses Bhava *darshan* seinem Plan sehr hinderlich war. Er gab Subhagan recht, der das *darshan* für eine Schande hielt. Und es gab auch noch etwas anderes, was ihm Sorgen machte: Nach dem Bhava wurde der Körper seiner Tochter jedesmal steinhart, und man mußte ihn stundenlang massieren, ehe er wieder normal wurde.

Daher beschloß Sugunanandan gemeinsam mit Subhagan, dem Bhava *darshan* irgendwie ein Ende zu machen. Beim nächsten Devi Bhava betrat er den Tempel und sagte zur Heiligen Mutter: «Devi soll den Körper meiner Tochter verlassen. Wir können dieses Bhava *darshan* hier nicht mehr gebrauchen. Wir möchten Sudhamani verheiraten. Ich will meine Tochter zurückhaben!»[17]

«Ist dies wirklich deine Tochter, Stiefvater[18]?» erwiderte die Heilige Mutter.

---

[17] Die Familie glaubte ja nach wie vor, die Heilige Mutter sei drei Nächte in der Woche von Krishna und Devi besessen, in der übrigen Zeit sei sie nichts weiter als eine Verrückte.

[18] Schon von Kindheit an hatte Sudhamani nur Gott als ihre wahre Mutter und ihren wahren Vater akzeptiert. Daher waren ihre leiblichen Eltern für sie nur Stiefmutter und Stiefvater.

Als Sugunanandan hörte, daß seine eigene Tochter ihn Stiefvater nannte, wurde er noch wütender und rief: «Ja! Sie ist meine Tochter. Haben Götter und Göttinnen Stiefväter? Ich will meine Tochter zurückhaben!»

Doch die Heilige Mutter antwortete ruhig: «Wenn ich dir deine Tochter zurückgebe, wird sie eine Leiche sein und bald verwesen. Du wirst sie nicht verheiraten können, du wirst sie beerdigen müssen.» Doch Sugunanandan wollte nicht hören. «Die Göttin soll dorthin zurückkehren, wo sie hergekommen ist!» forderte er. «Ich will mein Kind wiederhaben!»

«Wenn das dein Wille ist – hier ist deine Tochter. Nimm sie mit.» Mit diesen Worten sank die Mutter zu Boden. Innerhalb von ein paar Sekunden wurde ihr Körper steif, und ihr Herz hörte auf zu schlagen. Obwohl ihre Augen weit geöffnet waren, war kein Lebenszeichen mehr an ihr zu erkennen. Sie war tot.

Da erhob sich ein lautes Wehklagen unter den Verehrern, die zum *darshan* gekommen waren. Damayanti und ihre Töchter fielen in Ohnmacht. Rasch verbreitete sich im Dorf das Gerücht, Devi habe Sudhamanis Leben gefordert, weil Sugunanandan eine Missetat begangen habe. Alle klagten ihn an, den frühen Tod der Mutter verschuldet zu haben.

Rund um ihren Körper wurden Öllampen aufgestellt und angezündet. Selbst die Natur schwieg in diesem Augenblick. Einige Verehrer der Mutter brachen in Tränen aus, andere begannen aufgrund der plötzlichen Erschütterung wirres Zeug zu reden. Wieder andere saßen ernst und betreten neben der Leiche und versuchten festzustellen, ob sie noch atmete, indem sie ihr die Hand an die Nase hielten. Doch die Mutter gab kein Lebenszeichen von sich. Ein Arzt, der zufällig da war, stellte fest, daß ihr Puls nicht mehr schlug. Es war ein schrecklicher Augenblick.

Als Sugunanandan sah, was er durch seine unüberlegten Worte angerichtet hatte, fiel auch er in Ohnmacht, denn er konnte den Schmerz über den Verlust seiner Tochter nicht ertragen. Überall herrschte trauriges Schweigen. Die Verehrer hatten die Hoffnung, daß die Mutter wieder zum Leben erwachen könnte, inzwischen aufgegeben. So vergingen acht Stunden, die den Trauernden wie eine Ewigkeit vorkamen. Als Sugunanandan zu sich kam und den schrecklichen Anblick seiner toten Tochter wieder vor Augen hatte, betete er laut zur göttlichen Mutter: «O Devi! Bitte vergib mir meine Worte, die nur meiner Unwissenheit entsprangen, und erwecke meine Tochter wieder zum Leben! Vergib mir meinen Irrtum! Ich werde nie wieder etwas so Verabscheuungswürdiges tun!» Nach diesen flehenden Worten sank er vor dem Tempel zu Boden und weinte hemmungslos.

Die nächsten Minuten zogen sich hin wie Stunden. Plötzlich bemerkte einer der Verehrer, daß die Heilige Mutter sich kaum merklich bewegte. Da schöpften ihre Anhänger wieder Hoffnung, und ihre Tränen des Schmerzes verwandelten sich in Freudentränen. Die Mutter erwachte tatsächlich wieder zum Leben, und zwar in Gestalt Krishnas! Sie sprach zu Sugunanandan, der ein leidenschaftlicher Verehrer Krishnas war: «Ohne *shakti*[19] kann Krishna nicht existieren.»

Nach diesem Zwischenfall trat in Sugunanandans Einstellung zu Gott und zu seiner Tochter eine entscheidende Wandlung ein. Er ließ sie nun mehr oder weniger alles tun, was sie wollte, und versuchte nie wieder, sie zu verheiraten. Später sagte die Mutter über diesen Zwischenfall: «Er bestand hartnäckig darauf, daß Devi ihm seine Tochter zurückgeben solle. Doch wenn ich wirklich seine Tochter gewesen wäre, hätte er doch wenigstens die Macht haben müssen, mich wieder zum Leben zu erwecken! Das konnte er aber nicht. Ihm gehört höchstens mein Körper. Daher erhielt er auch nur den Körper, als er sein Kind zurückverlangte.»

---

[19] Der weibliche Aspekt der kosmischen Energie, der in der Gestalt Devis verkörpert ist.

# Achtes Kapitel

# Das Schwert der Wahrheit

Kinder, selbst wenn ein Mann einen Baum vom Wipfel bis zur Wurzel spaltet, spendet er ihm noch Schatten. Ein geistiger Sucher sollte ebenso sein. Nur wer gleichermaßen für seine Freunde und für die Menschen betet, die ihn quälen, kann Vollkommenheit erlangen. Die stärkste Waffe eines solchen Menschen ist das Schwert der Wahrheit.

Mata Amritanandamayi

*Durvrtta vrtta samanam tava Devi selam*
*Rupam tadhaitadavi cintyamatulya manyaih* I

*Viryam ca hantr hrtadevaparakramanam*
*Vairisvapi prakatitaiva daya tvayedham* II

O Devi, es liegt in Deinem Wesen, Dir die schlechten Menschen zu unterwerfen; Deine unvergleichliche Schönheit geht über menschliches Vorstellungsvermögen hinaus; mit Deiner Kraft zerstörst Du jene, die den *devas* ihren Heldenmut geraubt haben. Selbst mit Deinen Feinden hast Du Mitleid.

Devi Mahatmyam (Lob der göttlichen Mutter) Kapitel 4, Vers 21

## Das Schicksal Subhagans

Offenbar müssen alle großen Seelen Verfolgung von geistig niederstehenden Menschen erdulden. Doch das bringt sie erst zu ihrer vollen Entfaltung: Jedes Hindernis, das ihnen in den Weg gelegt wird, trägt zu ihrem Glanz und Ruhm bei. Das Leben Sri Krishnas, Sri Ramas, Jesu und Buddhas ist der beste Beweis dafür, und auch am Leben der Heiligen Mutter zeigt sich, daß Leid und Kummer den Menschen zur Vollkommenheit führen. Inzwischen waren drei Jahre vergangen, und man schrieb das Jahr 1978. Von Tag zu Tag strömten mehr Verehrer aus allen Teilen Indiens zum *darshan* der Heiligen Mutter, doch auch die Intrigen der Widersacher wurden immer bösartiger. Doch keine weltliche Macht konnte die Heilige Mutter von ihrer göttlichen Mission abbringen, die ihr vom Schicksal vorherbestimmt war.

Damals gab es bereits etliche böse Vorzeichen, die darauf hindeuteten, daß der Familie Idamannel eine Katastrophe drohte. Subhagan ließ sich durch die schlimmen Folgen seines kaltblütigen Mordversuchs an seiner Schwester nicht beirren. Er wurde immer anmaßender und feindseliger gegenüber der Heiligen Mutter und versuchte der ganzen Familie seine selbstsüchtigen Ideen aufzuzwingen. Alle hatten Angst davor, sich ihm zu widersetzen, weil er so jähzornig war. Die wachsende Anzahl der Verehrer und die ständigen Verleumdungen der Rationalisten, die seine Familie in Verruf brachten, ließen ihm keine Ruhe. Immer wenn die Verehrer der Heiligen Mutter zum Bhava *darshan* kamen, beschimpfte er sie heftig und hoffte, sie auf diese Weise von ihrem Vorhaben abbringen zu können.

Vielleicht war es Schicksal, vielleicht auch die Frucht seines bösartigen Verhaltens – jedenfalls erkrankte Subhagan in dieser Zeit an Elefantiasis. Die Symptome dieser schrecklichen Krankheit zeigten sich an Händen und Beinen. Er unterzog sich verschiedenen ärztlichen Behandlungen, doch keine konnte ihm helfen. Der Gedanke, unheilbar krank zu sein, begann ihn ständig zu quälen. Er wurde depressiv, trug sich mit Selbstmordgedanken, litt an Schlaflosigkeit und begann regelmäßig Schlaftabletten einzunehmen. Die körperlichen und seelischen Qualen waren zuviel für ihn. Allmählich verlor er sein seelisches Gleichgewicht.

Eines Tages rief die Heilige Mutter Damayanti zu sich und erklärte ihr: «Subhagans Tage scheinen gezählt zu sein. Vielleicht könnte es ihm helfen, wenn du ein Schweigegelübde ablegst. Aber ich sehe gewisse Hindernisse voraus, die dich dazu verleiten werden, das Gelübde zu brechen. Du mußt also sehr vorsichtig sein.» Damayanti hörte auf ihren Rat und gelobte, einen Tag lang zu schweigen. Doch gegen Mittag riß eine Kuh sich von ihrem Strick los und rannte aus dem Kuhstall. Da vergaß Damayanti ihr Schweigegelöbnis völlig und rief: «Die Kuh ist los! Fangt sie wieder ein!» Das hielt die Familie für ein schlechtes Omen, zumal die Heilige Mutter Damayanti vorher ausdrücklich gewarnt und zur Vorsicht ermahnt hatte. Dieser unheilverkündende Zwischenfall erfüllte die ganze Familie mit Angst und Besorgnis.

Eines Tages überhäufte Subhagan in einem Wutanfall eine Moslemfrau, die zum Bhava *darshan* ins Haus der Familie Idamannel gekommen war, mit wüsten Beschimpfungen. Die Frau war so entsetzt über die gehässigen Worte, daß sie in den Tempel lief, in Tränen ausbrach und ihren Kopf gegen die Schwelle des Schreinraums zu schlagen begann. «O Mutter..., o Mutter...», rief sie. «Ist das das Schicksal der Menschen, die zu Dir kommen, weil sie Dich verehren?»

Als die Mutter die verzweifelten Rufe der Moslemfrau hörte, verschwand das strahlende Lächeln von ihrem Gesicht, und es ging eine erschreckende Wandlung mit ihr vor. Mit furchterregendem Gesichtsausdruck erhob sie sich von ihrem *peetham*[1], nahm den Dreizack in die eine Hand und das Schwert in die andere und sagte mit tiefer, feierlicher Stimme: «Wer meiner Verehrerin diesen unnötigen Schmerz zugefügt hat, wird innerhalb von sieben Tagen sterben.»

Als Sugunanandan von dieser Prophezeiung hörte, eilte er in den Tempel und bat um Vergebung für das bösartige Verhalten

---

1 Der heilige Sitz im Tempel, auf dem die Heilige Mutter sich während des Bhava *darshan* niederläßt.

seines Sohnes. Er flehte die Mutter an, Subhagans Leben zu schonen und sein eigenes dafür hinzunehmen. Doch die Mutter entgegnete ruhig: «Ich bestrafe niemals jemanden. Ich kümmere mich gar nicht darum, wenn man mich beschimpft und quält. Aber wenn einer meiner Verehrer beleidigt wird, ist das eine Missetat, die nicht einmal Gott verzeiht. Jeder muß die Früchte seiner Handlungen ernten. Es gibt keinen anderen Weg.»

Als die sieben Tage vergangen waren, erhängte Subhagan sich gegen Mitternacht am 2. Juni 1978. In einem Abschiedsbrief hatte er erklärt, er könne die seelische Belastung, unheilbar krank zu sein, nicht mehr ertragen. Subhagans Selbstmord löste Kummer und Verwirrung im Hause der Familie Idamannel aus. Die Ungläubigen machten sich diese willkommene Gelegenheit zunutze, um die Heilige Mutter mit noch boshafteren Intrigen zu verfolgen. Sie verbreiteten böse Gerüchte über Subhagans Tod und beschuldigten Sugunanandan, der seinen ältesten Sohn geliebt hatte wie sein eigenes Leben, Subhagan ermordet zu haben.

Doch so sehr sie sich auch bemühten – sie erreichten nichts mit ihrer ungerechten Beschuldigung, denn es gab genügend Beweise dafür, daß Subhagan sich das Leben genommen hatte. Er hatte nicht nur einen Abschiedsbrief geschrieben, der eindeutig seine Handschrift aufwies, sondern auch in Briefen an einige Freunde und Verwandte seine Selbstmordabsichten erwähnt. Auch die Obduktion ergab, daß Subhagan sich das Leben genommen hatte. So blieb Sugunanandan wenigstens ein Prozeß erspart.

Subhagans Selbstmord erregte großen Aufruhr unter den Verwandten. Sie zeigten ihren Haß und ihre mangelnde Hilfsbereitschaft ganz offen und ignorierten die Familie Idamannel, als habe sie nie existiert. Sie luden sie nicht mehr zu Festen, Hochzeiten, religiösen Zeremonien und anderen wichtigen Anlässen ein. Wenn sie die Leute im Nachbarhaus besuchten, würdigten sie das Haus der Idamannels keines Blickes, und wenn sie an die Küste kamen, um den Ahnen ihre Opfer darzubringen, hielten sie sich nicht lange auf, sondern kehrten umgehend zurück.

Unter dieser Behandlung litt die Familie, die durch den Selbstmord Subhagans ohnehin verstört war, natürlich sehr.

Als die Heilige Mutter sechzehn Tage nach Subhagans Tod wieder mit dem Bhava *darshan* begann, kam Sugunanandan mit Tränen in den Augen zu ihr und machte ihr Vorwürfe, weil sie seinen geliebten Sohn nicht vor diesem schrecklichen Tod bewahrt hatte. Da tröstete die Mutter ihn: «Mach dir keine Sorgen. In drei Jahren wird dein verstorbener Sohn in diesem Hause wiedergeboren werden und wird zu meinen Anhängern gehören.»[2] Ein paar Jahre später heiratete Sugunanandans älteste Tochter Kasturi. Als sie schwanger wurde, nannte die Heilige Mutter das Kind in ihrem Leib «Shiva». Tatsächlich wurde das Kind ein Junge. Nach seiner Geburt erklärte die Mutter: «Nach Subhagans Tod befand seine Seele sich drei Jahre lang in der Nähe dieses *ashram* und hörte die Gesänge und die vedischen *mantras*. Dann wurde er als «Shiva» wiedergeboren.»

Inzwischen ist Shivan[3] ein intelligenter fünfjähriger Junge. Schon von klein auf meditierte er und sang die heilige Silbe «Om», ohne daß man es ihm beigebracht hätte.

## Rückkehr der Widersacher

Nach den ersten Devi Bhavas wurden die Widersacher, die sich – wie bekannt – Rationalisten nannten, immer anmaßender und feindseliger gegenüber Sudhamani. Inzwischen bedienten sie sich sogar der Medien, um die Heilige Mutter zu verleumden. Sie bezeichneten sie als Verrückte und das Bhava *darshan* als Schwindel. Doch je beharrlicher sie sich bemühten, die Heilige Mutter in Verruf zu bringen, um so weniger Erfolg hatten sie.

Eines Nachts bedienten sie sich wieder einmal ihrer alten, erfolglosen Taktik, die Mutter während des *darshan* zu ergreifen und festzuhalten, um sie zu demütigen und zu beweisen, daß es mit ihrer göttlichen Macht nicht weit her sei. Zwei der Stören-

---

2 Diese Prophezeiung ist um so bemerkenswerter, als damals noch keine ihrer drei Schwestern verheiratet war.

3 «Shivan» ist die gebräuchliche Form des Namens Shiva in Kerala.

friede waren völlig betrunken und besonders begierig darauf, Unruhe und Aufruhr zu stiften. Sie reihten sich in die Schlange der Verehrer ein, die darauf warteten, den Schreinraum betreten zu dürfen.

Die Mutter saß bereits dort und kündigte einigen ihrer Verehrer, die in ihrer Nähe saßen, an: «Wartet nur, gleich wird Mutter jemandem einen Streich spielen.» Mit diesen Worten sah sie den Trunkenbolden gerade ins Gesicht und schenkte ihnen ein bezauberndes Lächeln. Sie hatten inzwischen den Eingang des Schreinraums erreicht, doch der vordere der beiden konnte sich plötzlich nicht mehr rühren. Ihm war, als sei er gelähmt. Er stand ein paar Minuten lang wie erstarrt da, und der andere Störenfried, der hinter ihm stand, wurde wütend und fragte ihn in barschem Ton, warum er nicht endlich in den Tempel gehe. «Siehst du denn nicht, wie viele Leute vor mir in der Schlange stehen!» verteidigte sich der vordere. «Du stehst unbeweglich wie ein Holzklotz da!» schrie der hintere. «Hat dieses Mädchen dich etwa auch hypnotisiert?» Das Wortgefecht endete mit einem wütenden Kampf zwischen den beiden betrunkenen Männern. Sie verließen das Haus der Familie Idamannel, ohne einen Schaden anzurichten, genau wie die Heilige Mutter es vorausgesehen hatte.

Einige der Verehrer luden die Heilige Mutter auch in ihr Haus ein, damit sie dort einen Gottesdienst abhielt. Wenn die Widersacher davon erfuhren, kamen sie ebenfalls dorthin. Eines Abends ging Mutter zu einer Familie, die in dem etwa 20 Kilometer von Parayakadavu entfernten Dorf Panmana lebte. Diese Familie wurde schon seit langem von verschiedenen körperlichen und geistigen Leiden heimgesucht, die niemand heilen konnte. Sie hatten bereits zahlreiche *pujas* abgehalten und verschiedene Götter und Göttinnen um Hilfe gebeten, doch bis jetzt war alles vergeblich gewesen. Eines Tages hatten sie von der Heiligen Mutter gehört, waren zum Bhava *darshan* gegangen und hatten sie um Hilfe gebeten. Die mitfühlende Mutter hatte sich sofort bereit erklärt, in ihr Haus zu kommen und eine besondere *puja* abzuhalten, um sie von ihren Leiden zu befreien.

Doch einige Angehörige der Familie waren dagegen und verbündeten sich mit den Widersachern. Gemeinsam beschlossen sie, den Gottesdienst zu stören. An dem Abend, an dem die Heilige Mutter in das Haus kam, sagte eines der Familienmitglieder hochmütig zu ihr: «Ich werde deinen Gottesdienst genau beobachten. Und dann habe ich dir ein paar Fragen zu stellen.» Da fragte die Mutter ihn: «Ist dieses ‹Ich›, von dem du sprichst, nur auf deinen Körper beschränkt? Gehört es dir?»

Da fiel der Mann, der diese überhebliche Bemerkung gemacht hatte, zur großen Erleichterung von Sudhamanis Anhängern in eine Art bewußtlosen Zustand. Es sah aus, als schlafe er tief. Erst als die Mutter die letzte zeremonielle Handlung der *puja* beendet hatte, schreckte er aus seinem Schlaf hoch. Er sprang auf und rief: «Oh, ist der Gottesdienst schon vorbei?»

«Ja, er ist vorbei», antwortete die Mutter. «Du hast doch gesagt, du wollest ihn genau beobachten. Hast du alles gesehen? Verstehst du jetzt, daß wir das, was wir ‹Ich› nennen, nicht unter Kontrolle haben? Wo war dein ‹Ich›, als du schliefst?» Da wurde der Mann blaß, senkte den Kopf und sagte kein Wort mehr.

Doch die anderen Ungläubigen, die sich in dem Hause versammelt hatten, ließen sich nicht so leicht entmutigen. Sie begannen der Heiligen Mutter höchst unhöfliche, unsinnige Fragen zu stellen. Die Mutter blieb fröhlich und gelassen, doch der *brahmacharin*[4], der bei der *puja* mitgewirkt hatte, verlor die Geduld. «Bitte gib ihnen ein Zeichen, damit sie endlich ihren Mund halten», bat er die Mutter. «Sonst werden sie nie aufhören, dich zu belästigen.»

Ein paar Minuten später stieg aus dem nahegelegenen Friedhof plötzlich eine Feuerkugel empor, die alle Anwesenden mit ihrem Glanz blendete. Sie sandte feurige Strahlen aus, die flackernd um sie herumtanzten. Nun war es an der Mutter, den verblüfften Unruhestiftern, die wie vom Donner gerührt dasaßen, eine Frage zu stellen. «Wer von euch hat den Mut, zum Friedhof zu gehen und dann wieder hierherzukommen?» Niemand wagte es, ihre Herausforderung anzunehmen. Von einer Minute auf die andere

---

[4] Ein spirituell Strebender, der Keuschheit und Ehelosigkeit gelobt hat.

verwandelten die großsprecherischen Männer sich in ängstliche kleine Jungen und verließen fluchtartig das Haus.

Im Jahre 1980 ereignete sich im Hause Srimati Indiras in Karunagapally, einer Stadt, die ungefähr zehn Kilometer von Vallikkavu[5] entfernt ist, etwas Ähnliches. Indira war eine glühende Anhängerin der Heiligen Mutter und hatte sie in ihr Haus eingeladen, damit sie dort ihren Segen spendete. Wie üblich kamen auch die Rationalisten an dem vereinbarten Abend. Die Mitglieder der Familie erschraken sehr, als sie diese Leute sahen, denn ihr schlechter Ruf war weithin bekannt. Daher baten sie die Männer, die Ungläubigen zu verjagen.

Die Mutter versank in Meditation. Zur Überraschung aller Anwesenden erschien binnen Sekunden an der Nordseite des Hauses eine leuchtende Kugel. Die Kugel war von vielen hellen Lichtern umgeben, die wie kleine Lampen aussahen, bewegte sich in Richtung Süden und schwebte durch die Tür ins Haus hinein. Erstaunt und ehrfürchtig riefen die Anhänger den Namen der göttlichen Mutter. Langsam schwebte die Kugel immer höher empor, umkreiste den heiligen Bilva-Baum (Aegle marmelos), der im Hof an der Südseite des Hauses wuchs, und verschwand allmählich in der Ferne. Erstaunt und entsetzt verließen die Ungläubigen das Haus und störten das *bhajan* der Mutter nie wieder. Viele wurden nach diesem Zwischenfall sogar zu Anhängern der Heiligen Mutter.

## Scheitern von Schwarzer Magie

In der Nähe des eben erwähnten Hauses lebte ein Magier, der sich viel auf seine Zauberkünste zugute hielt. Jemand hatte ihm erzählt, in Parayakadavu gebe es ein junges Mädchen, das drei Nächte in der Woche von Krishna und Devi besessen sei. Da prahlte der schwarze Magier, er werde sie sehr rasch von dieser Besessenheit heilen. Er verriet sogar die Zauberformel, mit der er

---

[5] Das Dorf Vallickavu liegt auf dem Festland genau gegenüber dem Grundstück der Familie Idamannel. Die Heilige Mutter wird daher manchmal auch «Vallickavu Amma» genannt.

das bewerkstelligen wollte. «Ich werde die Mittelrippe eines Kokospalmwedels zerspalten und dabei zauberkräftige *mantras* sprechen; von da an werden Krishna und Devi nicht mehr in dieses Mädchen fahren», erklärte er und besuchte die Familie Idamannel. Doch so sehr er sich auch bemühte – keine seiner Zaubereien hatte die versprochene Wirkung, und als er das Haus wieder verließ, war sein Selbstgefühl merklich geschrumpft. Aber er gab es nicht auf, die Heilige Mutter mit seinen Hexereien zu bekämpfen. Er schickte ihr mehrmals Asche, die er mit bösen *mantras* verzaubert hatte; doch all seine Versuche, der Mutter zu schaden, blieben erfolglos. Bald danach wurde er verrückt, irrte als Bettler in den Straßen umher und sagte ständig den einen Satz vor sich hin: «Gebt mir zehn Paise, gebt mir zehn Paise[6] . . .»

In Azhickal, einem Dorf auf der gleichen Insel, auf der auch die Heilige Mutter lebte, wohnte ein Priester, der außerdem auch noch ein bekannter Magier war. Er hatte die Fähigkeit, böse Geister und feinstoffliche Wesen auszutreiben, die in unschuldige Menschen gefahren waren. Eine ältere Frau, die eine große Abneigung gegen die Heilige Mutter hegte, war heimlich an diesen Priester herangetreten und hatte ihn zu überreden versucht, mit Hilfe seiner Zauberkraft die Mutter zu vernichten und den göttlichen Bhavas ein Ende zu bereiten. Sie hatte Namen, Geburtsort und Geburtsminute der Mutter auf ein Blatt Papier geschrieben und es dem Priester gegeben.

Am selben Tag hatte eine Anhängerin der Heiligen Mutter einen Traum, in dem ihr die Mutter erschien und sie aufforderte, am nächsten Tag in einen bestimmten Tempel zu gehen und dort zu beten. Am nächsten Tag ging die Frau zur Heiligen Mutter und erzählte ihr von diesem Traum. Da sagte die Mutter: «Geh dorthin, und komme anschließend wieder zurück. Dann wirst du die Bedeutung deines Traums begreifen.»

Nachdem sie die Erlaubnis der Heiligen Mutter eingeholt hatte, ging die Frau in den Tempel, der ihr im Traum genannt worden war. In diesem Tempel hielt der Priester, der die Heilige

---

[6] Zehn Paise entsprechen einem Penny.

Mutter mit seiner schwarzen Magie bekämpfen sollte, seinen täglichen Gottesdienst ab. Aber davon wußte die Frau nichts. Nachdem sie ihre Gebete verrichtet hatte, ging sie zu dem Priester, um ein paar Dinge mit ihm zu besprechen. Gastfreundlich erhob sich der Priester von dem Lager, auf dem er gesessen hatte, rollte die Matratze auf und forderte sie auf, sich zu setzen. Dabei fiel ein Fetzen Papier direkt vor den Füßen der Frau zu Boden. Als sie ihn aufhob, sah sie, daß der Name und das Sternzeichen der Heiligen Mutter darauf standen. Da begriff sie die Bedeutung ihres Traumes. Verzweifelt schlug sie sich mit den Fäusten an die Brust, brach in Tränen aus und fragte den Priester: «Was hast du getan? Hast du etwas gegen unsere Mutter unternommen? Wenn ja, wollen wir nicht länger leben!» Der Priester beruhigte sie: «Nein, nein, ich habe nichts unternommen. Gestern kam eine alte Frau zu mir und redete mir pausenlos ein, ich solle das Haus vernichten, das auf dem Zettel geschrieben steht. Um sie endlich loszuwerden, nahm ich den Zettel an mich und behielt ihn.»

Als die Frau die aufrichtigen Worte des Priesters hörte, legte sich ihre Aufregung, und sie forderte ihn auf: «Bitte komm mit, und sieh selbst, was in diesem Hause geschieht. Dann wirst du verstehen, daß ich die Wahrheit gesagt habe.» Der Priester versprach, bald nach Parayakadavu zu kommen.

Ein paar Tage später kam der Priester während eines Bhava *darshan* ins Haus der Familie Idamannel. Viele Gläubige und Ungläubige, die von der Ankunft des berühmten Priesters gehört hatten, versammelten sich vor dem Haus und warteten gespannt auf die Begegnung des Magiers mit der Mutter. «Dieser Priester ist ein großer Zauberer», sagten einige. «Er wird diesem Schwindel hier bald ein Ende bereiten.» Doch die Anhänger, die fest an die Heilige Mutter glaubten, widersprachen: «Er wird nichts gegen die Mutter unternehmen.»

Der Priester war in Begleitung einer älteren Frau gekommen und gab ihr ein Päckchen Reisflocken, das sie halten sollte, während er den Tempel betrat. Er war bereits entschlossen, ein Verehrer der Mutter zu werden, wenn sie ihm beweisen konnte, daß sie wirklich ein göttliches Wesen war. Die Mutter saß im Krishna

Bhava versunken da. Als der Priester eintrat, gab sie ihm eine Handvoll heiliger Asche. «Bist du nicht hier, um dieses *mantra* zu singen?» fragte sie ihn und nannte ihm ein geheimes *mantra,* das nur der Priester kannte. Da war der Priester sehr erstaunt. «Bist du nicht ein Verehrer Hanumans?» fuhr die Mutter fort. «Du solltest nicht unheilbringende *mantras* mit der gleichen Zunge rezitieren, mit der du Seinen Namen aussprichst.» Der Priester stand sprachlos da. Niemand auf der Welt wußte, daß sein *upasana murthi* (sein persönlich verehrtes Gottesbild) Hanuman war. Die Mutter hatte gerade sein größtes Geheimnis enthüllt. Aber das war noch nicht alles. «Hast du nicht eine Frau gebeten, draußen mit einem Päckchen Reisflocken zu warten?» fragte die Mutter ihn. «Kuchela[7] kam zu Sri Krishna und brachte ihm Reisflocken dar. Aber Kuchela opferte Krishna die Reisflocken in aufrichtiger Entsagung und Hingabe. Die Flocken waren mit Sand und Steinen vermischt, doch das sah Krishna nicht. Er sah nur Kuchelas reine Hingabe und Großherzigkeit. Für ihn war alles Ambrosia, deshalb aß er die Flocken. Warum hast du dir von deinen Nachbarn ungeschälten Reis geliehen? Und warum hast du ihn nach dem Schälen mit Sand und Steinen vermischt und hierhergebracht?»

Der Priester war fassungslos. Die Mutter wußte genau, was er getan hatte! Er brach in Tränen aus und bat sie um Vergebung für seine Missetaten. Von jenem Tag an war er ein aufrichtiger Anhänger der Heiligen Mutter.

## Neue Angriffe von Widersachern

Jetzt heckte das «Komitee zur Bekämpfung blinden Aberglaubens» noch hinterhältigere Pläne gegen die Heilige Mutter aus. Es versuchte hohe Polizeibeamte und Regierungsbehörden dazu zu bewegen, Schritte gegen das Bhava *darshan* zu unternehmen, und erreichte tatsächlich, daß mehrere Untersuchungen und Verhöre durchgeführt wurden – aber nur mit dem Ergebnis, daß viele der

---

7 Ein leidenschaftlicher Verehrer Krishnas, der in der Srimad Bhagavatam vorkommt.

Polizisten und Beamten zu Verehrern der Heiligen Mutter wurden.

Eines Abends forderten die Ungläubigen während des Devi Bhava ein Mädchen auf, mit seinen andächtigen Gesängen aufzuhören. Doch das Mädchen widersprach: «Nein, ich singe weiter. Ich glaube an die Heilige Mutter.» Da ergab sich ein Wortgefecht, das mit einer Schlägerei zwischen den Anhängern Sudhamanis und den Unruhestiftern endete. Schließlich erschien Sugunanandan und vertrieb die Störenfriede.

Als sie fort waren, rief die Heilige Mutter ihren Vater zu sich und warnte ihn: «Sie werden Anzeige gegen uns erstatten – zuerst gegen mich und dann gegen dich. Du mußt die Behörden vorher über den wahren Sachverhalt aufklären.» Doch Sugunanandan hörte nicht auf seine Tochter. «Das werden sie nicht tun», sagte er sorglos. «Die Polizei wird nicht hierherkommen.» Doch die Mutter beharrte auf ihrer Bitte, und schließlich ging Sugunanandan doch aufs Polizeirevier. Er stellte fest, daß die Prophezeiung der Mutter gestimmt hatte, und schilderte der Polizei seinen Fall klar und aufrichtig. «Wir betrügen niemanden», sagte er. «Meine Tochter offenbart bei den Bhavas ihre Identität mit Krishna und Devi, und ihre Anhänger kommen zu ihr und singen religiöse Lieder, das ist alles. Dabei ist beim besten Willen kein Schwindel. Wasser aus dem Dorfbrunnen und Asche aus Oachira werden als *prasadam*[8] verteilt. Wir zaubern niemals Blumen vom Himmel herab, wir opfern nur Blumen, die wir von den Bäumen und Büschen abgepflückt haben. Und wir werben auch nicht für die göttlichen Bhavas. Zu uns kommen nur Menschen, die vom Hörensagen vom Bhava *darshan* erfahren haben. Kommt selbst her, und überzeugt euch davon, daß ich die Wahrheit gesagt habe. Außerdem findet dieser Gottesdienst in meinem Haus statt und geht niemand anderen etwas an. Die Widersacher kommen in mein Haus und fangen Streit und Schlägereien an. Ist das gerecht? Ich bitte euch, uns vor ihnen zu beschützen!»

---

[8] Opfer(speisen), die zunächst einer Gottheit dargebracht und dann an die Gläubigen verteilt werden.

Die Polizeibeamten erkannten die Aufrichtigkeit seiner Beteuerungen und verfolgten den Fall nicht weiter. Da waren die Widersacher sehr zornig und holten sofort zu einem Vergeltungsschlag aus. Immer wenn die Heilige Mutter während des Bhava *darshan* die Gestalt Devis angenommen hatte, kam sie aus dem Tempel und tanzte. Eines Abends kamen die Widersacher mit einem Korb voll vergifteter Dornen ins Haus der Familie Idamannel. Die Dornen waren so spitz und das Gift so stark, daß man sofort ohnmächtig wurde, wenn man von einer dieser Dornen geritzt wurde.

Sie gaben die Dornen einer Gruppe von Dorfkindern und forderten sie auf, sie vor dem Tempel, wo die Mutter immer tanzte, auf dem Boden auszustreuen. Das sollte während des *deeparadhana*[9] geschehen, wenn alle Anwesenden ihre Aufmerksamkeit auf die Heilige Mutter richteten, so daß die Kinder die Dornen unbemerkt fallen lassen konnten. Doch die Mutter wußte von ihrem Plan. Als sie aus dem Tempel trat, erzählte sie ihren Verehrern, was geschehen war, und warnte sie, sich nicht vom Fleck zu rühren. Dann begann sie mit ihrem ekstatischen Tanz, wobei sie Schwert und Dreizack in den emporgestreckten Händen hielt. Der Tanz der Mutter war ein ehrfurchtgebietender Anblick. Den Verehrern war es, als tanze Mutter Kali selbst vor ihnen. Sie tanzte an der Veranda an der Vorderseite des Tempels entlang, und plötzlich durchschnitt ihr Schwert die Fäden, mit denen die Götterbildnisse an der Wand befestigt waren. Sie fielen mit einem lauten Krachen zu Boden, und überall auf der Veranda lagen Glasscherben. Ohne sich darum zu kümmern, tanzte die Mutter weiter und trat dabei auf die Glasscherben, als seien es Blütenblätter.

Die Unruhestifter waren sprachlos vor Erstaunen, doch sie hofften immer noch, daß sie in die Dornen treten und vor Schmerz bewußtlos zusammenbrechen würde.

Da schritt die Mutter die Stufen der Tempelveranda herab und kam an die Stelle, wo die Kinder die Dornen ausgestreut hatten.

---

[9] Das Schwenken von brennendem Kampfer vor der Heiligen Mutter, die in Gestalt Devis im Tempel sitzt.

Sie zog mit der Spitze ihres Schwertes eine Linie auf dem Boden und verbot allen, diese Linie zu überschreiten. Sie selbst trat jedoch über die Linie und tanzte lange Zeit auf den giftigen Dornen. Die Ungläubigen trauten ihren Augen nicht, wurden sehr nervös und verließen rasch das Grundstück der Familie Idamannel.

Als Sugunanandan die Dornen sah, rannte er aufgeregt hin und her und suchte nach einer Medizin für die verletzten Füße seiner Tochter. Schließlich hatte er sie gefunden und wollte die Wunden behandeln, doch zu seinem großen Erstaunen konnte er an den Füßen der Mutter keinen einzigen Kratzer entdecken.

* * * * * * *

Obwohl die sogenannten Rationalisten viele solche Wunder zu sehen bekamen, waren sie immer noch nicht bereit, ihre Mißgunst und Feindseligkeit gegenüber der Mutter aufzugeben. Als einige ihrer Verehrer über die ständigen Bosheiten und Beschimpfungen klagten, die die Mutter von den Ungläubigen erdulden mußte, sagte sie: «Kinder, es gibt keine Welt ohne Zwietracht und Leid. Wir sollten uns deswegen keine Sorgen machen. Die Mutter hat ihre Anhänger auf der ganzen Welt. Sie werden sich durch die Bosheiten der Ungläubigen nicht beirren lassen.» Sie riet ihren Verehrern und ihrer Familie, Ruhe und Geduld zu bewahren, und sie befolgten ihren Rat und ertrugen die Missetaten der Widersacher schweigend.

Jetzt faßten diese ihren kühnsten und bösartigsten Plan. Sie dangen einen Mörder, der während des Bhava *darshan* in den Tempel kommen und die Mutter erstechen sollte. Er verbarg ein Messer unter seinen Kleidungsstücken und betrat den Tempel. Als die Mutter ihn sah, schenkte sie ihm ein gütiges, strahlendes Lächeln und empfing weiter ihre Verehrer, als ahne sie nichts Böses. Ihr Lächeln hatte eine merkwürdig besänftigende Wirkung auf den Mörder. Er kam wieder zur Besinnung, erkannte, daß er im Begriff war, ein schweres Verbrechen zu begehen, fiel der Mutter zu Füßen und bat sie um Verzeihung. Als er den Tempel verließ, war er ein anderer Mensch. Die Verschwörer bemerkten die erstaunliche Veränderung, die mit ihm vorgegangen war, und fragten ihn, ob er auch von der Heiligen Mutter hypnotisiert worden sei. Doch er lächelte sie nur schweigend an und war von jenem Tag an ein leidenschaftlicher Verehrer der Mutter.

In dieser Zeit konnte die Heilige Mutter niemals ungestört durch das Dorf gehen. Jedesmal wurde sie von den Widersachern beschimpft. Sie standen an beiden Straßenseiten, verspotteten sie auf sehr derbe, ungehobelte Art und Weise und stifteten sogar die kleinen Dorfkinder dazu an, sich über die Mutter lustig zu machen. Frühmorgens versteckten sie sich hinter Bäumen und warfen mit Steinen nach ihr. Doch sie beschränkten ihre Schikanen nicht auf die Heilige Mutter. Die ganze Familie fiel ihrem bösartigen Spott zum Opfer. Wenn sie eines der Familienmitglieder sahen, riefen sie spöttisch: «Da kommt Krishna! Da kommt Krishna!»

## Heute noch Feinde – morgen Freunde

Eines Tages wurde es Sugunanandan zuviel, und er ging während des Devi Bhava zur Mutter und sagte: «Ist das der Lohn Gottes? Die Menschen nennen mich den Mörder meines eigenen Sohnes! Wenn ich durch das Dorf gehe, höre ich auf Schritt und Tritt Vorwürfe. Es ist nicht mehr zu ertragen. Devi sollte die Übeltäter bestrafen!»

«Warte nur ab», erwiderte die Mutter. «Wer heute dein Feind ist, wird morgen dein Freund sein. Wen sollte ich also bestrafen? Wer heute noch gegen dich ist, kann schon morgen eine deiner Töchter heiraten. Tröste dich mit dem Gedanken, daß alles, was geschieht, Gottes Wille ist. Und wenn dir auch ein Sohn genommen wurde – bald werden Tausende von Söhnen zu dir kommen.»

Auch Damayanti war untröstlich über den Tod ihres Sohnes. «Sei nicht traurig», tröstete die Heilige Mutter sie. «Es werden in Zukunft so viele Kinder aus der ganzen Welt hierherkommen. Liebe sie wie deine eigenen.»

Obwohl sie Tag und Nacht damit beschäftigt war, die Anhänger, die mit Problemen zu ihr kamen, zu trösten und zu unterstützen, fand sie immer noch Zeit, ihrer Familie in dieser kritischen Situation zu helfen. Vom weltlichen Standpunkt aus betrachtet, war die Mutter ein ganz normales junges Mädchen; und doch war sie Tausenden von Anhängern und ihren Eltern eine Stütze und wich nie vom Pfad der Wahrheit und Rechtschaffenheit ab. Viele ihrer Anhänger nahmen sich ihre unermüdliche Sorge für die Familie zum Vorbild. Sie zeigte ihnen, daß man ein spirituelles, reines, von allem Weltlichen losgelöstes Leben führen und doch gleichzeitig seine Pflichten gegenüber seiner Familie erfüllen kann.

Sugunanandans Fischhandel brachte nicht viel ein. Als viele Menschen von überall her zum Bhava *darshan* in sein Haus zu strömen begannen, gab er ihn auf. Da die Bhavas seiner Tochter ihm so viele Schwierigkeiten und Feindseligkeiten von seiten der Dorfbewohner eintrugen, konnte er sich ohnehin nicht mehr in Ruhe seinem Geschäft widmen. Er mußte sich ständig im Haus aufhalten, um es vor Unruhestiftern zu schützen. Außerdem hatte er drei Töchter, die noch verheiratet werden mußten. Seine Söhne gingen alle noch zur Schule. Anfang des Jahres 1979 wurde Sugunanandan krank und mußte operiert werden. Das Krankenhaus befand sich in Quilon, einer 35 Kilometer von Vallickavu entfernt gelegenen Stadt.

Es gab niemanden, der der Familie bei den Hausarbeiten half oder sich im Krankenhaus um Sugunanandan kümmerte. Die Verwandten ignorierten die Familie völlig; Kasturi wohnte weit entfernt, und Damayantis Rheumatismus hatte sich so verschlimmert, daß sie bettlägerig war. Die ganze Bürde lag auf den Schultern der Heiligen Mutter.

An den *darshan*-Tagen kamen die Verehrer schon ab ein Uhr mittags. Um vier Uhr fanden die *bhajans* statt, und dann folgte Bhava *darshan,* das manchmal bis acht oder neun Uhr am nächsten Morgen dauerte. Die Mutter rührte sich nicht von ihrem Platz im Tempel, ehe sie nicht alle ihre Anhänger empfangen hatte. Zwischendurch gab sie geistigen Suchern ihren Rat und Unterweisungen.

Nach dem *darshan* erledigte sie die Hausarbeit, wie sie es so viele Jahre getan hatte. Sie versorgte die jüngeren Geschwister und schickte sie zur Schule. Sobald sie mit der Arbeit fertig war, fuhr sie nach Quilon, um ihrem kranken Vater Essen und andere Dinge zu bringen, die er brauchte. Sie versorgte und pflegte ihn äußerst gewissenhaft.

Allmählich wurde Sugunanandan wieder gesund. Doch kurz darauf mußte Damayanti ins Krankenhaus und später Suresh. Wieder mußte die Heilige Mutter sich um alle Hausarbeiten kümmern und außerdem auch noch die kranken Familienmitglieder im Krankenhaus versorgen.

In dieser Zeit herrschte in der Familie Verwirrung und Chaos. Zuviel war in den letzten Monaten vorgefallen: der Aufruhr, den Subhagans Selbstmord hervorgerufen hatte; die mangelnde Hilfsbereitschaft der Verwandten; die Feindseligkeiten der Rationalisten; Tausende von Verehrern, die zum Bhava *darshan* ins Haus strömten, und drei Töchter, die noch nicht verheiratet waren. Die Rationalisten sorgten dafür, daß Sugunanandans Töchter keine Männer fanden. Wenn jemand aus einem weiter entfernten Ort kam, um ein Heiratsangebot zu unterbreiten, fingen sie ihn vor dem Hause der Idamannels ab und erzählten ihm Schreckensmärchen, die ihn sofort von seinem Vorhaben abbrachten. So wurden mehrere heiratswillige junge Männer in die Flucht geschlagen.

Eines Tages kam Sugunanandan wieder während des Bhava *darshan* zur Heiligen Mutter und klagte: «Durch dieses *darshan* habe ich meine Ehre verloren. Ich kann mich außerhalb des Hauses nicht mehr blicken lassen. Alle Dorfbewohner und Verwandten hassen mich, und meine Töchter werden keine Ehemänner finden. Was soll ich nur tun?»

Da erwiderte die Heilige Mutter: «Bhava *darshan* ist nicht an deinem Unglück schuld. Alles geschieht nach dem Willen Gottes und zu seiner Zeit. Du brauchst dir keine Sorgen zu machen.» Doch diesmal ließ Sugunanandan sich nicht beschwichtigen. «Ich werde mich vergiften!» schrie er zornig. Da wandte die Heilige Mutter sich mit Tränen in den Augen einem Bildnis Devis zu und fragte: «O mitfühlende Mutter, bringe ich diesen Menschen wirklich nur Kummer?»

Mehrere Male beschloß die Mutter, das Haus ihrer Familie zu verlassen, und begann auch bereits Vorbereitungen für ihre Abreise zu treffen. Doch jedesmal wurde sie auf geheimnisvolle Weise daran gehindert. Als Sugunanandan ihr wieder einmal sein Leid klagte, sagte sie: «Mach dir keine Sorgen. Deine Töchter werden bald heiraten.»

Innerhalb eines Monats erfüllte sich die Prophezeiung der Mutter. Ein Sohn aus einer Familie, bei der man am wenigsten damit gerechnet hatte, hielt um Sugunamma an. Diese Familie gehörte zu den erbittertsten Feinden der Heiligen Mutter; der Bräutigam war einer der Anführer der Rationalistenbewegung. Doch als die Heirat beschlossen war, hatte Sugunanandan plötzlich keine Lust mehr, sich um die Hochzeitsvorbereitungen zu kümmern. Die ganze Verantwortung lag auf den Schultern der Heiligen Mutter. Doch nichts konnte sie in ihrem Gleichmut und ihrer Tatkraft erschüttern. Die Hochzeitszeremonie lief reibungslos ab, obwohl Sugunanandan nur als Beobachter dabeistand. So bewahrheitete sich der Ausspruch der Mutter: «Wer heute noch dein Feind ist, wird morgen dein Freund sein», und auch die anderen Töchter heirateten bald.

Die Verhältnisse, in denen die Mutter zur Welt gekommen war, waren alles andere als günstig. Niemand unterstützte das Fischermädchen. Da ihre Anhänger aus den verschiedensten Teilen Indiens stammten, konnten sie nichts gegen die unwissenden, ungebildeten Dorfbewohner tun, die die Heilige Mutter quälten. Außerdem glaubten die meisten Anhänger immer noch, die Mutter sei lediglich während des Bhava *darshan* von Krishna und Devi besessen. Die Tiefe und Vollkommenheit ihrer Gottesverwirklichung begriffen sie nicht. Anfangs kamen die meisten Verehrer nur zur Heiligen Mutter, weil sie sich weltlichen Gewinn davon versprachen. An geistiger Erhebung waren sie nicht interessiert. Wenn die Mutter ihnen ihren Wunsch erfüllte, kamen sie wieder – aber erst, wenn sie ein neues weltliches Anliegen hatten. Wenn sich ihr Wunsch dagegen nicht erfüllte, kehrten sie nie wieder, und ihre Verehrung war damit auch beendet. Die Mutter besaß kein Geld und kein eigenes Stück Land, auf dem sie ihre Verehrer beherbergen konnte. Ihre eigenen Verwandten und Familienmitglieder verweigerten ihr jede Hilfe und waren ihr feindlich gesonnen.

Einmal fragten die Verehrer die Mutter nach den Prüfungen und Qualen, die sie während und nach der Zeit ihres *sadhana* erdulden mußte. Sie bezweifelten, ob sie selbst auch Gottesverwirklichung erlangen könnten, wenn das mit so vielen Leiden verbunden sei. Doch da beruhigte die Mutter sie sofort: Ihr eigenes Leben sei nur der Beweis dafür, daß man selbst unter den widrigsten Umständen zur Gottesverwirklichung gelangen könne.

Am erstaunlichsten jedoch ist es, wie es der Heiligen Mutter gelang, inmitten dieses Chaos und dieser Feindseligkeiten einen *ashram* zu gründen.

## Neuntes Kapitel

# Die Mutter der unsterblichen Glückseligkeit

Begreife, daß Mutter allgegenwärtig ist. Glaube daran, daß das Selbst von Mutter und dein Selbst eins sind.

Kinder, die Mutter, die euch geboren hat, kümmert sich vielleicht um die Dinge, die ihr für dieses irdische Leben braucht; obwohl heutzutage selbst diese Fürsorge sehr selten ist. Das Ziel von Mutter aber besteht darin, euch so zu leiten und zu unterweisen, daß euch in all euren künftigen Leben Glückseligkeit geschenkt wird.

Mata Amritanandamayi

*Drsa draghiyasya dara-dalita-nilotpala-ruca*
*daviyamsam dinam snapaya krpaya mam api sive;*

*Anenayam dhanyo bhavati na ca te hanir iyata*
*vane va harmye va sama-kara-nipato hima karah.*

O Gemahlin Shivas! Sei gnädig und bade mich,
Der ich hilflos in der Ferne stehe,
In Deinem unendlich weit reichenden Blick,
Der schön ist wie die halb erblühte blaue Schwertlilie.
Das wäre für mich armen (Sterblichen) das höchste Glück;
Und Du erleidest dadurch keinen Verlust.
Der Mond, dessen Strahlen weiß sind wie Schnee,
Ergießt seinen Glanz gleichermaßen über den Wald und das Haus.

Saundarya Lahiri, Vers 57

# Eine Gruppe junger Menschen

«Kinder, die Kühle des Windes, die Strahlen des Mondes, die Weite des Weltraums und die Dinge dieser Welt – sie alle sind vom göttlichen Bewußtsein durchdrungen. Diese Wahrheit zu erfahren ist das Ziel der menschlichen Geburt. In diesem dunklen Zeitalter wird eine Gruppe junger Menschen allem entsagen und in die Welt hinausziehen, um geistiges Licht zu verbreiten.»

Mata Amritanandamayi

Schon im Jahre 1976 kam ein zwanzigjähriger junger Mann namens Unnikrishnan aus dem Dorf Alappad zur Heiligen Mutter. Er lebte wie ein Bettler. Obwohl er ein Zuhause und eine Familie hatte, besuchte er sie selten. Nach seiner Begegnung mit der Heiligen Mutter erfaßte ihn das heftige Verlangen, ein ganz der spirituellen Vervollkommnung geweihtes Leben zu führen. Ein Jahr später betraute die Heilige Mutter ihn mit dem täglichen Gottesdienst im Tempel und erlaubte ihm, bei ihr zu bleiben.

Er verbrachte seine Tage in dem kleinen Schrein, hielt den täglichen Gottesdienst ab und rezitierte das *Sri Lalita Sahasranamam*[1], das die Heilige Mutter ihm beigebracht hatte. Danach beschäftigte er sich mit anderen spirituellen Übungen und las in den Heiligen Schriften oder schrieb spirituelle Gedichte. Nachts schlief er auf der Veranda des Tempels. Ein dünnes Handtuch, das er auf dem Boden ausbreitete, diente ihm als Matratze. Das war der erste Bewohner des künftigen *ashram*.

Ende des Jahres 1978 war er nicht mehr allein. Inzwischen hatten mehrere gebildete junge Männer auf ihr Zuhause und alle weltlichen Güter verzichtet und bei der Heiligen Mutter Zuflucht gesucht. Ihr einziges Ziel bestand darin, Gottesverwirklichung zu erlangen und der Menschheit zu dienen. Die Persönlichkeit und die allumfassende Liebe der Heiligen Mutter hatten sie magisch angezogen, und sie waren entschlossen, ein gottgeweihtes Leben

---

[1] Heiliges *mantra,* das aus den tausend Namen der göttlichen Mutter besteht.

zu führen, auch wenn sich ihnen die größten Widerstände in den Weg stellen sollten. Die meisten kamen aus der Stadt Haripad[2] und stammten aus den oberen Gesellschaftsschichten. Schon nach ihrer ersten Begegnung mit der Heiligen Mutter waren sie überzeugt davon, daß es kein erstrebenswerteres Ziel gab, als den Weg zu gehen, den die Mutter ihnen zeigte. Sie hießen Sreekumar, Ramesh Rao, Venugopal Harikumara Pai, Ramakrishnan, Balagopalan (Balu)[3] und Chandru[4]. Bescheiden baten sie die Heilige Mutter, sie zu dem Ziel zu führen, das sie sich auserwählt hatten. Doch Sugunanandan war dagegen, daß sie sich ständig in der Nähe der Heiligen Mutter aufhielten, und zwar hauptsächlich, weil seine anderen Töchter immer noch nicht verheiratet waren. Diese jungen Männer studierten entweder noch am College oder waren bereits berufstätig, mit Ausnahme von Balu, der sein Studium gerade beendet hatte. Sie besuchten die Mutter fast jeden Tag oder zumindest jeden zweiten Tag und gingen gleichzeitig auch noch ihren weltlichen Pflichten nach.

Ihre plötzliche Verwandlung aus weltlichen jungen Männern zu Gottsuchern hatte in ihrem Freundes- und Familienkreis viel Unruhe und Verwirrung gestiftet. Die Familienangehörigen hielten die Heilige Mutter für eine Hexe, die ihre Söhne mit Hilfe ihrer Zauberkräfte hypnotisiert hatte. Die Rationalisten, die stets bereit waren, die Mutter mit neuen Anschuldigungen zu verfolgen, nahmen sich der Sache an. Sie begannen in den Zeitungen Skandalgeschichten über die Mutter zu veröffentlichen, um die Öffentlichkeit gegen sie aufzuhetzen.

Die jungen Männer und die anderen Verehrer der Mutter waren sehr bekümmert über diese Lügengeschichten. Doch als die Mutter von ihren Sorgen hörte, lachte sie nur und sagte: «Was hat dieses mit Buchstaben und Worten bedruckte Papier mit uns zu tun? Setzt eure geistige Disziplin fort, und verschwendet eure

---

2 Haripad liegt 20 Kilometer nördlich von Vallickavu.

3 Jetzt, nachdem er von der Heiligen Mutter das traditionelle *brahmacharya diksha* erhalten hat, unter dem Namen Amritatma Chaitanya bekannt.

4 Jetzt unter dem Namen Adhyatma Chaitanya bekannt.

Zeit nicht, indem ihr euch um solche Dinge kümmert. Wer heute noch gegen uns ist, wird morgen schon zu meinen Anhängern gehören.» Diese Prophezeiung der Heiligen Mutter bewahrheitete sich tatsächlich bald.

Im November jenen Jahres war Chandru, ein junger Brahmane aus Alleppey[5] in das Haus der Familie Idamannel gekommen, um die Heilige Mutter kennenzulernen. Schon sein erster Besuch bewirkte eine grundlegende Wandlung in ihm. Von da an besuchte er die Mutter, wann immer er konnte. Er entwickelte den intensiven Wunsch, dem weltlichen Leben zu entsagen, und fragte die Heilige Mutter um Rat, wo er sich während seiner geistigen Übungen aufhalten könne. Damals jagte Sugunanandan noch alle jungen Anhänger fort, die sich in der Nähe der Heiligen Mutter aufhalten wollten. Eines Abends beschimpfte Sugunanandan Chandru aufs heftigste und forderte ihn auf, sein Haus zu verlassen. Da war Chandru sehr unglücklich und bat die Heilige Mutter um einen Vorschlag, wo er seine Übungen fortsetzen könne. Sie schickte ihn nach Tiruvannamalai[6], wo einst der große Weise Ramana Maharshi lebte, und forderte ihn auf, ein einundvierzigtägiges Schweigegelübde abzulegen.

Ehe Chandru fortging, fragte er: «Ammachi[7], wie soll dieser Ort jemals ein *ashram* werden, wenn Sugunanandan deine Anhänger weiterhin so behandelt? Er ist unfreundlich zu dir und zu allen, die in deiner Nähe sein wollen. Ich kann es gar nicht ertragen, dich so leiden zu sehen. Gibt es denn niemanden, der sich um dich kümmert und für dich sorgt?» Doch die Mutter tröstete ihn: «Mach dir keine Sorgen. Wenn du vom Arunachala[8] zurückkehrst, wird alles gut werden. Dort gibt es Menschen, die sich um Mutter und den künftigen *ashram* kümmern werden. Dort wirst

---

[5] Eine 65 Kilometer nördlich von Vallickavu gelegene Stadt an der Küste.

[6] Ein etwa 5 Stunden von Madras entfernter heiliger Ort in Tamil Nadu.

[7] Verehrte Mutter.

[8] Der heilige Berg in Tiruvannamalai, der als erste Inkarnation des Gottes Shiva auf der Erde verehrt wird.

du meine Kinder aus anderen Ländern treffen, die sehnsüchtig darauf warten, mich kennenzulernen. Und eines Tages wird Sugunanandan euch alle mit offenen Armen aufnehmen.» Da bat Chandru die Heilige Mutter um eine Uhr, damit er die vorgeschriebenen Zeiten für seine täglichen Übungen einhalten könne, und um eine *mala* (Rosenkranz) aus Rudraksha-Samen[9], mit dessen Hilfe er sein *mantra* wiederholen wollte. «Bitte die Mutter nicht um solche Dinge», erwiderte sie. «Du solltest nicht einmal einen Gedanken daran verschwenden. Wer nach spiritueller Vervollkommnung strebt, bleibt ruhig und gelassen und erhebt sich nicht aus seiner Meditation. Alles, was er braucht, wird von selbst den Weg zu ihm finden. Sieh dir die Spinne und die Pythonschlange an! Sie begeben sich niemals auf die Suche nach Beute. Die Spinne sitzt ruhig in ihrem Netz, und die kleinen Insekten verfangen sich darin. Es ist Gottes Pflicht, sich um seine Verehrer zu kümmern. Lege ihm alles zu Füßen, geh zum Arunachala, und du wirst alles bekommen, was du brauchst.»

Chandru lieh sich von einem Freund Geld und reiste nach Tiruvannamalai. Auf seiner Reise trug er das Bild der Mutter ständig im Herzen und dachte an ihre grenzenlose Liebe. Als er an dem heiligen Ort Shivas angelangt war, lebte er ein paar Tage lang in einer Höhle auf dem heiligen Berg Arunachala. An den ersten beiden Tagen nahm er nur Blätter und Wasser zu sich. Am Abend des dritten Tages wurde er vor Hunger bewußtlos und rief laut: «Amma!» In einem Brief an die Mutter schrieb er später: «Gegen fünf Uhr nachmittags war ich vom Hunger so geschwächt, daß ich in Ohnmacht fiel. Ich lag halb bewußtlos auf dem Berg. Da hörte ich Dich ganz deutlich rufen: ‹Mein Sohn!› Ich spürte, daß jemand sanft über meine Stirn strich. Als ich die Augen aufschlug, sah ich Dich in Deinen weißen Kleidern vor mir stehen. Ich war außer mir vor Freude bei diesem Anblick.»

Genau in diesem Augenblick hatte die Heilige Mutter in Vallikkavu tatsächlich ganz unvermittelt ausgerufen: «Oh, mein Sohn!»

---

[9] Dunkelbraune Samenkörner, die für ihre positive Wirkung auf den Körper und den Geist bekannt sind.

Dann hatte sie sich an einen ihrer Verehrer gewandt, der in der Nähe saß, und gesagt: «Mein Sohn Chandru hungert seit drei Tagen in Tiruvannamalai, und jetzt ruft er nach mir!» Danach fand Chandru immer regelmäßig die Nahrung, die er brauchte.

Da Chandru keinen richtigen Platz für seine spirituellen Übungen hatte, verbrachte er die Tage auf dem Berg und schlief nachts am Fuß des Berges. Der erste Mensch, den er traf, als er vom Berg herabkam, war eine Australierin namens Gayatri. Nach ein paar Tagen lernte er Madhusudhana[10] aus Réunion kennen, dessen Vorfahren aus Indien kamen. Alle drei fühlten sich sofort durch einen Strom der Liebe aneinander gebunden. Chandru, der sich an die Worte der Heiligen Mutter erinnerte, hatte das Gefühl, daß beide ihre Kinder waren. Er begann ihnen von der Mutter zu erzählen und zeigte ihnen ein kleines Foto von ihr. Gayatri war sofort begeistert von dem glücklichen Gesichtsausdruck und den leuchtenden Augen der Mutter.

Gayatri versuchte zwar regelmäßig zu meditieren, doch sie war nicht zufrieden mit den spirituellen Fortschritten, die sie machte. Nachdem sie das Bild der Heiligen Mutter gesehen und von ihrer selbstlosen Liebe und ihrem Mitleid gehört hatte, hatte sie ihre erste spirituelle Erfahrung. «Vor meinem inneren Auge blitzte ein Licht auf», erzählte sie, «und in diesem Licht nahm ich die Gestalt der Heiligen Mutter wahr. Plötzlich ertönte aus meinem Inneren der Ruf: ‹Amma! Amma!› Dann legten sich alle meine Gedanken, und mein Geist versank in Stille. Als ich die Augen wieder aufschlug und auf die Uhr schaute, sah ich, daß zwanzig Minuten vergangen waren, in denen ich nichts wahrgenommen hatte.»

Madhu, der auch andere an dem Glück teilhaben lassen wollte, das die Heilige Mutter ihren Verehrern schenkte, stellte Chandru einen Amerikaner namens Nealu vor, der von Natur aus kontemplativ veranlagt war. Sein Lehrer war ein Schüler Sri Ramana Maharshis gewesen und war vor fünf Jahren gestorben. Nealu

---

[10] Er ist jetzt, nachdem er von der Heiligen Mutter das traditionelle *brahmacharya diksha* erhalten hat, unter dem Namen Prematma Chaitanya bekannt.

lebte seit 11 Jahren in Tiruvannamalai. Er litt an heftigen Schmerzen im Magen und in der Wirbelsäule und mußte die meiste Zeit im Bett liegen. Er konnte kaum sitzen oder gehen. Kein Arzt konnte sich die Ursache dieser Krankheit erklären oder ihn heilen.

Als Nealu erfuhr, daß Chandru keinen Ort für seine Meditationen hatte, bot er ihm die Hütte seines verstorbenen Lehrers an. Chandru erzählte ihm von der Heiligen Mutter, doch anfangs war Nealu nicht sehr interessiert. Er hatte schon viele große Heilige kennengelernt. Das einzige, was ihm in diesem Augenblick am Herzen lag, war die Heilung seiner Krankheit, damit er sein *sadhana* fortsetzen konnte. In dieser Hoffnung bat er Chandru, ihn zur Heiligen Mutter zu bringen, sobald die Zeit seines Schweigegelübdes abgelaufen sei. Er schenkte dem jungen *sadhak* eine Uhr und eine *rudraksha mala,* weil er dachte, daß diese Dinge ihm bei seinen spirituellen Übungen nützlich sein könnten. Da erinnerte Chandru sich an die Worte der Heiligen Mutter, war überwältigt vor Rührung und begann ernsthaft mit seinem Schweigegelübde.

Eines Tages, als Chandru um den Berg Arunachala ging, sah er einen großgewachsenen, jungen westlichen Mann, der ebenfalls mit einer Gruppe von Menschen den Hügel umschritt und dabei Verse auf Tamil sang. Das war der Tag, an dem Sri Ramanas Geburtstagsfeierlichkeiten stattfanden. Als Chandru den Mann ansah, erwiderte dieser seinen Blick, aber ziemlich stolz und hochmütig. «Obwohl dieser Mann sehr stolz ist», dachte Chandru, «scheint er auch ein Sohn der Heiligen Mutter zu sein.» Das stimmte auch tatsächlich. Der junge Mann stammte aus Frankreich, hieß Ganga[11] und gehörte später auch zu den Schülern, die sich ständig in der Nähe der Heiligen Mutter aufhielten.

Nachdem Chandru sein einundvierzigtägiges Schweigegelöbnis erfüllt hatte, reiste er mit Nealu nach Vallickavu. Schon Nealus erste Begegnung mit der Heiligen Mutter war eine große Offenbarung für ihn.[12] «Während der ersten vier Tage, die ich

---

[11] Er ist jetzt, nachdem er von der Mutter das traditionelle *brahmacharya diksha* erhalten hat, unter dem Namen Sarwatma Chaitanya bekannt.

[12] Eine ausführliche Beschreibung dieses Erlebnisses ist in Nealus Buch

dort verbrachte, fühlte ich mich wie im Himmel – so ein Glücksgefühl schenkt einem die Gegenwart der Heiligen Mutter», beschrieb er später seine Erfahrungen. «Eines Abends stand die Mutter nach dem Devi Bhava am Tor des Tempels, und ich stand draußen und betrachtete sie mit gefalteten Händen. Ein überströmendes Gefühl der Freude erfaßte mich. In diesem Augenblick sah ich, wie ihre körperliche Gestalt sich in einen strahlenden Glanz auflöste, der sich immer weiter ausbreitete und alle sichtbaren Dinge umschloß. Plötzlich zog sich dieses Licht zu einer winzig kleinen, fast unerträglich blendenden Lichtkugel zusammen; und dann hatte ich das Gefühl, als sei das Licht in mich eingedrungen. Danach konnte ich drei Nächte lang nicht schlafen, so sehr hatte dieses Erlebnis mich berauscht. Ich konnte Tag und Nacht nur noch an die Heilige Mutter denken und beschloß, bis an mein Lebensende in ihrer Nähe zu bleiben, um mich von ihr leiten zu lassen und ihr zu dienen.»

Nealu kehrte mit Chandru nach Tiruvannamalai zurück, um seine Angelegenheiten zu regeln, und kam dann wieder nach Vallickavu, und zwar in Begleitung von Gayatri, die auch den sehnlichen Wunsch hatte, der Heiligen Mutter zu dienen. Seltsamerweise hieß Sugunanandan sie alle so herzlich willkommen, als seien sie seine eigenen Kinder. Zum erstenmal seit drei Jahren verspürte Nealu eine Linderung seiner Krankheit und konnte sich bewegen und kleinere Arbeiten verrichten.

Als Nealu aus Tiruvannamalai zurückkehrte, sagte er zur Heiligen Mutter: «Ich möchte nicht mehr von hier fortgehen. Ich will für immer als Dein bescheidener Diener bei Dir bleiben.» Doch die Mutter erklärte ihm: «Sohn, von diesem Grundstück gehört mir kein Quadratmeter. Frage meinen Vater um Erlaubnis.»

Zur Überraschung aller Verehrer der Mutter war Sugunanandan bereit, ein kleines Stück Land zu stiften, auf dem eine bescheidene, nur etwa acht Quadratmeter große Hütte aus geflochtenen Kokospalmblättern erbaut wurde. Die eine Ecke wurde als Küche

---

«On the Road to Freedom» (Cassandra Press, Boulder, CO, USA) zu finden.

benutzt, dort bereiteten die Anhänger der Heiligen Mutter Getränke für sie zu. Die täglichen Mahlzeiten hingegen wurden immer noch in Sugunanandans Haus gekocht. Diese Hütte diente Nealu, Balu, Gayatri und der Heiligen Mutter als Obdach. Das waren die ersten, inoffiziellen Anfänge des *ashram*.

Schon nach seiner ersten Begegnung mit der Heiligen Mutter verließ Balu sein Zuhause und verbrachte den größten Teil seiner Zeit bei ihr. Zu seinem Glück erlaubte ihm Sugunanandan, dauernd in Idamannel zu bleiben. Gemeinsam mit Nealu ließ er sich dort nieder. Chandru durfte nur zwei Monate lang bei der Heiligen Mutter bleiben. Dann schickte sie ihn nach Sandheepany Sadhanalaya in Bombay, wo er sich drei Jahre lang dem Studium des Vedanta[13] widmen sollte.

Nach Nealu und Gayatri ließen sich auch Ganga und Madhu bei der Heiligen Mutter nieder. Sie boten ihr ihren Besitz an, doch die Mutter lehnte ab und erklärte: «Wenn ihr reine Menschen werdet und geistige Vollkommenheit erlangt, so wird das mein Besitz sein. Wer die Essenz in sich selbst erkennt, wird sie in allem erkennen, und die ganze Welt wird sein Eigentum.»

Eines Nachts weckte ein Mann aus der Nachbarschaft Ganga auf und bat ihn, ihm seine Taschenlampe zu leihen. Seine Tochter hatte einen schweren Asthmaanfall und mußte noch vor Anbruch der Morgendämmerung möglichst rasch ins Krankenhaus gebracht werden. Ein paar Stunden später kam der Mann wieder und brachte die Taschenlampe zurück. Am nächsten Morgen erzählte Ganga der Mutter von dem Zwischenfall und sagte, er hätte dem Mann am liebsten den Hals umgedreht, weil er ihn im Schlaf gestört hatte. Da tadelte die Mutter ihn:

«Und du willst ein Mensch sein, der nach spiritueller Vervollkommnung strebt? Was hast du in den vielen Jahren, in denen du ein spirituelles Leben führtest, ehe du hierherkamst, eigentlich gelernt? Ist das die Frucht deiner Bemühungen? Wer dem Pfad

---

13 Alte nichtdualistische Philosophie Indiens, die auf den grundsätzlichen Aussagen der Veden basiert.

des Wissens folgt, wie du es dir einzubilden scheinst, der sollte in allem sein eigenes Selbst erkennen. Wie konntest du dann zornig auf den Mann werden? Wenn du dir einen scharfen Dorn in den Fuß getreten hättest, würdest du dann keinen Schmerz empfinden und alles tun, um ihn möglichst rasch wieder zu entfernen? Stell dir vor, wie sehr es diesem Mann am Herzen gelegen haben muß, seine Tochter von ihrem Leiden zu befreien. Du solltest den Schmerz und den Kummer aller Lebewesen als deinen eigenen empfinden. Erst dann wird dein Geist sich ausdehnen und wie der Himmel werden, der alle Lebewesen gleichermaßen beherbergt. Dein Gemüt sollte unschuldig werden wie das eines Kindes, und das ist nur durch reine Hingabe an Gott möglich.»

Spöttisch erwiderte Ganga: «Hingabe ist für den Geist ganz und gar nicht befriedigend. Dem Pfad der Hingabe zu folgen ist ein Zeichen von Schwäche. Was haben all diese Gefühlsausbrüche wie Weinen und Singen für einen Sinn? Das liegt mir nicht. Sri Ramana hat seinen Anhängern nie den Pfad der Hingabe vorgeschrieben, sondern ihnen nur den Pfad des Wissens und der Erkenntnis empfohlen. Auch ich ziehe diesen Pfad vor, da er den Geist anspricht und überzeugender ist.»

Lächelnd erwiderte die Mutter:

«Die Früchte des Pfades, den du verfolgst, habe ich gerade gesehen. Wenn das alles ist, was du damit erreicht hast, brauchst du dir gar nicht die Mühe zu machen, ein Leben der Aufopferung und Entsagung zu führen. Dann kannst du dich ebensogut allen sinnlichen Vergnügungen hingeben! Hast du wirklich alles gelesen, was von und über Sri Ramana geschrieben wurde? Wenn nicht, dann tue es bitte, denn in vielen seiner Schriften spielt die Hingabe an Gott eine beherrschende Rolle. Ja, er selbst war ein hingebungsvoller Verehrer des Herrn Arunachala. Schon bei der bloßen Erwähnung dieses Namens stiegen ihm Tränen göttlicher Liebe in die Augen. Hingabe ist kein Zeichen geistiger Schwäche, wie du zu glauben scheinst. Sie ist das Höchste, was ein Mensch erlangen kann. Hingabe bedeutet, Gott in allen Lebewesen zu sehen; sie ist die reine Liebe eines selbstlosen Lebens. Mein Sohn, du solltest die Liebe in dir wachsen lassen.»

Doch Ganga war nicht von den Worten der Heiligen Mutter überzeugt. Er kehrte nach Tiruvannamalai zurück, wo er zu seiner Überraschung tatsächlich auf eine Schrift Sri Ramanas stieß, die der Hingabe gewidmet war. Da erinnerte er sich an die Worte der Mutter, wurde von einer überwältigenden Liebe erfaßt und begann zu weinen. Er betete zu Mutter und bat, sie möge ihn in ihre heilige Gegenwart zurückrufen. Genau zu dieser Zeit schrieb die Mutter, die von seiner geistigen Verfassung wußte, Ganga einen Brief und bat ihn, zu ihr zurückzukehren. Da erkannte er ihre Größe und warf sich ihr demütig zu Füßen.

Madhu war schon vielen Heiligen begegnet, ehe er zur Heiligen Mutter kam. Doch als er die Mutter sah, hatte er zum erstenmal das Gefühl, am Ziel seiner Reise angelangt zu sein. Er weihte sich ihr mit Herz und Seele und begann alle Kommentare zur Srimad Bhagavad Gita zu sammeln und ins Französische zu übersetzen. Die Heilige Mutter brachte ihn auch auf die Idee, ihre geistige Mission auf seiner Heimatinsel Réunion zu verbreiten. Mit dem Segen der Heiligen Mutter trug er dazu bei, viele Menschen auf den spirituellen Pfad zu bringen.

Damals verbrachte die Heilige Mutter die meisten Nächte im Freien. Daher zogen es auch alle ihre Verehrer vor, unter den Kokospalmen im Sand zu schlafen. Selbst wenn die Mutter einmal in der Hütte schlief, wachte sie mitten in der Nacht auf, ging hinaus und legte sich im Freien nieder. Sie schlief sehr wenig, aß sehr wenig und leistete trotzdem unwahrscheinlich viel. Obwohl sie dreimal in der Woche die ganze Nacht im Tempel saß und ihre Verehrer empfing, erübrigte sie auch tagsüber noch Zeit für ihre Anhänger und für spirituell Strebende, die ihren Rat suchten.

Nealu und Gayatri hatten anfangs große Sprachprobleme. Sie brauchten immer Balus Hilfe, um sich mit der Heiligen Mutter verständigen zu können. Doch allmählich begannen sie die Sprache der Mutter, Malayalam, zu lernen. In dieser Zeit diente Balu der Heiligen Mutter und war sehr glücklich darüber, denn es gab niemand anderen, der sich um sie kümmerte und ihr das brachte, was sie zum Leben brauchte.

Eines Tages erklärte Sugunanandan sehr unhöflich, er sei nicht bereit, die «saippus» (Ausländer) noch länger durchzufüttern. Da begann Gayatri in der Hütte das Essen für die Mutter, Nealu, Balu und sich selbst zuzubereiten. Die Mutter aß fast gar nichts. Sie nahm nur etwas zu sich, weil Nealu und Balu so hartnäckig darauf bestanden.

Eines Tages, als Nealu die Mutter wieder einmal zum Essen gedrängt hatte, gab sie schließlich nach und sagte: «Also gut, ich werde essen. Bring mir etwas.» Sofort brachte Nealu ihr einen Teller Essen. Seltsamerweise aß sie alles in Sekundenschnelle auf. Nealu servierte ihr die nächste Portion. Auch sie war im Nu verschwunden, und die Mutter rührte sich nicht vom Fleck und blickte Nealu erwartungsvoll an. Wieder brachte er ihr etwas zu essen, und sie bewältigte auch diese Mahlzeit mühelos. Sie aß und aß, und was er ihr auch brachte – sie schien niemals satt zu werden! Nealu und die anderen Verehrer sahen sich erstaunt und ratlos an. Schließlich kauften sie im nahegelegenen Teeladen noch mehr Speisen, die die Mutter ebenfalls sofort aufaß. Nealu war fassungslos und drängte die Heilige Mutter von da an nie wieder zum Essen.

* * * * * * *

In dieser Zeit kam es wieder zu Konflikten in der Familie. Zwei Monate nach der Hochzeit Sugunammas verheiratete Sugunanandan in aller Eile seine beiden anderen Töchter. Ohne jemanden aus der Familie nach seiner Zustimmung zu fragen, beschloß er die Heirat seiner ältesten Tochter Kasturi. Selbst die Heilige Mutter wurde erst darüber informiert, als Sugunanandan den Antrag des Bräutigams und seiner Familie bereits angenommen hatte.

Aber wie sollte man die Hochzeitsfeierlichkeiten finanzieren? Sugunanandan hatte keine Einkünfte mehr, und auch im Tempel war kein Geld. Wie bei der Heirat seiner ersten Tochter weigerte

Sugunanandan sich auch jetzt wieder, sich um die Hochzeitsvorbereitungen zu kümmern. Die Mutter blieb gelassen und ungerührt wie immer; doch Balu wurde sehr traurig und fragte sie: «Mutter, was für einen Plan hast du? Wie willst du das Geld für die Hochzeitsfeier aufbringen?» Und Nealu erbot sich: «Ich werde alles hergeben, was ich habe, Mutter. Es ist die Pflicht des Schülers, seinem Guru bei der Erfüllung seiner Aufgaben zu helfen. Ich habe keine Besitztümer für mich. Alles, was ich habe, gehört dir. Bitte finanziere Kasturis Hochzeit von meinem Geld.»

Da antwortete die Heilige Mutter: «Meine Schwestern werden nach ihrer Heirat ein weltliches Leben führen. Dein Besitz dagegen ist für spirituelle Zwecke bestimmt und darf nur dafür ausgegeben werden. Wenn wir es weltlichen Menschen geben, werden sie Sünde auf sich laden, und das wird sich auch auf uns und unseren Weg ungünstig auswirken. Wenn Gott meinem Vater den Gedanken eingegeben hat, diese Heirat zu arrangieren, dann soll Gott auch für die Hochzeitsvorbereitungen sorgen. Es ist nicht unsere Aufgabe, uns darum zu kümmern. Sugunanandan macht sich keine großen Gedanken deswegen, warum also sollten wir es tun? Es gibt keinen Grund zur Aufregung, Kinder.»

Sugunanandan hatte es zwar sehr eilig mit der Verheiratung seiner Töchter, doch von wichtigen Dingen wie beispielsweise der Finanzierung der Hochzeit wollte er nichts hören. Ohne ein Wort darüber zu verlieren, traf die Mutter alle notwendigen Vorbereitungen. Das schmerzte Balu sehr, und er sagte: «Ich möchte auch meinen Anteil dazu beitragen.» Doch die Heilige Mutter wollte seine Hilfe nicht annehmen.

Da schrieb Balu an einige treue Anhänger der Mutter und bat sie um finanzielle Unterstützung. Als die Mutter davon erfuhr, tadelte sie ihn und mahnte: «Mein Sohn, wir wollen dieser Angelegenheit ruhig ins Gesicht sehen. Es gibt keinen Grund, sich Sorgen zu machen.»

Schließlich stand alles Notwendige zur Verfügung, nur fünftausend Rupien fehlten noch. Ein paar Tage später kam tatsächlich ein Scheck über fünftausend Rupien von einem unbekannten Spender aus Madras, der vor kurzem von der Heiligen Mutter gehört hatte. So konnte Kasturi Mitte September des Jahres 1980 heiraten.

Drei Monate später arrangierte Sugunanandan die Heirat seiner Tochter Sajani. Kaum hatte er einen Bräutigam für sie gefunden, zog er sich wieder zurück und überließ den schwierigen Teil der Aufgabe der Heiligen Mutter. Sie mußte das Geld für die Mitgift, die Hochzeitsfeier und die Anfertigung des goldenen Schmuckes für die Braut beschaffen.

Balu war mittlerweile nicht mehr traurig, sondern wütend, und auch die Mutter ärgerte sich über Sugunanandans Gleichgültigkeit. Doch sie ließ sich nicht aus der Ruhe bringen und ging die Aufgabe an. Die Familie des Bräutigams verlangte mehr Goldschmuck, doch die Mutter achtete sehr darauf, daß nichts von dem Geld ausgegeben wurde, das sie für gute Zwecke beiseite gelegt hatte, und wollte sich auch kein Geld borgen. Was sollte man also tun?

Zu diesem Zeitpunkt kehrte Kasturi ins Haus der Familie Idamannel zurück, da sie eine Auseinandersetzung mit ihrem Mann gehabt hatte. Als sie hörte, daß mehr Goldschmuck gebraucht wurde, sagte sie: «Sajani kann für die Hochzeit meinen Schmuck nehmen und ihn später zurückgeben.» Zwei Tage vor der Hochzeit fehlten schließlich nur noch eine Kette und ein Ring. Doch die Mutter war ruhig und gleichmütig wie immer. Als Gayatri am nächsten Morgen nach dem Bhava *darshan* den Tempel reinigte, sah sie unter den Spenden ein kleines Päckchen liegen, öffnete es und stellte zu ihrer großen Überraschung fest, daß darin eine Kette und ein Ring lagen, die genau dem Schmuck entsprachen, der für die Hochzeit noch gebraucht wurde! So hatte sich wieder einmal erwiesen, daß Gott für alles sorgt.

Am Tag der Hochzeit brachte die Heilige Mutter die *brahmacharis* ins Nachbarhaus. Das hatte sie auch schon bei den beiden vorherigen Hochzeitsfeiern getan. Die *brahmacharis* sollten nicht an solchen Zeremonien teilnehmen. Die Mutter erklärte:

«Wer nach spiritueller Vervollkommnung strebt, sollte nicht bei Hochzeitsfeiern oder Beerdigungen dabeisein. Bei Hochzeiten denkt jeder an die Ehe, die eine Fessel ist, und bei Beerdigungen betrauert man den Verlust eines sterblichen Lebewesens. Bei beiden Anlässen befaßt man sich also mit vergänglichen Dingen, und solche Gedanken sind nicht gut für einen Suchenden. Die Schwingungen des Weltlichen dringen in sein Unterbewußtsein ein, und er sorgt sich um Dinge, die im Grunde genommen gar nicht real sind.»

Nun war das größte Hindernis für die ständige Ansiedlung der *brahmacharis* im Hause der Mutter aus dem Wege geräumt: Alle drei Töchter Sugunanandans waren verheiratet; und auch die Gegner und Rationalisten hatten sich geschlagen gegeben und den Rückzug angetreten. Einige hatten begriffen, daß ihre Kampagne gegen die Heilige Mutter sinnlos war, und waren aus der Bewegung ausgetreten; die anderen zerstritten sich untereinander, und so löste das «Komitee zur Bekämpfung blinden Aberglaubens» sich rasch auf. Die Mutter hatte alles, was ihre Angehörigen und die Widersacher ihr im Laufe der Jahre angetan hatten, mit beispielhaftem Gleichmut ertragen:

«Nur weil sie irregeleitet waren, sprachen und verhielten sie sich so. Sie erkannten den Sinn und die Wichtigkeit des spirituellen Lebens nicht. Warum sollten wir also zornig auf sie sein oder sie nicht mögen? Das wäre nur ein Zeichen von Unwissenheit und würde unser Gemüt beflecken. Seht euch diese Rosen an. Wie schön sie sind, und wie herrlich sie duften! Aber was geben wir ihnen, damit sie wachsen und gedeihen? Nur ein bißchen Teesatz und Kuhmist! Wie groß ist der Unterschied zwischen diesen schönen Blumen und dem Mist, mit dem wir sie düngen! Paßt die Nahrung, die wir ihnen geben, zu ihrer Schönheit und ihrem Duft? Ebenso sind Hindernisse und Probleme der Dünger, der uns geistig wachsen läßt und unsere Herzen zum Erblühen bringt. Es liegt in der Natur der Grillen, nachts zu zirpen. Aber dieses Geräusch stört niemanden in seinem Schlaf. Ebenso liegt es im

Wesen der Unwissenden, Schwierigkeiten zu machen. Wir müssen Gott bitten, ihnen zu verzeihen und sie auf den rechten Weg zu führen. Legt euer Leben Gott zu Füßen, und Er wird für euch sorgen.»

## Die Mutter der unsterblichen Glückseligkeit

Seit der Heirat der drei Schwestern ging es im Hause Sugunanandans verhältnismäßig friedlich zu, und so konnte die erste Gruppe von *brahmacharis* bei der Heiligen Mutter bleiben. Sie hatten zwar keine richtige Unterkunft, aber es war ihnen so wichtig, ständig in der Nähe der Mutter zu sein, daß ihnen der Mangel an Nahrung, Bekleidung und Obdach nicht viel ausmachte. Meistens hielten sie sich im Freien auf und schliefen draußen auf dem Boden. Sie hatten nicht einmal eine Matte. Sie besaßen keine weltlichen Güter außer den Spenden, die von den Verehrern der Heiligen Mutter kamen, und diese teilten sie redlich miteinander. Wenn sie irgendwo etwas zu erledigen hatten, mußten sie zu Fuß hingehen, da sie kein Geld hatten. Doch obwohl sie nicht mehr Kleidungsstücke hatten als die, die sie am Leibe trugen, lernten sie es irgendwie, damit auszukommen.

Eines Tages war einer der *brahmacharis* ein wenig niedergeschlagen, weil seine einzigen Kleider schmutzig und abgetragen waren, und beklagte sich bei der Mutter darüber, daß sie nicht einmal das Notwendigste zum Leben hatten. Da erwiderte die Mutter: «Sohn, bitte Gott nicht um solche Kleinigkeiten. Leg dich Ihm zu Füßen, und Er wird dir alles geben, was du wirklich brauchst.» Die Heilige Mutter hatte selbst immer nach diesem Grundsatz gelebt und sprach daher aus eigener Erfahrung. Schon am nächsten Tag schenkte ein Anhänger allen *brahmacharis* neue Kleider, obwohl er gar nichts von ihrer Not gewußt hatte.

Da es diesen jungen Männern in der ersten Zeit nach der Entstehung des *ashram* an so vielem mangelte, hatten sie ausgiebig Gelegenheit, sich in Entsagung und Askese zu üben. Um sie zu ermutigen, erklärte die Heilige Mutter ihnen: «Wenn ihr diesem Leben hier standhalten könnt, werdet ihr euch überall zu Hause fühlen. Wenn es euch jetzt gelingt, allen widrigen Umständen zu trotzen, werdet ihr auch in eurem späteren Leben mit allen Krisen und Herausforderungen fertig werden.»

Nach und nach kamen immer mehr Verehrer und *brahmacharis* zur Heiligen Mutter und wollten bei ihr leben, doch es gab weiterhin keine Unterkunftsmöglichkeit. Da kamen ihre Anhänger auf die Idee, einen *ashram* zu gründen. Doch die Voraussetzungen waren nicht gerade sehr günstig. Die Heilige Mutter besaß weder Land noch Vermögen. Selbst das kleine Grundstück, auf dem Nealu die Hütte gebaut hatte, gehörte Sugunanandan. Er hatte Nealu, Balu und Gayatri zwar erlaubt, auf dem Grundstück der Familie Idamannel zu leben, hatte aber nie daran gedacht, daß sein Haus einmal ein *ashram* werden würde, und die Vorstellung, so viele Menschen in seinem Haus aufnehmen zu müssen, behagte ihm ganz und gar nicht. Als die Heilige Mutter ihm diesen Vorschlag machte, wies er sie ärgerlich zurecht: «Was soll das heißen? Bin ich ein reicher Mann? Wie soll ich einen *ashram* finanzieren? Und wo sollen wir hinziehen, wenn dieses Haus ein *ashram* wird? Nein! Ich werde niemals meine Einwilligung dazu geben!»

Anfangs war auch die Heilige Mutter nicht für die offizielle Gründung eines *ashram*. «Ich habe schon viel über ‹*ashrams*› gehört», sagte sie, «und ich brauche so etwas nicht. Ist ein *ashram* nicht eine Fessel? Habt ihr noch nie den Handleser mit seinem Papageienkäfig umherziehen sehen?[14] Letzten Endes käme ich auch in eine solche Situation. Das geht nicht. Ich muß meine Freiheit behalten.»

Doch als immer mehr Anhänger und Schüler ins Haus strömten, wurde die Gründung eines organisierten *ashram* bald zu einer unumgänglichen Notwendigkeit. Außerdem war es gesetzlich verboten, daß die ausländischen Anhänger der Mutter längere Zeit in einem privaten Haushalt wohnten. Da sah die Mutter ein, daß sie unbedingt ein von der Regierung offiziell anerkanntes spirituelles Zentrum gründen müßte. Mit schelmischem Lächeln

---

[14] Mit diesem Vergleich meint die Heilige Mutter, daß sie dann an die Zwecke und Ziele anderer Menschen gebunden wäre.

sagte sie: «Meine Angehörigen werden keinen *ashram* gründen. Das paßt nicht zu ihrem *samskara*[15]. Es hat keinen Zweck, auf ihre Erlaubnis zu warten. Sie werden uns nie behilflich sein. Im Gegenteil: Wir werden uns vielleicht einige Unfreundlichkeiten von ihnen anhören müssen!»

So wurde am 6. Mai 1981 die Mata Amritanandamayi Mission gegründet und unter dem Kultur- und Wohltätigkeitsgesetz des Staates Travancore-Cochin vom Jahre 1955 in Quilon (Kerala, Südindien) registriert. Der Zweck dieses *ashram* besteht in der Bewahrung und Verbreitung der Ideale und Lehren der Heiligen Mutter. Von da an nahm die Mutter offiziell den Namen «Mata Amritanandamayi» an, den einer der *brahmacharis* ihr gegeben hatte. Dieser Name bedeutet soviel wie «Mutter der unsterblichen Glückseligkeit».

Inzwischen ist mit der Familie der Heiligen Mutter und den Dorfbewohnern eine große Veränderung vorgegangen. Sie haben jetzt erkannt, daß die Mutter ein göttliches Wesen ist, und sind stolz darauf, mit ihr verwandt zu sein beziehungsweise im selben Dorf zu leben wie sie. Sugunanandan und Damayanti fragen sich oft, mit welchen guten Taten in ihren früheren Leben sie es sich wohl verdient haben, die «Eltern» der Heiligen Mutter sein zu dürfen! Sie erfüllen ihre Pflichten als Haushaltsvorstand jetzt vorbildlich und betrachten alle *brahmacharis*, die im *ashram* leben, liebevoll als ihre Kinder.

Inzwischen ist die Mata Amritanandamayi Mission ein ständig wachsendes spirituelles Zentrum unter der Leitung der Heiligen Mutter, die sehr darauf achtet, daß der *ashram* den alten Traditionen entsprechend geführt wird. Alle Hausarbeiten werden von den Bewohnern des *ashram* selbst verrichtet, die sich mindestens eine Stunde am Tag dem Haushalt widmen, kochen, putzen, die Kühe versorgen und so weiter. Die vielen Anhänger der Heiligen Mutter betrachten den *ashram* als ihre geistige Heimat, als fruchtbares Feld, auf dem sie eine Fülle edler Charaktereigenschaften säen und als Belohnung schließlich Gottesverwirklichung ernten können.

---

[15] Kultureller Hintergrund oder Neigungen.

Auf die wiederholten Bitten ihrer ausländischen Kinder hin reiste die Heilige Mutter von Mai bis August 1987 zum erstenmal um die Welt. Sie besuchte viele Orte in den Vereinigten Staaten und Europa, und die Wirkung war überwältigend. Die Mutter begeisterte und verwandelte unzählige Menschen, die ihre allumfassende Liebe und den einmaligen Zauber erlebten, der von ihr ausgeht. Im Dezember 1987 besuchte die Heilige Mutter auf Bitten des Mata Amritanandamayi Mission Centre, das dort seit 1985 von einem ihrer Schüler geleitet wird, die Inseln Réunion und Mauritius.

Den glücklichen Menschen, die den Weg in Mutters heilige Gegenwart finden, rät sie voller Güte: «Ein meisterhafter Bildhauer, der einen Steinblock betrachtet, wird nur die schöne Form sehen, die darin verborgen ist, und die rauhe, ungeschliffene Oberfläche gar nicht beachten. Ebenso sieht eine Seele, die Gottesverwirklichung erlangt hat, in allen Dingen den ewig strahlenden *atman* oder das Selbst und ignoriert alle äußeren Unterschiede. Ein Trinker kann nicht für Enthaltsamkeit werben. Er muß sich zuerst einmal selbst das Trinken abgewöhnen. Erst dann ist er glaubwürdig. Ebenso könnt auch ihr, meine Kinder, andere Menschen erst lehren, moralische und spirituelle Vollkommenheit zu erlangen und in allem das Göttliche zu sehen, wenn ihr es selbst gelernt habt.»

Wir wollen diese Lebensgeschichte der Heiligen Mutter mit ihrer liebevollen Aufforderung an die Menschheit beschließen:

**Kommt rasch zu mir, meine geliebten Kinder.**
**Das göttliche «Om» ist in euch allen.**
**Befreit euch von allem Kummer und Leid,**
**Werdet verehrungswürdige Menschen**
**Und verschmelzt mit dem Heiligen «Om».**

# Zehntes Kapitel

# Die Bedeutung der göttlichen Bhavas

Die göttlichen Bhavas, bei denen die Heilige Mutter die Gestalt Krishnas und Devis annimmt, sind ein Thema, das genau und eingehend untersucht zu werden verdient, obwohl es eigentlich über den menschlichen Verstand hinausgeht. Dennoch kann eine eingehendere Deutung dem Leser wenigstens einen kleinen Einblick in die unendliche spirituelle Kraft der Heiligen Mutter gewähren. Wenn ein Verehrer aufrichtig nach Gott oder einem vollkommenen Meister ruft, so antwortet dieser und enthüllt seine göttlichen Eigenschaften nach und nach im Herzen des Suchenden. Nachdem sein Gemüt immer reiner geworden ist, offenbart sich allmählich in ihm die geistige Größe des Guru, die in Wirklichkeit nichts anderes ist als die wahre Natur des Schülers. Das ist die Gnade, die ein Meister seinen Anhängern gewährt. Gnade ist die wichtigste Voraussetzung, die man braucht, um den Sinn der göttlichen Manifestationen (oder Stimmungen) der Heiligen Mutter begreifen zu können.

Die großen Meister Indiens haben die göttlichen Inkarnationen in drei Kategorien eingeteilt: Purna Avatara (ganze oder vollkommene Inkarnation), Amsa Avatara (teilweise Manifestation) und Avesa Avatara (vorübergehende Überschattung durch göttliche Macht). ‹Avatara› bedeutet Herabkunft. Ein Purna Avatara ist die Herabkunft der form- und namenlosen, unwandelbaren Höchsten Energie, die menschliche Gestalt annimmt und unendliche Macht, ohne jede Begrenzung, offenbart. Ein solches Wesen kommt, um die Rechtschaffenheit *(dharma)* wiederherzustellen und zu bewahren und die Menschheit auf eine höhere geistige Ebene emporzuheben, indem es ihr das Höhere Selbst zum Bewußtsein bringt. Amsa Avatara ist die teilweise Manifestation der Macht Gottes auf Erden. Der Zweck dieser Inkarnation ist die Erfüllung einer bestimmten Aufgabe oder die Erreichung eines bestimmtes Ziels. Die Inkarnationen Vishnus als Vamana (der Zwerg) und Narasimha (Löwenmensch) sind typische Beispiele für Amsa Avataras.

Ein Avesa Avatara unterscheidet sich grundlegend von den anderen beiden Avataras. Hier wird der Körper eines Menschen vorübergehend von göttlichen Wesen besucht oder in Besitz genommen, um bestimmte Aufgaben zu erfüllen. In diese Kategorie fällt Vishnus Inkarnation als Parasurama, von der in der Srimad Bhagavatam berichtet wird. Hier ging Vishnu in den Körper des großen Kriegers Parasurama ein, um die grausamen Kshatriya-Könige zu vernichten, die sehr anmaßend und eigensüchtig geworden waren. Nachdem Parasurama diese Aufgabe erfüllt hatte, verließ die göttliche Macht ihn bald wieder. Es heißt, daß Sri Rama, eine andere Inkarnation Vishnus, Parasurama wieder seiner göttlichen Macht beraubte, als er nach seiner Hochzeit mit Sita nach Ayodhya zurückkehrte.

Man sagt, daß Dämonen und Geister nur innerlich schwache Menschen in Besitz nehmen. Menschen, bei denen die guten Eigenschaften vorherrschen *(sattva),* werden von *devas* (Göttern, die sich auf einer relativ niedrigen Ebene befinden) besessen. In Menschen, die sich durch Kreativität und Kraft auszeichnen *(rajas),* fahren himmlische Wesen (die unter den *devas* stehen), und Menschen, deren Wesen von Finsternis und Unklarheit geprägt ist *(tamas),* werden von bösen Geistern befallen. Es heißt aber auch, daß sich im Körper einiger weniger, äußerst reiner Menschen manchmal für kurze Zeit göttliche Macht manifestiert. Deshalb hält man Parasurama für einen Avesa Avatara.

Die folgende Erzählung wird dem Leser vielleicht zu einem tieferen Verständnis der göttlichen Bhavas der Heiligen Mutter verhelfen. Als Krishna in Dvaraka lebte, überkam ihn einmal das Verlangen, seinen Anhänger Hanuman zu sehen, den er sehr liebte. Er schickte sein Reittier Garuda, den König der Vögel, als Boten nach Kadali Vanam, wo Hanuman wohnte. Doch Hanuman weigerte sich, seiner Einladung Folge zu leisten. «Ich besuche niemanden außer meinem Herrn Rama», erklärte er. Als Krishna diese Antwort überbracht wurde, schickte er den König der Vögel noch einmal zu Hanuman und forderte ihn auf: «Sag Hanuman, daß Sri Rama und Seine heilige Gemahlin Sita nach Dvaraka gekommen sind und ihn sehen möchten.»

Während Garuda Hanuman holte, nahm Krishna die Gestalt Ramas an, der vor langer Zeit gelebt hatte, und Rukmini, Krishnas Gemahlin, verwandelte sich in Sita. Hanuman kam nach

Dvaraka, besuchte seinen geliebten Sri Rama und dessen Gemahlin, und nachdem er sie gebührend verehrt hatte, kehrte er wieder nach Hause zurück.

Sri Rama war zwar auch eine Inkarnation Vishnus, hatte aber Jahrtausende vor Krishna in Ayodhya gelebt. Dennoch zweifelte Hanuman, der große Verehrer Ramas, nicht daran, daß Rama und Sita ihm tatsächlich in Dvaraka erscheinen konnten – und das, obwohl dem allwissenden Hanuman völlig klar war, daß Krishna der Gott von Dvaraka war.

Sicherlich hatte Hanuman gewußt, daß niemand außer Krishna in der Lage war, Rama Bhava zu manifestieren, und hatte diese Gelegenheit genutzt, um Rama und Sita noch einmal in menschlicher Gestalt zu sehen; und Krishna, der glücklich ist, wenn er seinen Verehrern einen Dienst erweisen kann, hatte seinem Verehrer diesen Wunsch gern erfüllt und ihn gesegnet.

Nur ein Purna Avatara kann mit einem Gott oder einer Göttin völlig eins werden. Da Krishna ein solcher Avatara war, fiel es ihm nicht schwer, durch seine bloße Willenskraft Rama zu manifestieren. Einmal bat Krishna seine Frauen – darunter auch Satyabhama, die ihm besonders ans Herz gewachsen war –, Sita Bhava anzunehmen: Doch keine von ihnen war in der Lage dazu. Nur Rukmini, einer Inkarnation der Göttin Lakshmi, gelang Sita Bhava ohne Mühe.

Beim Avesa Avatara gehen göttliche Kräfte in einen Menschen ein und verlassen ihn wieder, sobald er seine Aufgabe erfüllt hat. Bei Sri Krishna und Rukmini war das nicht der Fall. Krishna hatte Rama Bhava, d. h. die Eigenschaften Ramas, manifestiert, die bereits als Möglichkeit in ihm angelegt gewesen waren.

Chaitanya von Bengalen verfügte über ähnliche Fähigkeiten. Eines Tages, als Pandit Srivasa, ein glühender Verehrer Narasimhas, im Schreinraum seiner Familie saß und wie üblich *mantras* rezitierte *(mantra japa),* klopfte es an der Tür. «Wer ist dort?» fragte der Pandit. «Die Gottheit, die du liebst und verehrst», war die Antwort. Der Pandit Srivasa öffnete die Tür, und auf der Türschwelle stand Chaitanya in göttlicher Ekstase. Er betrat den Schreinraum und setzte sich auf den Platz, der Srivasas verehrter

Gottheit Narasimha geweiht war. Der Pandit sah, daß aus Chaitanya die Gestalt des Gottes Narasimha hervorschien, und verehrte ihn. Chaitanya segnete die Familie des Pandits, indem er ihr erlaubte, an diesem Gottesdienst teilzunehmen.

Nachdem alle seinen Segen erhalten hatten, sank Chaitanya bewußtlos zu Boden. Als er nach einigen Momenten das Bewußtsein wiedererlangte, fragte er den Pandit: «Was ist geschehen? Ich kann mich an nichts mehr erinnern. Habe ich irgend etwas Falsches gesagt?» Demütig warf Srivasa sich seinem Herrn zu Füßen und sagte: «O Bhagavan, bitte führe Deinen bescheidenen Diener nicht mehr länger in die Irre. In Deiner Gnade hast Du Deinem Diener offenbart, wer Du in Wirklichkeit bist!» Bei diesen Worten lächelte Chaitanya huldvoll und machte eine bestätigende Geste. Aus dem Leben Chaitanyas werden viele solcher Begebenheiten erzählt, bei denen er sich seinen Anhängern in verschiedenen Bhavas zeigte.

Diese Beispiele veranschaulichen, was Bhava *darshan* ist, nämlich die Manifestation verschiedener Ishvara Bhavas, d. h. göttlicher Stimmungen – je nach den Wünschen der Verehrer – durch eine Inkarnation Gottes. Anandamayi Ma, die in Bengalen lebte, manifestierte beim *bhajan* Krishna und Kali. Diese Bhavas fanden nur bei bestimmten Gelegenheiten statt und dienten einem besonderen Zweck. In erster Linie kam Anandamayi Ma damit den inständigen Wünschen ihrer Verehrer nach, die sich nach einer göttlichen Vision sehnten. Sie dauerten auch nur kurze Zeit. Die Heilige Mutter Amritanandamayi dagegen manifestiert Krishna und Devi in drei Nächten pro Woche, und zwar immer zehn bis zwölf Stunden lang – je nachdem, wie viele Verehrer anwesend sind. Das ist ihre Art, der Menschheit, die im Morast des weltlichen Lebens versunken ist, zu dienen und zu helfen.

Chaitanya praktizierte, wie es heißt, zwei verschiedene Bhavas. Beim einen – dem häufigsten – manifestierte er einen Verehrer, und während des Bhagavat Bhava offenbarte er seinen wahren Zustand des Ruhens im Selbst. Ebenso war es bei Sri Ramakrishna Paramahamsa. Während des Hanuman Bhava soll sich bei ihm sogar ein kleiner, schwanzähnlicher Auswuchs entwickelt haben. Die Heilige Mutter offenbart während der Bhavas ihre inneren Kräfte und manifestiert Krishna und Devi, um ihre Verehrer zu segnen. Sie erklärte einmal: «Bei den Bhavas manifestiert Mutter noch nicht einmal einen kleinen Bruchteil ihrer spirituellen Kraft. Wenn sie das täte, könnte niemand in ihre Nähe kommen. All die Hindu-Gottheiten, die die zahllosen Aspekte des Einen Höchsten Seins darstellen, existieren auch in uns. Wer göttliche Kraft besitzt, der kann durch seine bloße Willenskraft zum Wohl der Menschheit all diese Gottheiten hervorbringen. Krishna Bhava ist die Manifestation von *purusha,* dem reinen Bewußtsein, einem Aspekt des Absoluten, und Devi Bhava ist die Manifestation des ewig Weiblichen, der Schöpferin, des aktiven Prinzips des unpersönlichen Absoluten. Hier ist ein verrücktes Mädchen, das sich abwechselnd im Gewande Krishnas und Devis zeigt. Aber diese beiden Gottheiten existieren tatsächlich in ihm. Ihr dürft jedoch nicht vergessen, daß alle Gegenstände, die einen Namen oder eine Form haben, nur Projektionen unseres Verstandes sind. Warum schmückt man einen Elefanten? Warum trägt ein Rechtsanwalt ein schwarzes Gewand, warum zieht ein Polizist eine Uniform an und setzt eine Mütze auf? All das sind nur äußerliche Hilfsmittel, durch die ein ganz bestimmter Eindruck entstehen soll. Ebenso zieht Mutter die Gewänder Krishnas und Devis an, um die hingebungsvolle Haltung der Menschen, die zum *darshan* kommen, zu verstärken. Atman, das Selbst, das in mir ist, ruht auch in euch. Wenn ihr dieses unteilbare Prinzip erkennt, das immer in eurem Inneren erstrahlt, werdet ihr mit ihm eins werden.»

Auch heute noch glauben manche Leute, daß Krishna und Devi nur drei Nächte pro Woche in den Körper der Heiligen Mutter eingehen und ihn anschließend wieder verlassen. Diese Menschen begreifen die Bedeutung der göttlichen Bhavas nicht. Die Bhavas sind nichts anderes als eine Offenbarung ihrer ständigen Einheit mit dem Höchsten. Das hat nichts mit Besessenheit oder göttlicher Gnade im allgemein üblichen Sinn zu tun.

Die Heilige Mutter hat schon viele Fragen von Verehrern über die Bhavas beantwortet, und dadurch ist vieles klarer geworden.

Fr[1] Viele Anhänger sagen, daß die Heilige Mutter sich während der göttlichen Bhavas nicht verändert, sondern derselbe Mensch bleibt. Worin besteht dann der Sinn der Bhavas?

M[2] Während des Bhava *darshan* entfernt Mutter zwei oder drei Schichten, gewissermaßen Schleier, um den Verehrern einen kleinen Einblick ins Höchste zu gewähren. Jeder Mensch glaubt auf eine andere Weise. Mutters Absicht ist es, ihnen irgendwie zu helfen, Gott näherzukommen. Manche Menschen schenken Mutter nur dann ihre Aufmerksamkeit, wenn sie sich in den Gewändern Krishnas oder Devis zeigt. Und nicht nur das . . . Die meisten wissen gar nichts über Spiritualität. Es fällt ihnen normalerweise schwer, Mutters Worten Glauben zu schenken. Aber wenn Mutter ihnen das gleiche während des Devi Bhava erzählt, glauben sie ihr.

Fr Mutter, kann das Bhava nur zu einer ganz bestimmten Zeit stattfinden?

M Nein. Es kann jederzeit manifestiert werden. Bloße Willenskraft reicht dazu aus.

Fr Mutter, warum trägst du die Gewänder Krishnas und Devis?

M Es hilft den Menschen, sich zu vergegenwärtigen, was Bhava ist. Sohn, jede Kleidung hat ihre Bedeutung. Wenn wir auf die Welt kommen, sind wir nackt. Später tragen wir, je nach dem Land und den gesellschaftlichen Gebräuchen, unterschiedliche Kleidung. Doch der Mensch bleibt immer derselbe – ganz gleichgültig, wie er gekleidet ist. In der heutigen Zeit messen die Menschen der Kleidung große Bedeutung bei. Mutter wird das durch eine Anekdote veranschaulichen. Ein Mann fällte einmal einen Baum, der am Straßenrand wuchs.

---

[1] Fr =Frager

[1] M = Mutter

Ein anderer Mann, der ihn dabei beobachtete, warnte ihn: «Du darfst diesen Baum nicht fällen! Es ist gegen das Gesetz.» Doch der andere Mann mißachtete seine Warnung nicht nur, sondern begann ihn obendrein auch noch heftig zu beschimpfen. Derjenige, der das Verbot ausgesprochen hatte, war Polizist. Da er in seiner zivilen Kleidung nichts ausrichten konnte, ging er fort, kehrte aber bald darauf in seiner offiziellen Uniform wieder. Schon beim bloßen Anblick der Polizistenmütze ergriff der Rowdy, der den Baum fällen wollte, sofort die Flucht, ohne sich noch einmal umzuschauen. Daran seht ihr die Wirkung, die Kleider ausüben können. Deshalb braucht Mutter auch eine besondere Kleidung, um die Unwissenden zu belehren, und zieht die Gewänder Krishnas und Devis an. Manche Menschen fühlen sich nach einem stundenlangen Gespräch mit Mutter immer noch unzufrieden. Aber wenn sie während des Bhava Darshan nur ein paar Worte von Mutter hören, sind sie zufrieden. Sie haben dann Frieden gefunden, weil sie all ihre Sorgen direkt Gott mitteilen konnten.

Alle Inkarnationen sind ihrer Natur nach einmalig. Man kann nicht sagen, daß Krishna größer als Rama oder daß Rama größer als Buddha war. Sie alle hatten ihre besondere Aufgabe zu erfüllen und fanden ihren eigenen Weg, um die Menschheit emporzuheben. Aber das bedeutet nicht, daß sie unterschiedliche Weltanschauungen hatten. Man kann ihre Handlungen nicht mit den Maßstäben unseres beschränkten Verstandes, unserer begrenzten Logik, messen. Nur die reine Intuition, die man durch spirituelle Praxis erlangt, kann uns vielleicht einen kleinen Einblick in ihre Größe geben. Die spirituellen Erfahrungen, die Tausende von Verehrern durch die Heilige Mutter gemacht haben, werfen ein Licht auf die unerklärliche spirituelle Kraft dieser großen Seele.

2. Teil

# Die Lehren der Heiligen Mutter

# Elftes Kapitel

# Erfahrungen von Verehrern der Heiligen Mutter

## D. N. Srivastava

Dr. D. N. Srivastava erzählt von seinen Erlebnissen mit der Heiligen Mutter Amritanandamayi:

«Als Student hatte ich mich mit dem Leben Sri Chaitanya Mahaprabhus befaßt und gelesen, wie ein Strom göttlicher Liebe von seinen Lippen, seinem Gesicht und seinen Handlungen ausging, wenn er die heiligen Namen aussprach. Ich hatte mich schon viele Jahre lang danach gesehnt, einen Menschen kennenzulernen, der so voller Hingabe ist wie er. Ich bin in meinem Leben zwar schon vielen Heiligen begegnet, von denen einige in ihrem spirituellen Streben auch wirklich aufrichtig waren – aber nirgends fand ich diese intensive, strahlende Seligkeit.

Doch als ich Mata Amritanandamayi kennenlernte und ihre Lieder hörte, hatte ich das Gefühl, endlich gefunden zu haben, wonach ich jahrelang gesucht hatte – und das, obwohl ich ihre Worte gar nicht alle verstand. Selbst wenn ich nur neben ihr saß, spürte ich jenen spirituellen Strom, den man normalerweise nur in tiefer Meditation erlebt. An ihren einfachen Antworten auf viele komplizierte Fragen zeigte sich die Klarheit ihrer Weltsicht. Es ist, als schenke sie mit ihren Worten, die spontan aus ihrem Inneren hervorsprudeln, der Intuition ihrer Verehrer Flügel, so daß sie in jene Welt des inneren Lichts fliegen können, in der es keine Zweifel gibt.

Selbst in unserem Zeitalter der Heuchelei gibt es ziemlich viele Menschen, die wirklich auf der Suche sind. Aber dieses völlige Aufgehen in allumfassender Liebe, das Mata Amritanandamayi verkörpert, findet man sehr selten.»

## «Takkali»

Sheeja ist ein siebenjähriges Mädchen. Die Heilige Mutter hat ihr den Kosenamen «Takkali» gegeben, was soviel wie «Tomate» bedeutet. Eines Tages rief dieses Mädchen sehnsüchtig: «O Gott, wenn ich doch nur ein einziges Mal die Krone aufsetzen dürfte, die Amma während des Krishna Bhava trägt! Das würde mich so glücklich machen.» Aber natürlich wußte sie genau, daß das unmöglich war.

In jenem Jahr besuchte Takkali zur Feier von Krishnas Geburtstag den *ashram*. Die Heilige Mutter wartete am Landesteg auf sie, faßte sie bei der Hand und führte sie in den *ashram*. Dort trafen sie auf eine Kinderschar, die bunte Kostüme trug und einen Tanz einübte, der an Krishnas kindliche Spiele in Vrindavan erinnern sollte. Die Mutter führte Takkali in den Tempel, zog ihr schöne Kleider an und setzte ihr zum Schluß sogar die Krone auf, die sie während des Krishna Bhava immer trägt. Nun sah das kleine Mädchen aus wie Krishna als Kind! Die Mutter setzte sie auf den Boden und forderte die anderen Kinder auf, um sie herumzutanzen. Takkali war sehr glücklich. Ihr Traum war in Erfüllung gegangen. Die Mutter hatte von ihrem unschuldigen Wunsch gewußt und ihn ihr erfüllt, obwohl sie ihn gar nicht ausgesprochen hatte. Gott kennt und erfüllt die Sehnsüchte der Menschen, deren Herz rein ist.

## Bhargavi Amma

Nambisseri Bhargavi Amma war eine glühende Verehrerin Krishnas. Eines Tages erschien Krishna ihr im Traum und sagte: «Du erstickst mich.» Sie verstand nicht, was er damit meinte. Ein paar Tage später kam sie in den *ashram* der Heiligen Mutter. Während des Krishna Bhava sagte die Mutter zu ihr: «Du hast mich in den Schrank gesperrt, und dort ersticke ich.» Bhargavi war sehr erstaunt, von der Heiligen Mutter die gleichen Worte zu hören, die Krishna vor einigen Tagen im Traum zu ihr gesprochen hatte. Plötzlich wurde ihr klar, was damit gemeint war. Das Bildnis Krishnas, das sie seit langem verehrte, lag zur Zeit in ihrem Schrank. Vor kurzem war sie zu ihrer Tochter gefahren und hatte das Bildnis vorher im Schrank eingeschlossen, um es vor Würmern und Insekten zu schützen. Nach ihrer Rückkehr hatte sie vergessen, es herauszunehmen und wieder mit der Verehrung zu beginnen. Es lag schon sehr lange im Schrank. Reumütig brach Bhargavi Amma in Tränen aus und bat Krishna um Verzeihung.

Jetzt zweifelte sie nicht mehr daran, daß ihr geliebter Gott Krishna und die Heilige Mutter eins waren.

## Shayma

Die Heilige Mutter war ständig von kleinen Kindern umringt, spielte mit ihnen und war dabei so fröhlich und ausgelassen, als sei sie selbst noch ein Kind. Sie liebte Kinder, und die Kinder hingen auch sehr an ihr. Ein kleines Mädchen namens Shayma, das in ihrer Nähe wohnte, litt an Atembeschwerden. Einmal hatte es einen gefährlichen Erstickungsanfall, und seine Großmutter brachte es so rasch wie möglich ins Krankenhaus. Aber es war schon zu spät. Als die Ärzte ihr sagten, daß das kleine Mädchen tot war, weinte sie laut vor Kummer. Dann lief sie in den Schrein und legte das tote Kind auf den heiligen Sitz, auf dem die Mutter sich während des *darshan* niederließ. Die Mutter, die gerade in einem anderen Haus zu Besuch war und *bhajan* abhielt, überkam plötzlich eine seltsame Unruhe. Sie unterbrach ihre Gesänge und eilte in den Tempel, wo sie die wehklagende Großmutter mit dem toten kleinen Körper vorfand. «O Mutter, bitte rette das Kind», bettelte die weinende Großmutter. Da setzte Mutter sich auf den Boden, nahm das Kind auf den Schoß und meditierte lange Zeit. Allmählich öffnete das Mädchen die Augen und erwachte wieder zum Leben. Der Großmutter liefen Freudentränen über das Gesicht, und sie umarmte die Heilige Mutter immer wieder.

## Bindu

Die vierzehn Jahre alte Bindu und ihre Eltern stammten aus einem Dorf namens Kattoor, das ungefähr siebzig Kilometer östlich von Vallickavu liegt. Sie verehren die Heilige Mutter sehr und haben schon viele wunderbare Erlebnisse mit ihr gehabt.

Einmal besuchte ein Anhänger der Heiligen Mutter diese Leute und bat sie, von ihren Erlebnissen zu erzählen. Da berichtete Bindu:

«Immer wenn ich die Mutter rief, kam sie zu mir. Eines Tages gingen meine Eltern nach Vallickavu und ließen mich allein zu

Hause zurück. Als ich an diesem Abend im Schreinraum saß und zur Mutter betete, brach ich in Tränen aus und fragte sie: ‹Warum läßt man mir so wenig Freiheit? Sicher liegt es daran, daß ich ein Mädchen bin. Wenn ich ein Junge wäre, dürfte ich Mutter ganz allein besuchen und brauchte keine Begleitung.› Im nächsten Augenblick erschien mir die Mutter. Ich traute meinen Augen nicht, und es dauerte ein paar Sekunden, bis ich glaubte, daß die Heilige Mutter tatsächlich leibhaftig vor mir stand. In meiner Aufregung brachte ich kein Wort über die Lippen. Ich vergaß sogar, sie zu begrüßen. Ehe ich etwas sagen konnte, war sie schon wieder verschwunden. Ich war sehr glücklich über diese Segnung und dachte: ‹Obwohl meine Eltern mich nicht in den *ashram* mitnehmen wollten, hat die mitfühlende Mutter meine Gebete erhört und ist gnädig zu mir gekommen.› »

Und Bindus Mutter erzählte:

«Manchmal roch ich in unserem Haus jenen Duft, von dem der Tempel, in dem die Heilige Mutter beim Bhava sitzt, immer erfüllt ist. Ich konnte mir nicht erklären, wo er herkam. Eines Tages hatte ich ein wunderbares Erlebnis. Was ich jetzt berichte, klingt unglaublich, aber es ist wahr. Ich habe es mit eigenen Augen gesehen. Es war Tag, und ich stand auf der Veranda vor dem Haus. Plötzlich sah ich, wie eine Frau in weißem Kleid durch das Gartentor trat und auf unser Haus zukam. Ihr Kopf war mit einem weißen Tuch bedeckt. Ich beobachtete die Gestalt genau; und zu meinem großen Erstaunen stellte ich fest, daß es die Heilige Mutter war. Mir standen die Haare zu Berge. Ich war so fassungslos, daß ich mich nicht rühren konnte. Sie war ganz allein. Ich sah deutlich, wie sie auf den Hof vor unserem Haus zukam und dann plötzlich wieder verschwand. Da lief ich aus dem Haus und suchte sie überall. Aber sie war nirgends mehr zu sehen.

Noch viel erstaunlicher ist die Erfahrung, die Bindu während ihrer Prüfungen gemacht hat», fügte sie nach kurzem Zögern hinzu. Neugierig bat man Bindu, davon zu erzählen. «Zu den Pflichtfächern gehörten auch Chemie und Physik», berichtete Bindu, «und diese beiden Fächer waren zu schwierig für mich. Ich begriff sie nicht. Als ich bei der Prüfung den naturwissenschaftlichen Fragebogen erhielt, betete ich in aufrichtiger Angst zur Heiligen Mutter und bat sie, mir beizustehen. Im nächsten Augenblick sah ich zu meiner Verblüffung die Mutter neben mir sitzen. Ich erkannte sie ganz deutlich. Anfangs traute ich meinen Augen nicht und schaute immer wieder hin; aber es war kein Spuk. Sie saß tatsächlich neben mir. Außer mir schien niemand im Prüfungsraum sie zu sehen. Ich wurde das Gefühl nicht los, daß es sich um eine Halluzination oder eine Wunschvorstellung handeln müsse. Doch als wolle sie mich von ihrer Anwesenheit überzeugen, begann die Mutter mit mir zu sprechen. Sie erklärte mir, wie die Fragen zu beantworten seien, und sprach mir Mut zu. Sogar die schwierigsten Fragen konnte sie beantworten. Auch am nächsten Tag half sie mir. Vom ersten bis zum letzten Prüfungstag saß die Mutter ständig neben mir und half mir beim Ausfüllen der Fragebogen. Als die Ergebnisse der Prüfung bekanntgegeben wurden, war ich sehr überrascht: Ich hatte bestanden und bessere Zensuren erhalten, als ich erwartet hatte.»

Als der Verehrer wieder in den *ashram* zurückkehrte, berichtete er der Heiligen Mutter, was Bindu und deren Eltern ihm erzählt hatten, und fragte sie, wie so etwas möglich sei. Lächelnd erwiderte die Mutter: «Wer weiß; vielleicht lag es an dem unschuldigen Glauben dieser Tochter!»

## Ramankutty

Gott ist nichts unmöglich. Die Stummen können wieder sprechen, die Tauben wieder hören und die Lahmen wieder gehen, wenn er ihnen seine Gnade gewährt. Ramankutty, ein Schuldirektor aus dem 15 Meilen vom *ashram* entfernten Kayamkulam, und seine Frau Saradamba glauben fest an die Heilige Mutter und haben schon häufig erlebt, wie sie ihre ungeheure spirituelle Kraft offenbarte.

Im Jahre 1980 wurde der Familientempel von Ramankuttys Verwandten ausgeraubt. Hilfesuchend wandten sie sich an die Heilige Mutter. Mutter tröstete sie und versicherte ihnen, daß sie nach einer gewissen Zeit alle gestohlenen Gegenstände zurückbekommen würden, und das geschah tatsächlich. Auf diese Weise erfuhr Ramankutty von der Existenz der Heiligen Mutter. Er besuchte sie in Begleitung seiner Frau und seiner jüngsten Tochter Lekha im *ashram*. Lekha war von Geburt an taubstumm. Bisher waren alle ärztlichen Behandlungen erfolglos geblieben. Liebevoll tröstete die Mutter die unglücklichen Eltern.

Einen Monat nach diesem Besuch konnte Lekha das Wort «Amma» aussprechen; und nach und nach lernte sie sprechen und hören. Durch dieses Erlebnis wurden die Eltern zu leidenschaftlichen Verehrern der Heiligen Mutter.

Doch es geschahen noch mehr wundersame Dinge. Als die Mutter im Jahre 1982 ans Kap Comorin an der Südspitze Indiens reiste, bat sie die beiden, sie zu begleiten. Während des Krishna Bhava erklärte Ramankutty ihr, daß er niemanden habe, der in seiner Abwesenheit das Haus und die Kinder versorgen könne. Da beruhigte die Heilige Mutter ihn: «Mach dir keine Sorgen. Ich werde mich um alles kümmern. Opfere mir nur jeden Tag wie üblich Milch und eine Banane im Schreinraum.» Ehe Ramankutty und seine Frau das Haus verließen, schnitten sie in ihrem Garten einen großen, unreifen Bananenfruchtstand ab, bedeckten ihn mit einem Sack und hängten ihn an die Decke ihrer Vorratskammer, damit er reifen konnte.

Nach der Pilgerfahrt kehrten sie gemeinsam in den *ashram* zurück. Es war einer der Tage, an denen immer das Bhava *darshan* stattfand. Ramankutty und seine Frau beschlossen, noch am *darshan* teilzunehmen und dann nach Hause zurückzukehren. Während des Krishna Bhava sagte die Mutter lächelnd: «Ich habe alle Bananen gekostet. Schlagt die Kinder nicht. Ich habe keine von den Bananen gegessen, sondern nur an allen geleckt.» Ramankutty verstand nicht, was die Mutter damit meinte. Verwirrt ging er nach Hause. Als er dort ankam, fielen ihm die Bananen wieder ein, die er zum Reifen in die Vorratskammer gehängt hatte. Er holte den Schlüssel zur Vorratskammer aus seinem Versteck und schloß die Kammer auf. Dort bot sich ihm ein verblüffender Anblick. Der Sack, mit dem er die Bananen abgedeckt hatte, lag auf dem Boden, und alle Bananen waren kreisförmig darauf angeordnet! Wie war das möglich? Er hatte den Sack fest zugebunden. Dann kam ihm der Gedanke, daß die Kinder ihm vielleicht einen albernen Streich gespielt hatten. Er rief sie zu sich und fragte sie aus. Obwohl sie ihre Unschuld beteuerten, band er ihnen die Hände auf dem Rücken zusammen und schlug sie.

Als Ramankutty am nächsten *darshan*-Tag zum Krishna Bhava kam, stand die Mutter so da, als seien ihre Hände auf dem Rücken zusammengebunden. «Komm und schlag mich», forderte sie ihn auf. «Ich bin bereit, diese Strafe hinzunehmen. Ich habe die Bananen abgepflückt, weil die Kinder mir nicht jeden Tag Milch und eine Banane opferten!» Da wurde Ramankutty und seiner Frau wieder einmal klar, wie glücklich sie sich schätzen konnten, die Heilige Mutter als Gott, Guru und Mutter in ihrer Nähe zu haben, und sie vergossen Freudentränen.

## Ramamurti

Ramamurti aus Madurai in Tamil Nadu war Lastwagenfahrer. Manchmal mußte er auch nach Kerala fahren, und bei dieser Gelegenheit besuchte er immer verschiedene Pilgerstätten in diesem Staat. Im Jahre 1975 hörte er von der Heiligen Mutter und kam in ihren *ashram*.

Vor neun Jahren war seine fünfjährige Tochter plötzlich verschwunden. Alle Versuche, sie wiederzufinden, waren gescheitert. Seufzend erzählte er der Heiligen Mutter seine Leidensgeschichte. Sie tröstete ihn liebevoll und sagte: «Mach dir keine Sorgen, du wirst deine Tochter wiederbekommen.» Er glaubte ihr. Von da an besuchte er die Heilige Mutter immer, wenn er nach Kerala kam. Eines Tages schenkte sie ihm ein paar Blumen und sagte: «Innerhalb eines Monats wirst du deine Tochter wiederfinden.»

Eines Tages hielt Ramamurti mit seinem Lastwagen auf einem Marktplatz in Madras. Da sah er ein paar Leute, die um ein vierzehn- oder fünfzehnjähriges Mädchen herumstanden. Das Mädchen weinte, weil es das Geld verloren hatte, das es mitgenommen hatte, um einzukaufen. Die Leute versuchten es zu trösten und boten ihm ihr eigenes Geld an, doch das Kind wollte es nicht annehmen und hörte nicht auf, bitterlich zu weinen.

Liebevoll fragte Ramamurti die Kleine nach ihrem Namen. Als er ihn hörte, war er sehr überrascht: Sie hieß genauso wie seine vermißte Tochter! Er sah sich ihr Gesicht genau an und war vor Freude überwältigt, als er feststellte, daß sie tatsächlich seine Tochter war. «Kind, ich werde dich jetzt nach Hause fahren», sagte er. «Mach dir keine Sorgen wegen des verlorenen Geldes. Ich werde den Leuten, bei denen du wohnst, alles erklären.» Das Mädchen war einverstanden, und so fuhr Ramamurti es in seinem Lastwagen «heim».

Das Mädchen wohnte jetzt in einem großen Haus, das einem reichen Grundbesitzer gehörte. Zögernd erzählte Ramamurti dem Mann seine Geschichte, daß er der Vater des Mädchens sei. Gerührt erwiderte der Grundbesitzer: «Vor ungefähr zehn Jahren kehrte ich von einer kurzen Reise aus Madurai zurück und sah ein weinendes kleines Mädchen am Straßenrand stehen. Ich stellte dem Kind viele Fragen. Aber es wollte mir nicht erzählen, woher es kam und warum es sich verirrt hatte. Es sagte mir nur seinen Namen. Da ich keine eigenen Kinder hatte, nahm ich die Kleine mit nach Hause und zog sie wie meine eigene Tochter auf. Wenn niemand Zeit hat, die täglichen Einkäufe zu machen, schicken wir sie auf den Markt. So hast du sie gefunden.»

Der Grundbesitzer hatte Verständnis für Ramamurtis Gefühle und erlaubte ihm gern, das Mädchen wieder mitzunehmen, obwohl er über den Verlust seiner Adoptivtochter sehr traurig war. Ramamurti war überglücklich. Die Prophezeiung der Heiligen Mutter hatte sich bewahrheitet: Er hatte seine Tochter tatsächlich vor Ablauf eines Monats wiedergefunden. Von da an wurde sein Glaube an die Mutter immer tiefer und fester.

## Rukmini Amma

Rukmini Amma wohnt in Quilon. Sie leidet unter hohem Blutdruck und hatte einen Schlaganfall. Seitdem war sie rechtsseitig vollkommen gelähmt und mußte ständig im Bett liegen. Sie war drei Jahre lang in Behandlung gewesen, doch ihr Zustand hatte sich nicht gebessert. Die Behandlung und die Medikamente waren sehr teuer gewesen, und schließlich hatten sie, ihr Mann Achutan Pillai und ihre Verwandten alle Hoffnung aufgegeben.

Da erfuhren sie von der Heiligen Mutter und beschlossen, zu ihr zu fahren. Sie brachten Rukmini Amma im Auto dorthin, und zwei kräftige Männer trugen sie in einem Stuhl in den *ashram*. Die Mutter schenkte ihr heilige Asche als *prasad,* wie es bei ihr üblich ist, segnete sie und schickte sie wieder fort, ohne ein Wort über ihre Krankheit zu verlieren. Unzufrieden fuhren Rukmini Amma und ihr Mann wieder nach Hause. Sie waren enttäuscht über diese anscheinend völlig nutzlose Reise. Ein paar Meter vor ihrem Haus hielt das Auto, und die gelähmte Frau wurde direkt bis vor das Haus getragen. Da geschah etwas Unglaubliches: Rukmini Amma stand auf, schob ihre Pfleger beiseite und ging völlig ohne fremde Hilfe ins Haus. Ihr Mann und ihre Verwandten standen starr vor Erstaunen da. Als sie sich wieder gefaßt hatten, kannte ihre Freude keine Grenzen. Von da an verehrten sie die Heilige Mutter leidenschaftlich. Allmählich wurde Rukmini Amma wieder gesund. Wenn man sie heute sieht, kann man kaum glauben, daß sie einmal gelähmt war.

## Neelambaran

Neelambaran ist ein frommer Mann, der sehr an der Heiligen Mutter hängt. Er wohnt in einem kleinen Dorf namens Vavvakkavu, das ungefähr vier Kilometer vom *ashram* der Mutter entfernt ist. Er kommt fast immer mit einer schönen Girlande aus duftenden Blumen zum *darshan* in den *ashram*. Sein Glaube an die Mutter ist unerschütterlich. Anfangs war seine Frau nicht mit ihm einig und schimpfte sogar auf ihn, wenn er zur Heiligen Mutter ging.

Eines Tages pflügte Neelambaran gemeinsam mit ein paar anderen Männern ein in der Nähe der Straße gelegenes Feld. Er erzählte ihnen von seinen Geldnöten. «Heute habe ich nicht einmal einen Penny, um Reis oder andere Nahrungsmittel zu kaufen», sagte er. Als die anderen Arbeiter das hörten, verspotteten sie ihn: «Dieses Mädchen in Vallickavu (die Heilige Mutter) wird dir schon Geld geben. Du mußt nur geduldig darauf warten!» Neelambaran wurde blaß, sagte aber nichts.

Ein paar Augenblicke später kam ein kleines Mädchen auf Neelambaran zugegangen. Es lächelte ihn an und hielt ihm seine rechte Hand hin, in der ein Zwanzigrupienschein lag. Ohne Zögern nahm Neelambaran das Geld an. «Bis bald», sagte das Mädchen und entfernte sich wieder.

Die Arbeiter hatten verschiedene Erklärungen für diesen Vorfall. Einige glaubten, jemand habe Schulden an Neelambaran gehabt und sie ihm zurückgezahlt. Andere vermuteten, er habe das Geld für ein paar Gegenstände bekommen, die er verpfändet hatte. Und doch hatten sie dieses Mädchen noch nie im Leben gesehen. «Wer war dieses Kind, Neelambaran?» fragte einer von ihnen.

Neelambaran zögerte. Auch er war sich nicht darüber im klaren, woher das Geld gekommen war. Völlig verwirrt und regungslos stand er da, hielt das Geld in der Hand, dachte über das seltsame Mädchen nach und starrte den Weg entlang. Doch das Kind war spurlos verschwunden. Wie im Traum antwortete er: «Das frage ich mich auch.» Da waren alle überrascht. Niemand wußte, wer das Mädchen war und woher es gekommen war.

Als Neelambaran am nächsten *darshan*-Tag in den *ashram* kam, fragte die Mutter ihn liebevoll: «Hat die göttliche Mutter dir gestern den Zwanzigrupienschein gegeben? Mein Sohn, ich war das kleine Mädchen, das zu dir kam und dir das Geld brachte.» Da strömte Neelambarans Herz vor göttlicher Liebe über. Er sank der Heiligen Mutter zu Füßen, umarmte sie und weinte wie ein Kind.

## Dattan, der Leprakranke

Das Wesen Gottes ist grenzenloses Erbarmen. Er läßt niemanden fallen. Sein Herz ist wie der unendliche Himmel, in dem das ganze Universum mit all seinen Geschöpfen Platz hat. Er umfaßt und umhüllt alle beweglichen und unbeweglichen Lebewesen mit dem niemals endenden Strom seiner Liebe und Anteilnahme.

Alle großen Heiligen und Weisen der Vergangenheit und Gegenwart sind Verkörperungen göttlicher Liebe und göttlichen Mitgefühls. Jeder, der der Heiligen Mutter Amritanandamayi begegnet, erfährt diese alles verzehrende und alles umschließende Liebe und Barmherzigkeit Gottes.

Der leprakranke Dattan wuchs in seinem Geburtsort Perumpally in der Nähe von Kayamkulam (Kerala) auf. Er fiel schon in sehr jungen Jahren dieser schrecklichen Krankheit zum Opfer. Da jagten seine Eltern und Verwandten ihn aus dem Haus. Weil Dattan nicht wußte, wovon er leben sollte, wurde er ein Bettler. Er verbrachte seine Tage und Nächte auf einem Tempelgrundstück und bettelte sich sein Essen zusammen. Bald war sein Körper über und über mit eiternden Wunden bedeckt. «Ich konnte kaum mehr sehen», erzählte Dattan. «Meine Augen waren nur noch schmale Schlitze. Meine Haare fielen aus. Niemand wollte mir mehr etwas zu essen geben. Ich durfte auch nicht im Bus mitfahren. Ich bedeckte meinen Körper immer mit einem Tuch. Doch das Tuch klebte an meiner Haut fest und stank, weil meine fauligen Wunden ständig bluteten und eiterten. Selbst die anderen Bettler ließen mich nicht mehr in ihrer Nähe schlafen und essen. Ich war ständig von Insekten umschwärmt, die mich im Schlaf störten. Schon bei meinem bloßen Anblick hielten die Leute sich die Nase zu und wichen zurück. Ich hörte jahrelang kein liebevolles Wort, und niemand würdigte mich eines mitfühlenden Blickes. Alle haßten mich und spuckten aus, wenn sie meinen häßlichen Körper und mein abstoßendes Gesicht sahen. Ich führte ein erbärmliches, hoffnungsloses Leben und glaubte nicht mehr daran, dem Tode entrinnen zu können.

Da hörte ich von der Heiligen Mutter in Vallickavu. Ich ging an einem Bhava *darshan*-Tag in den *ashram,* doch niemand wollte mich hereinlassen. Voller Abscheu sagten die Leute: ‹Geh weg, geh weg.› So ekelhaft rochen meine Wunden. Doch die Heilige Mutter rief mich zu sich, tröstete mich und behandelte mich wie ihr Kind. Sie machte keine Unterschiede zwischen mir und ihren anderen Verehrern.»

Es war ein Anblick, der einen erstarren ließ, wenn man sah, wie die Heilige Mutter seine Wunden leckte und den Eiter und das Blut heraussaugte. An jedem Bhava *darshan*-Tag badete sie ihn, indem sie ihm Töpfe mit Wasser über den Kopf schüttete. Sie rieb seinen Körper mit heiliger Asche ein und behandelte ihn ebenso liebevoll und mitfühlend wie ihre anderen Verehrer. Einige ihrer Anhänger mußten bei diesem Anblick erbrechen, wieder andere fielen in Ohnmacht. Doch ein paar ihrer Verehrer beobachteten sie voller Ehrfurcht und vergossen Tränen der Liebe und Anbetung. «Ich muß ihm helfen. Außer mir hat er doch niemanden, der ihn liebt und sich um ihn kümmert», sagte die Heilige Mutter. «Ich sehe seinen Körper nicht. Ich sehe nur sein Herz. Ich kann ihn nicht von mir stoßen. Er ist mein Sohn, und ich bin seine Mutter. Kann eine Mutter ihren Sohn im Stich lassen?»

Inzwischen ist Dattan ein anderer Mensch. Fast alle seine Wunden sind geheilt. Der Speichel der Heiligen Mutter war seine göttliche Medizin. Seine Augen haben sich wieder geöffnet, und er kann gut sehen. Auch sein Haar ist wieder gewachsen. Die Menschen sprechen mit ihm und geben ihm zu essen, und er darf auch wieder Bus fahren. Die Narben der schrecklichen Krankheit sind zwar immer noch zu sehen, aber sie bluten und eitern nicht mehr und strömen auch keinen verwesenden Gestank aus. Jetzt kann er ein Hemd oder ein Lendentuch tragen, ohne daß der Stoff an seinem Körper festklebt und ihm Schmerzen bereitet. Er ist glücklich. Die Heilige Mutter hat ihm ein neues Leben geschenkt. Durch ihren Segen hat sein Leben wieder einen Sinn bekommen.

## Das vermißte Mädchen

R. Reddiar aus Quilon erzählte:

«Ein Mädchen, das zu unserer Familie gehörte, war von zu Hause fortgelaufen. Einige Freunde, die uns helfen wollten, rieten uns, die Heilige Mutter zu besuchen und ihr von dem vermißten Mädchen zu erzählen. Mutter sagte uns: ‹In sieben Tagen wird das

Mädchen wieder zu Hause sein. Ihr braucht nicht nach ihr zu suchen.› Dann gab sie uns sieben Dochte und forderte uns auf, jeden Tag einen anzuzünden. ‹Am siebten Tag, wenn ihr den letzten Docht anzündet, wird die Polizei zu euch kommen und euch sagen, wo das Mädchen ist.›

Da wir nicht hundertprozentig an die Prophezeiung der Mutter glaubten, suchten wir weiter nach dem Kind, aber wir fanden es nirgends. Wir waren sehr unglücklich, vor allem, weil es ein Mädchen war und ihm deshalb besonders leicht etwas zustoßen konnte, wenn es allein umherirrte. Entmutigt wandten wir uns wieder an die Heilige Mutter. ‹Warum habt ihr so viel Zeit und Geld verschwendet?› fragte sie uns. ‹Ich habe euch doch schon gesagt, daß ihr das Mädchen wiederfinden werdet. Ihr dürft nur den Mut nicht verlieren.›

Inzwischen waren sechs Tage vergangen, und wir hatten sechs Dochte verbrannt, wie die Heilige Mutter uns geraten hatte. Am nächsten Tag, als der siebte Docht in der Öllampe brannte, klingelte das Telefon. ‹Euer Kind befindet sich in der Obhut der Polizei von Madras.› Das Mädchen war zu einem Goldschmied gegangen, um ein goldenes Schmuckstück zu verkaufen. Der Goldschmied hatte den Verdacht geschöpft, daß es von zu Hause fortgelaufen sein könnte, und die Polizei benachrichtigt.

So bekamen wir genau an dem Tag, den die Mutter uns vorausgesagt hatte, Nachricht über den Verbleib des Mädchens. Bald danach brachte die Polizei es zu uns. Seit diesem Tag kommen wir mit all unseren Sorgen und Kümmernissen zur Heiligen Mutter. Wir glauben fest daran, daß sie uns beschützt.»

## Kunjamma

Kunjamma lebt etwa zwölf Kilometer vom *ashram* der Heiligen Mutter entfernt in Kayamkulam. Sie hatte einmal ein Erlebnis, das sie sehr in ihrem Glauben und ihrer Hingabe an die Mutter bestärkte. Ein paar Jahre, bevor Kunjamma zur Heiligen Mutter kam, war ihr Mann plötzlich gestorben, wie es ihm im Horoskop vorausgesagt worden war. Seitdem glaubte Kunjamma fest an

Astrologie. Sie betrauerte ihren Mann sehr; und als sie im Horoskop ihres Sohnes las, daß er im Alter von 23 Jahren an einem Schlangenbiß sterben würde, kannte ihr Kummer keine Grenzen. Sie ging zu verschiedenen spirituellen Meistern, um ihren Sohn vor diesem schrecklichen Schicksal zu bewahren. Schließlich suchte sie Zuflucht bei der Heiligen Mutter. «Mach dir keine Sorgen», tröstete die Mutter sie. «Ich werde dir ein *mantra* geben, das du jeden Tag rezitieren mußt. Halte einmal pro Woche ein Gelübde für deinen Sohn ein. Solche Gelübde, die sich Mütter ihren Kindern zuliebe auferlegen, haben eine große Macht. Der Tod deines Sohnes wird umgewandelt, statt deines Sohnes wird eines deiner Haustiere sterben. Geh und sei unbesorgt.»

Doch Kunjamma glaubte nicht recht an das Versprechen der Heiligen Mutter. Jede Nacht sah sie im Traum, wie ihr Sohn von einer Schlange gebissen wurde und starb. Nach dem Tode ihres Mannes hielt sie einen Hund, der das Haus bewachen sollte. Eines Tages hörte sie ihn im Hof vor dem Haus bellen und heulen, und dann vernahm sie das Zischen einer Schlange. Voller Schrecken öffnete sie die Tür ein wenig und warf einen Blick hinaus. Da sah sie, wie ihr Hund erbittert mit einer Schlange kämpfte. Bei diesem schrecklichen Anblick schloß sie die Tür sofort wieder und blieb im Haus. Nach ein paar Minuten wurde es draußen allmählich ruhiger. Ängstlich öffnete Kunjamma die Tür und sah zu ihrem Erstaunen den Hund und die Schlange tot im Hof liegen.

Sie war traurig über den Tod des treuen Tiers; doch dann erinnerte sie sich plötzlich an die Prophezeiung der Heiligen Mutter: «Statt deines Sohnes wird eines deiner Haustiere sterben.» Dieser Vorfall hatte sich genau in der Zeit ereignet, in der laut Horoskop ihr Sohn von der Schlange gebissen werden sollte. Voller Liebe und Achtung dankte Kunjamma der Heiligen Mutter und fühlte sich von nun an in ihrem Glauben an sie bestärkt. Ihr Sohn lebt immer noch und führt ein glückliches, gesegnetes Leben.

## Chandramati

Chandramati, die am anderen Ufer der Backwaters in Vallickavu lebt, kam in den *ashram* der Heiligen Mutter, um sich von ihr segnen zu lassen. Die Mutter empfing wie immer nacheinander ihre Verehrer. Plötzlich schloß sie die Augen, rührte sich nicht mehr und saß eine Zeitlang ohne äußeres Bewußtsein da. Ängstlich beobachteten die Verehrer sie. Nach ein paar Minuten kam Mutter wieder zu sich, nahm Chandramati beiseite und sagte: «Gerade starb dein Enkelkind. Doch deine Tochter rief Mutter mit ihren verzweifelten Gebeten herbei, und sie ging zu ihr und erweckte das Kind wieder zum Leben.»

Chandramati begriff den Sinn dieser Worte erst, als sie später erfuhr, was sich genau um diese Zeit im Haus ihrer Tochter zugetragen hatte. Chandramatis Tochter Nalini wohnte ungefähr zehn Kilometer vom *ashram* entfernt und war ebenfalls eine eifrige Verehrerin der Heiligen Mutter. Sie hatte nur einen einzigen Sohn, der sechs Jahre alt war. Dieses Kind wurde plötzlich schwer krank und starb, ehe man einen Arzt holen konnte. Da erhob sich ein verzweifeltes Geschrei und Wehklagen im Haus. Nalini schlug sich gegen die Brust und flehte: «O Mutter, ich rufe und verehre Dich schon so lange in aller Aufrichtigkeit! Ist das der Lohn für meine Gebete? Wen habe ich noch auf der Welt außer meinem Sohn? O Mutter, warum hast Du mir mein einziges Kind weggenommen?» Da fuhr neben der Leiche des Kindes ein Blitz in den Boden, und das Kind kam innerhalb von ein paar Sekunden wieder zu sich, als erwache es aus einem tiefen Schlaf.

Als Chandramati das erfuhr, erzählte sie ihrer Tochter, was die Heilige Mutter im Tempel zu ihr gesagt hatte, und sie erkannten beide, daß das Kind nur durch die Gnade der Mutter vor dem Tode errettet worden war.

* * * * * * *

Die Heilige Mutter hat schon viele kinderlose Ehepaare gesegnet, indem sie ihnen aufgrund ihres göttlichen Entschlusses *(sankalpa)* ein Baby schenkte. Solche Paare kamen häufig zur Mutter und klagten ihr ihr Leid. Aufrichtige Gebete und unerschütterlicher Glaube in allen Lebenslagen sind die wichtigsten Voraussetzungen dafür, daß einem Gläubigen sein Wunsch erfüllt wird. Außerdem braucht man Zuversicht, geistige Stärke und Hingabe, um die Prüfungen und Leiden zu überstehen, die einem während der Schwangerschaft unter Umständen auferlegt werden. Die Heilige Mutter ist in dieser Hinsicht sehr streng und hilft nur den Menschen, die es auch wirklich verdienen. Ihre Auswahl beruht auf sorgfältigen Überlegungen, die unser menschlicher Verstand nicht zu begreifen vermag. Wir wollen die Geschichte von vier solchen Kindern erzählen, die durch den Segen der Heiligen Mutter zur Welt gekommen sind.

## Sakti Prasad I

Vidyadharan und Omana leben in dem fünf Kilometer von Vallickavu entfernten Vavvakkavu. Sie waren sehr niedergeschlagen, weil sie schon seit neun Jahren verheiratet waren und immer noch kein Kind hatten. Ihre Eltern sehnten sich danach, endlich ein Enkelkind im Arm zu halten. Da erzählte Omanas ältere Schwester Sarasamma ihr von der Heiligen Mutter, die sie sehr verehrte. Omana kam in Begleitung Sarasammas zur Heiligen Mutter. Noch ehe sie Gelegenheit hatte, ihr Anliegen vorzubringen, sagte die Mutter zu ihr: «Tochter, du bist zu mir gekommen, weil du dir ein Baby wünschst. Mutter wird dir deinen Wunsch erfüllen. Innerhalb der nächsten vier Monate wirst du ein Kind empfangen.» Omana glaubte an die Worte der Heiligen Mutter und kehrte glücklich nach Hause zurück. Die Prophezeiung der Mutter bewahrheitete sich tatsächlich. Innerhalb der nächsten vier Monate wußte Omana, daß sie schwanger war. Vidyadharan, Omana und ihre Verwandten waren überglücklich. Neun Jahre lang hatten sie um ein Kind gebetet, und nun sollte ihr größter Wunsch endlich in Erfüllung gehen.

Omana arbeitete damals in einer Cashewkernfabrik. Als sie im vierten Monat war, ging sie zum Arzt, und er versicherte ihr, daß alles in Ordnung sei. Im neunten Monat ließ sie sich wieder untersuchen und war wie vom Donner gerührt, als der Arzt ihr erklärte, sie sei gar nicht schwanger! Das Erstaunlichste daran war, daß ihr Bauch dick war wie bei einer schwangeren Frau. Omana, ihr Mann und die anderen Familienmitglieder machten sich große Sorgen. Sie ging in ein anderes Krankenhaus und ließ sich von mehreren Frauenärzten untersuchen. Alle waren sich darüber einig, daß sie nicht schwanger war. Die Ärzte standen vor einem Rätsel. Diese Frau wies alle äußeren Symptome einer Schwangerschaft auf, und doch trug sie kein Kind im Leib. Schließlich machte ein Spezialist eine Röntgenaufnahme von ihrer Gebärmutter und war sehr erstaunt, als er auf dem Röntgenbild statt eines Embryos eine dichte Rauchwolke entdeckte. Die Verwandten brachten Omana in ein anderes Krankenhaus in Quilon, wo sie noch einmal eingehend untersucht wurde. Keiner der Ärzte konnte sich dieses Phänomen erklären. Als feststand, daß Omana kein Baby erwartete, waren ihre Verwandten sehr enttäuscht. Nur Omana ließ sich nicht in ihrem Glauben an die Heilige Mutter beirren und blieb optimistisch. Eines Tages besuchte sie die Heilige Mutter zusammen mit ihrer Familie und erzählte ihr von der Diagnose der Ärzte und der Röntgenaufnahme. Da lächelte die Mutter gütig und sagte: «Laß dich nicht entmutigen. Dieses Kind ist ein Sohn Gottes und kein Bild. Man kann keine Aufnahme von ihm machen.» Omana zweifelte nicht an ihren Worten.

Sie war inzwischen im zehnten Monat. Tage und Monate vergingen, ohne daß sich an ihrem Zustand etwas änderte. Als sie im dreizehnten Monat war, begannen die Dorfbewohner Omana und die Heilige Mutter zu beschimpfen und zu verspotten. «Sie wird einen Elefanten zur Welt bringen», sagten sie. Andere bemerkten hämisch: «Dieses Fischermädchen hat ihr wirklich zu einem großartigen Kind verholfen! Vielleicht ist es eine Schlange.» Omana und ihr Mann beteten und meditierten jeden Tag. Die Heilige Mutter war ihr einziger Trost und ihre einzige Stütze bei dieser schweren Prüfung. Als Omana ihr Kind nach sechzehn Monaten immer noch nicht zur Welt gebracht hatte, wurden die Beschimpfungen der Dorfbewohner immer bösartiger. Manchmal benutzten sie sogar vulgäre Ausdrücke. Doch Omana blieb unbeirrbar in ihrem Glauben, überließ alles vertrauensvoll der Heiligen Mutter und erlegte sich strenge Gelübde auf.

Als Omana im sechzehnten Monat war, forderte die Heilige Mutter ihre Verwandten eines Tages plötzlich auf, sie ins Krankenhaus zu bringen. Sie befolgten ihren Ratschlag, und Omana wurde ins Victoria Hospital in Quilon eingeliefert. Viele Menschen versammelten sich dort, um von dieser außergewöhnlichen Geburt zu hören. Alle warteten gespannt auf das Ergebnis. Als die Ärzte hörten, daß Omana schon seit sechzehn Monaten schwanger war, untersuchten sie sie gründlich und stellten zu ihrer Verwunderung fest, daß sie immer noch kein Baby in der Gebärmutter trug, obwohl alle Symptome für eine Schwangerschaft sprachen. Nun waren sie in einer schwierigen Lage. Nach langer Diskussion entschlossen sie sich schließlich zu einem Kaiserschnitt. Als sie ihren Körper geöffnet hatten, trauten sie ihren Augen nicht: Sie trug ein ausgewachsenes, gesundes Baby im Leib! Die Heilige Mutter nannte den Jungen Sakti Prasad (Segen der höchsten Energie). Er begann schon zu meditieren und *mantras* zu sprechen, als er noch nicht einmal drei Jahre alt war. Mutter schenkte ihm eine *rudraksha*-Mala (Rosenkranz) und eine kleine Sitzmatte aus Gras. Dort ließ er sich zum Meditieren nieder, nahm genau die Position der Yogis ein und rezitierte die heiligen *mantras* «Om Namah Sivaya» und «OM». Immer wenn er in den *ashram* kam, setzte er sich unaufgefordert in die Nähe der Heiligen Mutter. Er pflückte Blütenblätter und legte sie ihr zu Füßen. Die Mutter sagt häufig: «Der Junge hat die Augen eines Yogi.» Er spricht nicht viel und ist niemals ungezogen oder mutwillig wie gewöhnliche Kinder. In der Schule ermahnt er seine Klassenkameraden immer: «Ihr müßt meditieren und euch auf Ammachis Gestalt konzentrieren, sonst werdet ihr krank!»

## Sakti Prasad II

Auch Ratnamma und ihr Mann Krishnan wurden von der Mutter mit einem ganz besonderen Kind gesegnet. Ratnamma kam in den *ashram.* Ein Ereignis in ihrer Nachbarschaft hatte sie auf den Gedanken gebracht, sich an die Heilige Mutter zu wenden. Reena, eine Christin, die in der Nachbarschaft lebte, litt ständig unter heftigen Schmerzen in der Brust. Als sie von der Mutter erfuhr, besuchte sie sie. Die Mutter gab ihr heiliges Wasser und heilige Asche und befreite sie dadurch von ihren quälenden Schmerzen. Als Ratna, die damals an heftigen Magenschmerzen litt, das hörte, beschloß sie, die Mutter ebenfalls um ihren Segen zu bitten. Sie kam nach Vallickavu, und die Heilige Mutter schenkte ihr während des Bhava *darshan* eine Banane. Als Ratna sie aß, hörten die heftigen Magenschmerzen, die sie jahrelang gequält hatten, sofort auf.

Ratna war mit Krishnan verheiratet. Als die beiden nach fünf Jahren immer noch keine Kinder hatten, waren sie untröstlich. Ratna hatte der Heiligen Mutter nie etwas von ihrem Wunsch erzählt. Eines Tages fragte die Mutter sie: «Hättest du nicht gern ein Kind? Ich werde dir deinen Wunsch erfüllen. In zehn Monaten wirst du einen Sohn zur Welt bringen.»

Ratna wurde tatsächlich schwanger. Doch die Ärzte erkannten es nicht, und auch auf den Röntgenaufnahmen waren keine Anzeichen einer Schwangerschaft zu erkennen. Krishnan, der den Ärzten glaubte, sagte enttäuscht und erbittert: «Ich erlaube dir erst wieder, nach Vallickavu zu gehen, wenn du ein Kind zur Welt gebracht hast.» In dieser Zeit betete Ratna inbrünstig zur Heiligen Mutter, und die Mutter erschien ihr häufig in Visionen.

Genau an dem Tag, den die Heilige Mutter vorausgesagt hatte, brachte Ratnamma einen strahlend schönen Sohn zur Welt. Kaum konnte der Junge sprechen, erklärte er, sein wahrer Vater sei nicht Krishnan, sondern Gott. Obwohl Sakti Prasad in einem Fischerdorf aufwuchs, aß er niemals Fisch oder Fleisch. Er meditierte jeden Morgen und jeden Abend. Manchmal saß er über eine halbe Stunde regungslos da, in Meditation versunken. Es kam sogar vor, daß man ihn aus der Meditation aufwecken mußte. Schon als kleines Kind baute er Tempel aus Lehm und betete Shiva und Parvati an.

Eines Tages kam ein Fremder in Sakti Prasads Elternhaus. Krishnan war nicht zu Hause. Ratna bot dem Gast einen Platz auf der Veranda an und brachte ihm eine Tasse Kaffee, wie es Sitte ist. Plötzlich ging der siebenjährige Sakti auf ihn zu und gab ihm einen Schlag ins Gesicht. Ratnamma griff sofort ein und schob ihren Sohn ärgerlich beiseite. Da wandte Sakti sich um und sagte: «Mutter, dieser Mann ist ein Dieb. Laß ihn nicht hier sitzen, und gib ihm keinen Kaffee.» – «Woher weißt du denn das?» fragte Ratnamma. «Ich habe es an seinem Gesicht gesehen», erwiderte Sakti. Bei diesen Worten ergriff der Dieb die Flucht.

Manchmal sagt Sakti Prasad zu Ratnamma: «Du bist nicht meine Mutter. Meine Mutter wohnt in Vallickavu.» Wenn in seinem Elternhaus oder in der Nachbarschaft jemand krank wird, geht manchmal Sakti mit Basilikumblättern, heiligem Wasser und heiliger Asche zu ihm. Sobald er den Körper des Patienten mit dem Wasser besprengt hat, verschwinden die Krankheitssymptome. Das tut Sakti jedoch nicht auf Bitten anderer Menschen, sondern nur, wenn seine Intuition es ihm eingibt.

Eines Tages warf Sakti in einem Nachbarhaus versehentlich ein Stück Kuchen vom Tisch. Daraufhin schlug ihn eines der Mädchen, die in dem Haus wohnten. Am nächsten Tag kam dieses Mädchen mit seinen Eltern zu Sakti, weil der rechte Arm, mit dem es den Jungen geschlagen hatte, angeschwollen war und heftig schmerzte. Es konnte nicht einmal seine rechte Hand bewegen. Die Eltern vermuteten, das sei die Strafe dafür, daß das Mädchen Sakti geschlagen hatte. Auf Anraten Ratnammas gingen sie am nächsten Tag zur Heiligen Mutter und entschuldigten sich für die Tat des kleinen Mädchens. Da hörten die Schmerzen auf, und es konnte seine Hand wieder bewegen.

Schon von klein auf war Sakti Prasad stets gütig und barmherzig. Wenn in der Nachbarschaft jemand hungert, holt er ihn in sein Haus und gibt ihm zu essen. Seine Familie, die nicht sehr begütert ist, ist dadurch schon häufig in Schwierigkeiten geraten.

Wenn die Familie sich weigert, einem Bedürftigen zu essen zu geben, schenkt Sakti ihm seinen eigenen Anteil und fastet.

Ratnamma hält sich für Saktis Pflegemutter. Sie zieht ihn im Auftrag der Heiligen Mutter groß, deren Sohn er in Wirklichkeit ist.

## Sakti Prasad III

Sarasan und seine Frau Tankam wohnten auf der Insel, auf der der *ashram* der Heiligen Mutter sich befindet. Obwohl sie schon lange verheiratet waren, bereitete es ihnen immer noch großen Kummer, daß sie kein Kind hatten. Als sie von der Heiligen Mutter und ihren göttlichen Kräften erfuhren, wandten sie sich an sie und beteten um Erfüllung ihres Herzenswunsches. Eines Tages prophezeite die Heilige Mutter Tankam während des Bhava, daß sie bald schwanger werden würde. Ihre Voraussage bewahrheitete sich. Als Tankam im dritten Monat war, bekam sie eines Nachts heftige Schmerzen und Blutungen. In der Nähe ihres Hauses gab es kein Krankenhaus und keine Ärzte. Die Familie war verzweifelt und wußte keinen Rat. Tankam schrie laut vor Schmerzen. In diesem Augenblick trat die Heilige Mutter ins Zimmer, bereitete einen Sud aus Basilikumblättern zu und forderte Tankam auf, ihn zu trinken. Innerhalb von Sekunden hörten die Schmerzen und die Blutungen auf.

Wie war die Heilige Mutter mitten in der Nacht dorthin gekommen? Sie war gerade mit einigen ihrer Anhänger im Boot zu einem anderen Teil der Insel unterwegs gewesen. Als das Boot in die Nähe von Tankams Haus kam, wurde sie plötzlich sehr unruhig und bestand darauf auszusteigen. Die Verehrer versuchten sie von ihrem Vorhaben abzubringen, denn es war sehr dunkel, und sie hatten noch einen weiten Weg vor sich. Doch Mutter beharrte auf ihrem Entschluß, und es blieb ihnen nichts anderes übrig, als anzuhalten und das Boot vor Tankams Haus zu verankern.

Einmal sagte die Heilige Mutter während der Schwangerschaft zu Tankam: «Dein Kind wird in einer finsteren Nacht zur Welt kommen. Es wird gewittern und in Strömen regnen.» Sie behielt recht. Als Tankam im Medical College von Alleppy ihren schönen Sohn zur Welt brachte, gewitterte und regnete es. Im Krankenhaus fiel der Strom aus, und es war stockdunkel. Allen, die das Kind sahen, fielen seine strahlenden Augen auf, die die Dunkelheit mit ihrem Glanz erhellten.

Die Heilige Mutter nannte den Jungen Unnikannan, und er war schon von klein auf ein außergewöhnliches Kind. Unnikannan war sehr intelligent, und von seinem Gesicht ging großer spiritueller Glanz aus. Obwohl er in einer Fischerfamilie zur Welt kam und aufwuchs, aß er niemals Fisch oder Fleisch. Manchmal stellte er seinen Eltern Fragen über die Bedeutung des Gottesdienstes und anderer religiöser Bräuche. Er handelte immer nach seinen eigenen Einsichten. Niemand beschimpfte oder schlug ihn, selbst wenn er Unsinn anstellte. Wenn er durch Zufall doch einmal gescholten oder geschlagen wurde, wurden in derselben Nacht alle Menschen auf geheimnisvolle Weise in ihrem Schlaf gestört. Niemand konnte ein Auge zutun. Einmal sagte die Heilige Mutter: «Ich werde meinem Sohn alles geben, was er will.» Unnikannans Eltern glauben fest an dieses Versprechen der Mutter.

## Sakti Prasad IV

Hasanu Kunju heiratete Subaida, als sie sechzehn Jahre alt war. Im Alter von zweiunddreißig Jahren hatte sie immer noch kein Kind. Ihr Mann, der wegen einer entzündeten Wunde am Schienbein schon lange in ärztlicher Behandlung gewesen war, besuchte die Heilige Mutter. Sie gab ihm ihren Segen, und die Wunde heilte. Durch diese Erfahrung wurde auch Subaida zu einer eifrigen Verehrerin der Mutter. Doch da sie inzwischen alle Hoffnung aufgegeben hatte, jemals schwanger zu werden, klagte sie Mutter nie ihr Leid. Die Ärzte hatten ihr gesagt, sie werde niemals ein Kind empfangen können, wenn sie sich nicht operieren ließe. Die Mutter wußte, was Subaida bewegte, und sagte zu ihr: «Ich weiß, daß du traurig bist, weil du nach so vielen Jahren immer noch kein Kind hast. Ich werde dir ein Kind schenken.» Binnen kurzem wurde Subaida schwanger. Obwohl sie im Jahre 1944 zur Welt gekommen war und 1960 geheiratet hatte, empfing sie ihr erstes Kind erst 1978, im Alter von 34 Jahren. Das war für ihre Verwandten und die Dorfbewohner etwas Außergewöhnliches. Subaida und ihr Mann wohnten in einer moslemischen Gemeinde. Da sie den Protest und die Beschimpfungen der Dorfbewohner fürchteten, verrieten sie nicht, wem Subaida ihre Schwangerschaft verdankte.

Im Jahre 1979 brachte Subaida einen strahlend schönen Sohn zur Welt. Seine Eltern nannten ihn Ansim, die Nachbarn riefen ihn Manikantan, und die Heilige Mutter gab ihm den Namen Saktiprasad. Er ist ein außergewöhnlich intelligentes, lebhaftes Kind, das überall auffällt. Nur die Heilige Mutter weiß, welch glänzende Zukunft ihm bevorsteht.

Die Heilige Mutter sagt über die Geburt und die Zukunft dieser Kinder: «Beim Meditieren geht eine Kraft von mir aus und strömt in die Gebärmutter der Frau. Dadurch wird sie schwanger. Einige dieser Kinder werden *sannyasins* werden, andere werden eine Familie gründen. Doch was sie auch tun mögen – letzten Endes werden sie sich alle einem spirituellen Leben zuwenden.»

Der Gedanke, daß ihre Söhne schon in ein paar Jahren im Dienst an der Menschheit aufgehen und dadurch für sie verloren sein würden, machte viele dieser Mütter sehr traurig. Um sie zu trösten, versprach die Mutter ihnen ein zweites Kind, das alle Erwartungen erfüllen würde, die Eltern normalerweise an ihre Kinder stellen – das heißt, sie würden einen Beruf ergreifen, heiraten und einen Haushalt führen. Innerhalb der nächsten Jahre wurden tatsächlich alle diese Mütter mit einem zweiten Kind gesegnet.

## Sarasamma

Sarasamma lebte mit ihrem Mann und ihren Kindern in Karunagappally, einer Kleinstadt südlich von Vallickavu. Sie waren eine glückliche, zufriedene Familie. Doch plötzlich widerfuhr ihnen großes Unglück. Sie verloren ihren ganzen Besitz, sogar das Haus, in dem sie wohnten, und waren auf die Großzügigkeit anderer Menschen angewiesen. Da erfuhren sie von der Heiligen Mutter und gingen zu ihr. Nachdem sie ihr von ihrem Unglück erzählt hatten, lösten ihre Probleme sich eines nach dem anderen.

Sarasammas Glauben an die Mutter wurde unerschütterlich. Immer wenn der Familie ein Unglück bevorstand, warnte die Mutter sie rechtzeitig, so daß sie sich davor schützen konnte. Sie hatte ihr auch ein *mantra* gegeben, das sie rezitieren sollte, um sich vor möglichen Mißgeschicken zu bewahren, und forderte Sarasamma auf, jede Woche ein bestimmtes Gelübde einzuhalten.

Eines Tages, als Sarasamma in den *ashram* kam, warnte die Heilige Mutter sie: «Tochter, ich sehe einen Todesfall in deinem Hause voraus. Halte dich an dein Gelübde. Bete aufrichtig zu Gott. Und mache dir keine Sorgen, Mutter ist immer bei dir.» Obwohl Sarasamma sehr beunruhigt war, hatte sie Vertrauen zur Heiligen Mutter. Bald geschah das Unvermeidliche: ein paar Tage nach der Warnung der Mutter wurde Sarasammas älteste Tochter von einer Viper gebissen. Sofort brachten sie das Mädchen zur Heiligen Mutter in den *ashram*. Der Körper des Mädchens war bereits blau angelaufen, und aus seinem Mund lief eine schleimige, mit Speichel vermischte Flüssigkeit. Es sah aus, als liege sie im Sterben oder sei bereits tot.

Die Verehrer der Mutter versuchten Sarasamma zu trösten, die neben ihrer Tochter saß und bitterlich weinte. Beim Devi Bhava sagte die Heilige Mutter, das Mädchen solle über Nacht im *ashram* bleiben. Sie wurde in ein Gebäude an der Nordseite des *ashram* gebracht.

Am nächsten Morgen hatte sich immer noch nichts verändert. Das Mädchen lag wie tot da, und Sarasamma saß, von einigen Anhängern der Heiligen Mutter umringt, in der Nähe ihrer Tochter. Obwohl sie völlig zusammengebrochen zu sein schien, gab der unerschütterliche Glaube an die Mutter ihr immer noch ein wenig Kraft und Hoffnung.

Plötzlich erschien im Hof eine Kobra. Niemand wußte, woher sie gekommen war. Sie kroch direkt auf das Mädchen zu. Alle bekamen Angst und riefen laut: «Vorsicht, eine Schlange!» Da öffnete das Mädchen plötzlich die Augen. Mittlerweile war die Schlange schon ganz nahe an das Kind herangekrochen und hob drohend den Kopf. Da fuhr es erschrocken hoch und sprang auf. Es war wieder zum Leben erwacht, und an seinem Körper waren keine Symptome des Schlangenbisses mehr zu erkennen. Die Kobra kroch wieder fort. Dankbar und voll überquellender Liebe warfen Sarasamma und ihre Tochter sich der Heiligen Mutter zu Füßen. Am Vormittag verließen sie den *ashram* wieder.

Später ging Sarasamma auf das Drängen ihrer Verwandten hin zu einem sehr berühmten Astrologen. Sie nannte ihm Geburtsort und Geburtszeit des Mädchens, erwähnte aber nicht, daß es sich um ihre Tochter handelte. Dann fragte sie ihn nach der Zukunft des Kindes. Nachdem der Astrologe die erforderlichen Berechnungen angestellt hatte, sagte er mit großer Gewißheit: «Dieses Mädchen lebt nicht mehr. Es ist an einer Vergiftung gestorben.» Sarasamma entgegnete: «Nein, das ist das Horoskop meiner Tochter, und sie lebt noch.» Der Astrologe, der sehr von seiner Wissenschaft und seinem Können überzeugt war, glaubte Sarasamma nicht. Nach kurzem Nachdenken stellte er noch einmal ein paar Berechnungen an und erklärte dann: «Aber ich bin sicher, daß sie in jener Zeit, in der ihr der Tod vorherbestimmt war, von einer Giftschlange gebissen wurde. Wenn sie trotzdem noch lebt, ist das ein Wunder und ein Segen Gottes, der nur wenigen Menschen zuteil wird.»

«Wie wir später feststellten, stand auch in dem Horoskop, das wir während ihrer Kindheit erstellen ließen, daß unsere Tochter im Alter von neunzehn Jahren an einer Vergiftung sterben würde», erzählte Sarasamma. «Und genau mit neunzehn Jahren wurde sie tatsächlich von der Schlange gebissen. Aber das grenzenlose Mitleid der Heiligen Mutter, die uns immer beschützt, hat uns vor ihrem Tode bewahrt.»

Später wurde Sarasamma noch einmal die Gnade der Mutter zuteil. Dieses Erlebnis ist für sie unvergeßlich geblieben:

«Damals verließen die Verehrer, die zum *darshan* kamen, den *ashram* etwa gegen vier Uhr morgens und gingen wieder nach

Hause. Sie gingen gemeinsam zu der etwa eine halbe Meile entfernten Bushaltestelle und fuhren dann mit dem Bus in ihre Heimatorte zurück. Mein Sohn Madhu und ich stiegen in den Bus und fuhren in unser Dorf. Es war Neumond, und obwohl es schon fünf Uhr morgens war, war es noch stockfinster, als wir uns dem Dorf näherten. Ich stieg an einer Haltestelle aus, die ich für die richtige hielt, und nahm an, mein Sohn sei ebenfalls ausgestiegen. Der Bus fuhr weiter. Als ich mich umschaute, sah ich meinen Sohn nirgends und merkte, daß ich an der falschen Haltestelle ausgestiegen war. Ich befand mich an einem gottverlassenen Ort, der ungefähr zwei Kilometer von meinem Haus entfernt war. Mein Sohn hatte sich inzwischen im Bus nach mir umgesehen und war entsetzt, als er feststellte, daß ich nicht mehr da war. Er stieg an der nächsten Haltestelle, die ziemlich weit entfernt war, aus und rannte zu mir zurück.

Ich war ratlos. Mir kamen die Worte in den Sinn, die die Heilige Mutter mir zum Abschied gesagt hatte: «Sei heute sehr vorsichtig.» Fest umklammerte ich Mutters *prasad* mit der rechten Hand. Da sah ich, wie ein paar Meter von mir entfernt ein Lastwagen anhielt. Sieben oder acht Männer stiegen aus und kamen auf mich zu. Vielleicht hatten sie beobachtet, wie ich an diesem einsamen Ort aus dem Bus gestiegen war. Sie umringten mich, stellten mir Fragen und benutzten ziemlich vulgäre Ausdrücke. Ich zitterte vor Angst, weil ich dachte, daß sie mich jeden Augenblick angreifen würden. Ist das das Los der Menschen, die die Heilige Mutter besuchen? dachte ich. Ist das die Frucht meiner lebenslangen Anbetung und Hingabe? Bei diesem Gedanken vergaß ich alles um mich her und schrie, so laut ich konnte: *«Yedi!«* («O Mutter!») Da erschraken die Kerle, die um mich herumstanden, sehr.

Plötzlich erschien am Himmel die strahlende Gestalt der göttlichen Mutter. Sie hatte unzählige Arme und trug in jeder Hand eine Waffe. Sie saß auf einem riesigen Tier, und ihr Gesicht, ihr Haar und ihre Krone sahen genauso aus wie die von Mata Amritanandamayi während des Devi Bhava. Die Heilige Mutter hatte die furchterregende Gestalt Kalis angenommen, um mich zu retten! Bei diesem Anblick verlor ich mein äußeres Bewußtsein. Die göttliche Mutter streckte die Hände nach mir aus. Mit starrem Blick betrachtete ich sie, und meine Augen traten aus den Höhlen. Ich streckte die Zunge heraus wie Mutter Kali und fühlte, wie eine ungeheure Kraft durch meinen Körper strömte. Aus meinem Inneren drang ein lautes Gelächter, das die Luft erzittern ließ. Schon bei der bloßen Erinnerung an dieses grauenvolle Lachen schaudert es mich heute noch. Die Kerle, die schon im Begriff waren, sich auf mich zu stürzen, waren entsetzt, als sie mich als diese furchterregende Gestalt mit dem zerzausten Haar, den hervorquellenden Augen und der heraushängenden Zunge sahen, die furchtlos vor ihnen stand und laut lachte. Vielleicht hielten sie mich nicht für ein menschliches Wesen, sondern für einen bösen Geist! Langsam und ängstlich wichen sie vor mir zurück, stiegen in ihren Lastwagen und fuhren davon, so schnell sie konnten.

Als sie fort waren, konnte ich mich immer noch nicht rühren. Erst allmählich erlangte ich mein normales Bewußtsein wieder. Da war auch die herrliche Gestalt Kalis verschwunden. Mein Körper fühlte sich taub und wie gelähmt an. Nach ein paar Minuten konnte ich mich wieder bewegen, und meine Zunge wurde kleiner und hing nicht mehr aus dem Mund. Doch meine starren, hervorquellenden Augen konnte ich erst wieder bewegen, nachdem ich sie eine Weile massiert hatte. Mein Hals schmerzte immer noch von dem brüllenden Gelächter, das aus mir herausgebrochen war. Als ich an mir hinunterblickte, sah ich, daß ich Mutters *prasadam* immer noch fest umklammert hielt.

Ein paar Minuten später kam mein Sohn Madhu angelaufen. ‹Mutter, was war das für ein schreckliches Gebrüll? Und wer waren die Männer, die in dem Lastwagen davongefahren sind? Haben sie dir etwas getan?› Aber ich konnte ihm nicht antworten, denn meine Zunge versagte immer noch ihren Dienst. Erst nach einigen Tagen konnte ich wieder richtig sprechen.»

Obwohl das im Jahre 1981 passierte, zittert Sarasamma heute noch vor Angst, und ihre Kehle schnürt sich zusammen, wenn sie davon erzählt. Mit erstickter Stimme und Tränen in den Augen ruft sie immer wieder: «Amma, Amma, Amma . . .»

## Gopakumar

Gopakumar ist Personalchef einer großen Firma in Alwaye, die Dünger herstellt. «Meine Begegnung mit der Heiligen Mutter kam für mich völlig unerwartet», erzählt er. «Ihre Verehrer veranstalteten an diesem Tag einen Empfang für sie in einem Tempel in Ernakulam. Mutters Gesänge nach dem Empfang beeindruckten mich sehr. Ich konnte meine Blicke nicht von ihrem liebevollen Gesicht abwenden und lauschte aufmerksam ihren ergreifenden Liedern, in denen sie die großen Wahrheiten des Lebens offenbarte. Die Tränen liefen mir über das Gesicht. Nach diesen Gesängen empfing die Mutter nacheinander ihre Anhänger, und ich hörte, wie einige von ihnen sich über ihre große spirituelle Kraft unterhielten. ‹Sie hat dieselbe Macht wie Gott›, sagten ihre Verehrer. Während ich von der Heiligen Mutter *prasad* empfing, erzählte ich ihr von meinem Problem, von dem ich glaubte, daß nicht einmal Gott es lösen könne. ‹Mutter, ich leide unter schweren Depressionen. Seit fünfzehn Jahren kann ich nachts kein Auge mehr zutun und bin dadurch sehr geschwächt. Ich habe schon viele Nächte zu Gott gebetet und ihn angefleht, er möge mir Schlaf schenken. Doch er hat meine Gebete nicht erhört.› Da lächelte die Heilige Mutter mich an und bestrich meine Stirn mit heiliger Asche, ohne ein Wort zu sagen.

Um Mitternacht aß ich zu Abend. Danach war ich sehr müde. Es war inzwischen halb eins, und ich legte mich aufs Bett, ohne mich auszuziehen, da ich ohnehin nicht mehr daran glaubte, jemals wieder schlafen zu können. Als ich die Augen wieder aufschlug, standen meine Diener vor meinem Bett und riefen: ‹Herr, bitte steh auf. Wie kann man nur so fest schlafen?› Als einer meiner Diener mir sagte, es sei neun Uhr morgens, erschrak ich sehr. Zum Glück war Sonntag, und ich mußte nicht zur Arbeit gehen. Der Diener brachte mir ein Glas Tee, doch ich konnte die Augen nicht offenhalten. Sofort schlief ich wieder ein. Als ich erwachte, war es ein Uhr mittags. Ich stand auf, ging ins Eßzimmer und sah mein Frühstück und mein Mittagessen auf dem Tisch stehen. Es war wie ein Traum. Ich brauchte ein paar Minuten, ehe ich an dieses Wunder glauben konnte. Seitdem kann ich gut schlafen. Das habe ich nur dem Segen der Mutter und ihrem grenzenlosen Mitleid zu verdanken. Sie hat mir neue Kraft gegeben.

Bald danach besuchte ich die Mutter in ihrem *ashram*. Ich hatte immer noch große Schwierigkeiten mit meiner Familie, von denen ich der Mutter bei meinem ersten Besuch nichts erzählt hatte. Doch nachdem ich die Heilige Mutter beim Devi Bhava gesehen hatte, fühlte ich, daß meine Probleme leichter wurden. Vor drei Jahren hatte ich meinen Schwiegervater energisch zurechtgewiesen, weil er sich sehr unhöflich benommen hatte. Aus Protest hatte er seine Tochter, die als Bankangestellte arbeitete, gedrängt, sich nach Trivandrum versetzen zu lassen, wo er wohnte. Er hatte so hartnäckig auf seinem Wunsch beharrt, daß meiner Frau nichts anderes übriggeblieben war, als ihm zu gehorchen. Seitdem lebten wir getrennt. Auch mein einziger Sohn war mit meiner Frau fortgezogen. Seitdem führte ich ein einsames, unglückliches Leben. Die Familie meiner Frau versuchte unsere Ehe zu zerstören, indem sie meine Frau und meinen Sohn gegen mich aufhetzte. Bei meinem zweiten Besuch im *ashram* bat ich die Heilige Mutter, mir aus meiner Not zu helfen. Lächelnd tröstete sie mich: ‹Mach dir keine Sorgen, mein Sohn. Mutter wird sich darum kümmern.› Doch ich glaubte nicht recht daran.

Als ich am nächsten Morgen zur Arbeit ging, empfand ich eine ungewöhnliche Ruhe und Freude. Ich konnte alle meine Aufgaben mühelos bewältigen. Gegen Mittag erhielt ich ein Telegramm von meiner Frau mit der Nachricht: ‹Balamurali liegt im Krankenhaus. Es geht ihm sehr schlecht. Ammini.› Trotz dieser schlechten Nachricht war ich überhaupt nicht besorgt oder traurig. Sofort erzählte ich zwei Anhängern der Heiligen Mutter davon. Ich erinnere mich noch genau an die beruhigenden Worte der beiden: ‹Mach dir keine Sorgen, Gopakumar; die Heilige Mutter hat deinen Sohn nur krank werden lassen, damit du zu Ammini fährst und dich wieder mit ihr versöhnst.›

Ich kam um zehn Uhr abends in Trivandrum an und fuhr direkt in das Krankenhaus, in dem mein Sohn lag. Als ich in sein Zimmer trat, sprang er plötzlich auf und rief: ‹Mutter, mein Vater ist gekommen.› Es schien ihm wieder gutzugehen. Dann erzählte meine Frau mir, was geschehen war. ‹Heute früh hatte er vierzig Grad Fieber. Wir machten uns alle große Sorgen um ihn. Doch gegen Abend sank das Fieber, und er erholte sich wieder.› Da erinnerte ich mich an die Worte meiner Freunde und war der Heiligen Mutter sehr dankbar für ihre Gnade. Ich verbrachte zwei glückliche Tage bei meiner Frau und meinem Sohn im Krankenhaus, und am dritten Tag, als mein Sohn aus dem Krankenhaus entlassen wurde, kehrte ich nach Ernakulam zurück.

Am nächsten Sonntag fuhr ich wie üblich nach Vallickavu, um die Heilige Mutter während des Devi Bhava zu besuchen. Da an diesem Tag sehr viele Verehrer da waren, hatte ich keine Gelegenheit, ihr von meiner Begegnung mit meiner Frau und meinem Sohn zu erzählen. Aber sicherlich wußte sie es ohnehin. Sie sagt immer: ‹Ich kenne die Probleme meiner Kinder, ohne daß sie mir davon zu erzählen brauchen. Ich kann in ihre traurigen Herzen hineinsehen.› Wie üblich gab sie mir ein Räucherstäbchen und heilige Asche als *prasadam* und sagte: ‹Sohn, wenn du nach Hause kommst, wirst du von all deinen Sorgen befreit sein.› In jener Nacht kehrte ich gegen ein Uhr nach Hause zurück. Als ich das Schlafzimmer betrat, war ich erstaunt und überglücklich, meine Frau und meinen Sohn schlafend auf dem Bett zu finden. Ich stellte mich vor das Bildnis der Heiligen Mutter, faltete die Hände, zündete den Weihrauch an und sagte: ‹Geliebte Mutter, du kannst sogar Dinge tun, die Gott nicht tun kann!›»

## Damodaran Nair

Ein Verehrer der Heiligen Mutter arbeitete einmal für ein paar Monate in Bombay und wohnte während dieser Zeit im Hause seines Verwandten K. K. Damodaran Nair. Zu seinem großen Erstaunen sah Nair seinen Verwandten häufig vor der Fotografie einer Frau sitzen, sie verehren, weinen und *bhajans* singen. Er dachte: «Was für eine Zeitverschwendung, vor einem Foto zu sitzen und zu weinen. Wer ist diese sogenannte Mutter?» Er war sehr skeptisch, verlor aber kein Wort über das merkwürdige Verhalten seines Verwandten und mischte sich nicht ein.

In dieser Zeit besuchte Nair seine Familie, die ungefähr 170 Kilometer vom *ashram* der Heiligen Mutter entfernt wohnte. Bei seiner Ankunft sah er seinen achtzigjährigen Vater im Garten arbeiten. «Vater, du bist so alt, warum belastest du dich mit einer so anstrengenden Arbeit?» fragte er ihn. Da erwiderte der Vater: «Ich bin schon von klein auf an harte Arbeit gewöhnt. Ich empfinde die Gartenarbeit nicht als anstrengend.» Dann besuchte Nair das Haus seines Verwandten, der zur Zeit bei ihm in Bombay wohnte. Der Vater dieses Mannes war ebenfalls ein ergebener Anhänger der Heiligen Mutter. Die beiden beschlossen, der Mutter einen Besuch abzustatten. Nair ging eigentlich mehr aus Neugierde mit.

Als sie im *ashram* ankamen, fand gerade Krishna Bhava statt. Nair betrat den Tempel und war sehr erstaunt, dort das strahlende Gesicht und das schelmische Lächeln Krishnas zu sehen. Plötzlich hatte er keine Kontrolle mehr über seine Glieder und begann selbstvergessen vor sich hin zu tanzen. Da fragte Krishna ihn: «Glaubst du jetzt an mich?» Nair war beschämt und sehr verwirrt, zweifelte aber immer noch an der Heiligen Mutter. «Offenbare mir deine Göttlichkeit», forderte er die Mutter auf. «Dann werde ich an dich glauben.» Die Mutter lächelte und versprach, daß ihm bald eine göttliche Erfahrung zuteil werden würde.

Nair kehrte nach Bombay zurück. Eines Nachts schlief er während der Nachtschicht an seinem Schreibtisch ein. Um zwei Uhr morgens spürte er, wie jemand ihm auf die Schulter klopfte. Er fuhr erschrocken hoch und sah die Heilige Mutter vor sich stehen. «Wußtest du, daß dein Vater gerade gestorben ist?» fragte sie ihn. «Steh auf und sieh nach.» Plötzlich sah er die Leiche seines Vaters vor sich liegen. An seinem Kopf und zu seinen Füßen brannten Lampen, und seine weinenden Angehörigen standen um ihn herum. «Glaubst du mir jetzt?» fragte die Mutter. Nair wußte nicht, was er von dieser merkwürdigen Vision halten sollte. Hatte er geträumt? Das konnte nicht sein. Er hatte die Mutter deutlich vor sich stehen sehen. Andererseits war sein Vater noch vor ein paar Tagen wohlauf gewesen und hatte im Garten gearbeitet. Wie konnte er jetzt tot sein?

Nach der Arbeit ging Nair nach Hause und erzählte seiner Frau von seinem Erlebnis. «Denk nicht mehr über diesen albernen Traum nach», beruhigte sie ihn. «Es war sicher nur ein Hirngespinst. Geh schlafen!» Ein paar Stunden später kam ein Telegramm mit der Nachricht: «Komme sofort. Vater ist heute früh um ein Uhr gestorben.»

Von da an glaubte Nair an die Göttlichkeit der Heiligen Mutter. Jetzt sitzt auch er vor dem Foto der Heiligen Mutter und betet zu ihr wie sein Verwandter.

## Puvampuzha Swami

Puvampuzha Swami war in seinem Heimatdorf in der Nähe von Quilon sehr bekannt. Als er von der Heiligen Mutter und den Bhavas hörte, in denen sie ihre Einheit mit Krishna und Devi offenbarte, beschloß er, sie zu besuchen und sich von ihren spirituellen Kräften zu überzeugen. Er besuchte den *ashram* zum erstenmal im Jahre 1976 und konnte dann eine Zeitlang nicht wiederkommen, weil seine Mutter gestorben war. Bei seinem zweiten Besuch dachte er: «Nun will ich die Mutter auf die Probe stellen. Wenn sie wirklich über die göttliche Macht Krishnas verfügt, soll sie mir eine der Lehren der Bhagavad Gita nennen. Erst dann werde ich an ihre Aufrichtigkeit glauben.»

Mit diesem Vorsatz betrat der Swami den Tempel, in dem die Mutter in Gestalt Krishnas saß. «Da meine Mutter in der Zwischenzeit gestorben ist, konnte ich in den letzten Wochen nicht kommen», erklärte er. «Was nicht bereits existiert, kann auch nicht entstehen; und was existiert, vergeht niemals. Vergiß diese große Wahrheit nicht», erwiderte die Heilige Mutter. Da verneigte der Swami sich voller Ehrfurcht.

Obwohl die Mutter ihre Antwort nicht aus den Schriften gelernt hatte, war dieser Spruch eine genaue Übersetzung des sechzehnten Verses aus Kapitel zwei der Bhagavad Gita. Von da an glaubte der Swami fest an die Göttlichkeit der Heiligen Mutter und wurde ihr ergebener Verehrer.

## Radha Bai

Radha Bai aus Calicut war eine überzeugte Anhängerin Sri Satya Sai Babas. Einmal erschien ihr im Traum Satya Sai Baba in Begleitung einer heiligen Frau, die ganz in Weiß gekleidet war. Beide standen vor einem großen Haus. Baba zeigte auf die heilige Frau und sagte zu Radha Bai: «Du mußt zu dieser Mutter gehen.» Danach verschwanden die beiden ohne ein weiteres Wort. Radha Bai, die jetzt nicht mehr schlafen konnte, stand auf und grübelte: «Wo soll ich diese Mutter finden? Woher soll ich wissen, wo sie sich aufhält?»

Am nächsten Tag sah Radha Bai in der Zeitung ein Foto einer heiligen Frau und einen Artikel über sie, in dem stand, daß sie noch am selben Tag nach Calicut kommen würde. Sie erkannte das Gesicht der Frau genau. Es war die Mutter, die ihr zusammen mit Baba im Traum erschienen war. In dem Artikel stand auch, wo sie sich während ihres Besuchs in Calicut aufhalten würde. Radha Bai freute sich darüber, daß sie der Aufforderung Satya Sai Babas Folge leisten konnte.

Noch am selben Tag ging Radha Bai mit ihrer Familie zur Heiligen Mutter. Als Radha Bai das Haus sah, in dem die Mutter sich aufhielt, war sie noch überraschter, denn es war genau das Haus, das sie in der vorigen Nacht im Traum gesehen hatte! Während des *darshan* erzählte sie der Mutter von ihrem Traum. Die Mutter hörte ihr ruhig zu und lächelte dann sanft, als wolle sie ihr zu verstehen geben, daß sie das alles bereits wisse. Als Radha Bai und ihre Familie nach Hause zurückkehrten, fühlten sie sich sehr beglückt und gesegnet.

## Kunjukutty Amma

Beim ersten Besuch der Heiligen Mutter in Calicut hatten viele ihrer Verehrer spirituelle Erlebnisse, die sie inspirierten. Kunjukutty Amma verehrte seit vielen Jahren Devi in Gestalt Mookambikas (das ist ein Aspekt der göttlichen Mutter). 1985 besuchte sie mit ihrer Familie die Heilige Mutter. Hinterher berichtete sie über ihre Begegnung mit der Mutter:

«Als ich mich der Heiligen Mutter näherte, betrachtete sie mich mit durchdringendem Blick. Mir standen die Haare zu Berge, und ich hatte das Gefühl, mein Körperbewußtsein zu verlieren. Ich warf mich der Mutter zu Füßen und rief laut und flehend: ‹O Mutter! Große Zauberin! Mookambika! Beschütze mich, o Mutter! Gib mir Zuflucht, gib mir Zuflucht!› Liebevoll legte die Mutter meinen Kopf in ihren Schoß. Als ich den Kopf hob, strich sie mit ihrem linken Zeigefinger heilige Asche auf meine Stirn. Kaum hatte sie meine Stirn berührt, durchfuhr mich ein heftiger Schock. Es war wie ein elektrischer Schlag. Im nächsten Augenblick sah ich an der Stelle der Heiligen Mutter meine geliebte Göttin Mookambika mit göttlichem Schmuck im Lotossitz vor mir sitzen.»

Bei diesem Anblick geriet Kunjukutty Amma in Verzückung und begann zu tanzen und zu singen. «Kind, was möchtest du?» fragte die Heilige Mutter sie, und hingerissen antwortete sie: «Ich danke Dir für den Segen, Deine Lotosfüße berühren zu dürfen. Nun habe ich Parasakti (die höchste Energie) erschaut! O Mutter, bitte geh nicht fort. Verlaß mich nicht.»

Sie tanzte weiter und weinte dabei vor Freude. Einige Verehrer wollten sie hinaustragen, doch die Heilige Mutter hielt sie davon ab: «Niemand sollte diese Frau anrühren. Sie ist im Zustand der höchsten Seligkeit.» Eine halbe Stunde lang blieb Kunjukutty Amma in diesem verzückten Zustand. Dann kehrte sie nach Hause zurück und war überglücklich, endlich die schöne Gestalt ihrer geliebten Göttin gesehen zu haben.

## Seshan

Seshan, ein Verehrer der Heiligen Mutter aus Madras, war Elektroingenieur. Nachdem er in den Ruhestand getreten war, widmete er seine ganze Freizeit der Organisation spiritueller Vorträge und dem Dienst an *sannyasins*. Doch obwohl er sich mit

Hingabe seinen spirituellen Übungen widmete, machte er bis zu jener Zeit, als er der Heiligen Mutter begegnete, keine großen Fortschritte. Nach seiner ersten Begegnung mit der Mutter betete er mehrmals zu ihr und bat sie, ihm ein *mantra* zu geben. Doch aus irgendeinem Grund reagierte Mutter nicht auf seine Bitte. Seshan gab nicht auf und betete immer wieder um das *mantra*. In dieser Zeit besuchte die Heilige Mutter Tiruvannamalai, den früheren Aufenthaltsort Ramana Maharshis. Seshan fuhr mit seiner Familie ebenfalls nach Tiruvannamalai, um mit der Mutter zu sprechen. Als er seine Bitte wieder vorbrachte, versprach Mutter ihm sofort, daß sie ihn bei seinem nächsten Besuch in Vallickavu ins spirituelle Leben einweihen würde.

Sie hielt ihr Versprechen. Um elf Uhr nachts, kurz vor dem Ende des Devi Bhava, erhielt Seshan sein *mantra*. Ehe sie den Tempel verließ, sagte sie zu ihren Verehrern: «Niemand von euch sollte diesen Sohn berühren oder ansprechen.»

Bald nach seiner Einweihung versank Seshan in tiefe Meditation. Nach drei Stunden saß er immer noch regungslos im Tempel. Wie die Heilige Mutter befohlen hatte, bewachten zwei Bewohner des *ashram* die Tempeltore, damit Seshan nicht gestört wurde. Nach zwei Uhr morgens schlug Seshan die Augen auf und blickte sich verwirrt um. «Wo sind denn die anderen hingegangen?» fragte er einen der Wächter. «Wo ist die Mutter? Und warum findet kein *bhajan* statt? Ich habe doch nur ein paar Minuten lang meditiert. Was ist geschehen?» Da rief der Wächter: «Ein paar Minuten! Es sind schon drei Stunden vergangen. Die Mutter hat dich um elf Uhr eingeweiht, und jetzt ist es zwei Uhr. Das Bhava *darshan* ist schon lange zu Ende.»

Da kannte Seshans Verwunderung keine Grenzen. «Das ist die Gnade der Mutter!» rief er glücklich. Neugierig fragte der Wächter: «Wir wüßten gern, was für ein Erlebnis du gehabt hast. Da wir auch auf dem spirituellen Weg sind, wäre das eine große Inspiration für uns.»

Voller Begeisterung antwortete Seshan: «Es ist schwer, das in Worten auszudrücken. Nachdem die Mutter mir das *mantra* gegeben hatte, berührte sie mit ihrem Zeigefinger meine Stirn. Diese

Berührung hatte eine wunderbare Wirkung auf mich. Es war, als fahre ein elektrischer Schlag durch meinen Körper. Der Tempel und die ganze Welt drehten sich immer schneller um mich und lösten sich schließlich auf. Ich konnte nichts mehr sehen und empfand nur noch Seligkeit. Ihr sagt, ich hätte drei Stunden meditiert. Mir kamen sie wie drei Minuten vor – und währenddessen existierten weder Zeit noch Raum!»

Da wurde der andere noch neugieriger. Nach kurzem Zögern bat er: «Wenn du es für richtig hältst, nenne mir bitte das *mantra,* das die Heilige Mutter dir gegeben hat. An deiner Schilderung erkenne ich, daß du bald nach deiner Einweihung in einen formlosen Zustand versetzt worden bist.»

Da erwiderte Seshan: «Über diese Dinge darf ein *sadhaka* mit niemandem sprechen. Sie sollen geheimgehalten werden. Aber etwas kann ich euch verraten: Ich bin ein Vedantin, ein Verehrer des formlosen höchsten Bewußtseins. Ich rezitiere schon seit vielen Jahren ein bestimmtes *mantra,* habe aber bisher kein spirituelles Erlebnis gehabt. Die Heilige Mutter hat mir nun dasselbe *mantra* gegeben und mich gesegnet, indem sie mir auch die dazugehörige spirituelle Erfahrung schenkte.»

## Narayan Nambiar

P. O. Narayan Nambiar aus Calicut erzählte:

«Ich bin schon seit jungen Jahren ein großer Verehrer Krishnas, spreche immer seine göttlichen Namen und singe Lieder für ihn. Als ich siebzehn Jahre alt war, weihte mich der Schüler eines großen Meisters, Shivananda Paramahamsa, ins spirituelle Leben ein. Seitdem preise ich Krishna nicht nur in andächtigen Gesängen, sondern meditiere auch regelmäßig. Im Jahre 1960 hatte ich ein seltsames Erlebnis. Eines Nachts ging ich nach meinen üblichen Gesängen und Meditationen zu Bett. Um halb vier Uhr morgens sah ich im Traum eine große Halle, vor der sich ein Hof befand. In dem Hof wuchsen verschiedene bunte Pflanzen in Blumentöpfen und in der Erde. Ich sah auch zwei Gestalten in dem Hof: einen heiligen Mann mit dichtem, lockigem Haar und einem leuchtend orangefarbenen Gewand und eine weißgekleidete heilige Frau, die mir mit der rechten Hand winkte, ihr zu folgen. Der heilige Mann sah mich nicht an und gab mir auch kein Zeichen. Obwohl das nur ein Traum war, war ich fest davon überzeugt, es müsse irgendein tieferer Sinn dahinterstecken. Die beiden heiligen Menschen, die ich im Traum gesehen hatte, blieben mir lebhaft in Erinnerung.

Erst zwei Jahre später wurde mir klar, daß der heilige Mann Sri Satya Sai Baba aus Puttaparthi war, der damals allmählich in unserer Gegend bekannt wurde. Und es sollten noch zwanzig Jahre vergehen, ehe ich am 26. Januar 1985 erkannte, daß die heilige Frau, die mir im Traum erschienen war, Mata Amritanandamayi war. Damals sah ich sie zum erstenmal im Haus eines ihrer Verehrer in Calicut.

Als ich der Mutter zum erstenmal begegnete, bat ich sie demütig und bescheiden: ‹Ich meditiere seit meinem siebzehnten Lebensjahr, doch bis jetzt habe ich noch nie *samadhi* erlebt. Bitte schenke mir dieses Glück.› Die Mutter sah mir in die Augen und sagte: ‹Sohn, betreibe dein *sadhana* noch intensiver, und gib nicht auf.›

Nachdem ich den Segen der Heiligen Mutter erhalten hatte, sah ich, wie sie sich zusammen mit einigen ihrer Schüler auf die Abreise vorbereitete. Sie sollte an der Weihe eines Tempels teilnehmen. Ich stand ein paar Meter vom Tor des Hauses entfernt und hatte vor, erst nach der Heiligen Mutter abzufahren. Als die Mutter ins Auto steigen wollte, sah sie mich und ging auf mich zu. Ich faltete die Hände und verneigte mich vor ihr. Da strich sie mir mit dem Finger über den Handrücken und sagte: ‹Mein Sohn, ich habe versprochen, dorthin zu fahren, aber ich komme bald wieder.› Ich empfand die Berührung der Heiligen Mutter wie einen elektrischen Schlag, der meinen Körper vom Kopf bis zu den Zehen erschütterte. Ganz von selbst schlossen meine Augen sich und füllten sich mit Tränen. Als ich die Augen nach vier oder fünf Sekunden wieder öffnete, war die Mutter bereits ins Auto gestiegen und fuhr davon. Ich blieb wie erstarrt stehen und rührte mich nicht vom Fleck, bis die Mutter wiederkehrte. Ihre Berührung hatte eine große Wirkung auf mich gehabt. Von nun an konnte ich mich meinen spirituellen Übungen mit größerer Energie und Konzentration widmen. Bisher hatte ich mich nicht von meinem Verlangen nach weltlichen Vergnügungen befreien können. Doch jetzt verschwand dieses Verlangen auf wundersame Weise von selbst, ohne daß ich mich krampfhaft um Enthaltsamkeit zu bemühen brauchte.

Als ich später an einer siebentägigen spirituellen Praxis im *ashram* der Heiligen Mutter teilnahm, fragte ich sie: ‹Mutter, in einigen spirituellen Texten habe ich gelesen, wenn man den spirituellen Meister seiner früheren Inkarnation finden könne, werde man rasch spirituelle Fortschritte machen. Mutter, warst du in einer meiner früheren Existenzen mein Guru?› Da lächelte die Heilige Mutter und antwortete: ‹Ja, Sohn.› Demütig bat ich sie: ‹Mutter, wenn das so ist, weihe mich bitte ins spirituelle Leben ein.› Liebevoll erwiderte die Mutter: ‹Bei deinem nächsten Besuch werde ich es tun.›

Wie versprochen gab die Mutter mir bei meinem nächsten Besuch im *ashram* am Ende des Devi Bhava mein *mantra*. Anschließend gab sie mir einen Dreizack in die Hände und forderte mich auf, so lange zu meditieren, wie ich wolle. Während ich den Dreizack in der Hand hielt, vibrierte er heftig, als stehe er unter Strom. Um sicherzugehen, daß das auch keine Halluzination war, hielt ich ihn abwechselnd in der rechten und in der linken Hand. Doch das Vibrieren hörte nicht auf; es war also keine Ausgeburt meiner Phantasie. Das Zittern des Dreizacks übertrug sich sogar auf meine Hände. Ich hielt ihn anderthalb Stunden lang, dann stellte ich ihn wieder an seinen Platz zurück. Nun war ich davon überzeugt, daß die Heilige Mutter eine Meisterin ist, die spirituelle Vollendung erlangt hat, und daß sie ihre spirituelle Energie sogar auf einen leblosen Gegenstand übertragen kann. Diese und viele andere Erfahrungen bestärkten mich in meinem Glauben an die Mutter. Ich habe ihr mein ganzes Leben zu Füßen gelegt.»

## Unnikrishna

Unnikrishna war die erste Person, die das Glück hatte, sich lange Zeit in der Nähe der Mutter aufhalten zu dürfen. Er hatte keine große Ausbildung genossen, er ging schon nach der sechsten Klasse von der Schule ab. Daher zeigt sich die Güte und Gnade der Mutter an ihm besonders deutlich. Durch die Gnade seines Guru kann selbst ein Analphabet zu einem großen Dichter werden. Das Leben Unnikrishnas ist der beste Beweis dafür.

Nach seiner kurzen Schulausbildung ging der junge Unni den verschiedensten Beschäftigungen nach. Als er zwanzig Jahre alt war, hörte er von der Heiligen Mutter und besuchte sie. Schon von der ersten Begegnung an hatte er großes Vertrauen zu ihr. Danach ging er immer wieder zu ihr und bat sie um Rat und Unterweisung. So verging ein Jahr. Eines Tages bat die Mutter ihn, bei ihr zu bleiben und den täglichen Gottesdienst im Tempel abzuhalten. Sie brachte ihm bei, jeden Tag das Lalita Sahasranama (die tausend Namen der göttlichen Mutter) zu singen.

Das war die entscheidende Wende in seinem Leben. Schon die bloße Gegenwart der Heiligen Mutter erfüllte ihn mit einem heftigen Verlangen nach der Erkenntnis der Wahrheit. Jeden Tag erlegte er sich schwere Bußen auf, hielt den Gottesdienst ab, sprach mit Amma, las in den Schriften oder widmete sich anderen spirituellen Übungen. So gelangte er allmählich zu der Erkenntnis, daß die strahlende Mutter des Bhava *darshan* und die Heilige Mutter, die er tagtäglich sah, in Wirklichkeit eins waren – zwei Aspekte oder Manifestationen derselben unendlichen göttlichen Macht, die Mata Amritanandamayi zum Wohle der Menschheit offenbarte. Diese Einsicht bestärkte ihn in seinem Verlangen, *sadhana* (spirituelle Übungen) zu betreiben. Er weihte sein Leben ganz der Heiligen Mutter und betrachtete sie als seine einzige Stütze. Nach und nach erlegte er sich eine immer größere Askese auf; er aß, schlief und sprach weniger als früher. Manchmal fastete er wochenlang. Er schlief auf dem Boden und deckte sich selbst im Winter und in der Regenzeit nicht zu. Wenn er sich auf eine Pilgerreise begab, ging er den ganzen Weg zu Fuß.

Eines Tages fragte er die Heilige Mutter mit Tränen in den Augen: «Wer ist meine wahre Mutter?» Da betrachtete sie ihn liebevoll, legte seinen Kopf in ihren Schoß und antwortete: «Liebes Kind, du bist mein Sohn. Ich bin deine Mutter.» Da wurde Unnikrishna von einem unsäglichen Glücksgefühl überwältigt. Schweigend blickte er in das strahlende Gesicht der Mutter und vergoß Freudentränen.

Inzwischen ist Unnikrishna durch die unendliche Gnade der Mutter ein begabter Dichter geworden. Aus seinen Werken, in denen er große philosophische Gedanken zum Ausdruck bringt, spricht die Hingabe an Gott. Eines Tages, als einige seiner Angehörigen in den *ashram* kamen und ihn nach Hause zurückholen wollten, antwortete er ihnen mit folgendem ergreifendem Gedicht:

*Ich habe meine Heimat schon vor langer Zeit verlassen.*
*Wenn ich nun wieder ein weltliches Leben führe,*
*Könnte ich dadurch Seelenfrieden erlangen?*
*Hat eine solche Existenz*
*Schon jemals einem Menschen genützt?*

*Warum wollt ihr mir den Weg des Narren*
*In die Knechtschaft des weltlichen Lebens ebnen,*
*Während ich mit aller Kraft versuche,*
*Mich von den Torheiten der Welt zu befreien?*
*Wie könnte ich mich mit einem solchen Schicksal abfinden?*

In dem folgenden Gedicht beschreibt Unni seine erste Begegnung mit der Mutter:

*In einem fernen Tempel brannte eine leuchtende Flamme,*
*Die niemals verlosch.*
*Dort saß die unendlich mitfühlende Mutter,*
*Das einzige Licht jener Menschen,*
*Die einsam durch die Dunkelheit wandern.*

*Auch ich war ein einsamer Wanderer.*
*Eines Tages rief die Mutter,*
*Der Inbegriff der Gnade, mich zu sich.*
*Sie öffnete den innersten Tempelschrein*
*Und bestrich meine Stirn mit Sandelholzpaste.*

*Sie pries Gott in herrlichen Gesängen*
*Und nahm mich auf ihren weichen, heiligen Arm.*
*Als ich in ihre Nähe trat, flüsterte mir*
*Ein wunderbarer Traum die göttliche Wahrheit ins Ohr:*

*«Warum weinst du? Weißt du nicht,*
*Daß du bei der Mutter des Universums bist?»*
*Mit einem Seufzer erwachte ich.*
*Ihre Lotosfüße werden mir für immer im Gedächtnis bleiben.*

Einmal geriet Unnikrishna in eine seelische Krise, legte ein Gelübde ab und fastete mehrere Wochen lang. Als die Heilige Mutter das erfuhr, hörte sie ebenfalls auf zu essen und zu trinken. Unni, der das nicht wußte, hielt weiterhin sein Gelübde ein. Nach ein paar Tagen kam der Vater der Heiligen Mutter zu ihm, als er seinen täglichen Gottesdienst abhielt, und beschimpfte ihn heftig, weil er nichts esse und dadurch auch die Mutter dem Hungertod nahebringe. Nach dem Gottesdienst kam er unglücklich und mit Tränen in den Augen zur Hütte der Mutter. Sie rief ihn zu sich und liebkoste ihn; und als sie sah, daß er zitterte, sagte sie beruhigend: «Unni, mein Sohn, wenn du dich in einem inneren Aufruhr befindest, solltest du zu mir kommen und mir davon erzählen. Quäle deinen Körper nicht so. Du brauchst ihn für dein *tapas*. Iß wenigstens genug, um deinen Körper zu erhalten.» Dann bat sie um einen Teller Reis, fütterte Unni eigenhändig und aß vom selben Teller wie er.

Als Unni ein paar Monate im *ashram* lebte, erfaßte ihn eine innere Unruhe. Sein Wesen war das eines wandernden Bettlers, und so beschloß er fortzugehen. Ohne jemandem etwas von seiner Absicht zu sagen, traf er seine Vorbereitungen. Es war in der *darshan*-Nacht. Als er im Begriff war fortzugehen, kam ein Mann zu ihm, den die Heilige Mutter geschickt hatte. Er richtete Unni aus: «Die Mutter läßt dir sagen, daß du jetzt nicht weggehen solltest.» Da er es nicht fertigbrachte, der Heiligen Mutter ungehorsam zu sein, gab er seinen Plan auf. Einige Zeit später versuchte er noch einmal, den *ashram* zu verlassen. Doch da geschah das gleiche. Einmal ging er tatsächlich fort, verspürte jedoch schon nach zwei Tagen einen unwiderstehlichen inneren Drang, in den *ashram* zurückzukehren. Das brachte ihn zu der Überzeugung, daß man nichts ohne das Wissen und den Segen der Heiligen Mutter tun kann.

Einmal sagte die Mutter: «Unnis Lieder haben ihren Ursprung in der Meditation.» Damit hatte sie den Charakter seiner Werke genau beschrieben. Er tritt am deutlichsten in den folgenden beiden Liedern zutage:

*Ich bin lange in fernen Ländern umhergewandert,*
*Und Kummer und Sorgen lasteten schwer auf meinem Rücken.*
*Schließlich kam ich zu Dir*
*Und legte Dir mein Leben zu Füßen.*
*O Mutter, sei gnädig und reinige mich mit dem Wasser Deiner Liebe*
*Von meinen endlosen Leiden und Tränen!*

*Bitte weise mich armen Sünder nicht von Dir,*
*Denn Du bist meine einzige Stütze auf dieser Welt.*
*O Inbegriff des Mitleids, bitte liebkose mich*
*Mit dem Mondlicht Deiner schönen Augen.*

*O Mutter, laß mich die Bürde der Gedanken abwerfen,*
*Mich neben Dich setzen und in Meditation versinken.*
*O Mutter, die in den Veden und im Vedanta beschrieben ist!*
*O Mutter aller Götter und Göttinnen!*
*Willst Du mir meinen Wunsch,*
*Das höchste Selbst zu erlangen, nicht erfüllen?*
*O Mutter, wann werde ich endlich*
*Die Suche nach weltlichen Vergnügungen aufgeben,*
*Dir zu Füßen sinken und mit Dir eins werden?*

## Chandru (Adhyatma Chaitanya)

Chandru war in einer strenggläubigen Brahmanenfamilie aufgewachsen und glaubte schon von Kindheit an fest an die göttliche Mutter. Wenn er in den kleinen Devi-Tempel in der Nähe seines Hauses ging, vertraute er ihr stets alle seine Probleme an. Im Jahre 1975 unterzog er sich der Abschlußprüfung an der philosophischen Fakultät der Universität und bestand sie nicht. Enttäuscht ging er von zu Hause fort und fuhr nach Madras, wo er bei seinem Onkel wohnte. Eines Tages sagte sein Onkel zu ihm: «Du kannst nicht dein ganzes Leben damit verbringen, einfach nur müßig herumzusitzen. Du mußt versuchen, eine Stellung zu finden.» Chandru nahm sich seinen Rat zu Herzen, ging auf die Suche und fand schließlich Arbeit in einem Fischerboot. Von da an begann er die schweren und die schönen Seiten des Lebens kennenzulernen.

Um diese Zeit schloß Chandru Freundschaft mit einem Hindumönch, der die Hinduschriften lehrte. Unter dem Einfluß dieses Freundes widmete er den größten Teil seiner Zeit spirituellen Tätigkeiten, wie religiösen Gesängen und dem Studium der Schriften. Gleichzeitig bewältigte er auch noch seine harte Arbeit in dem Fischerboot.

Eines Tages verspürte Chandru plötzlich einen unwiderstehlichen inneren Drang, in sein Elternhaus in Kerala zurückzukehren. Ein paar Tage später verließ er Madras und fuhr nach Alleppey. Aber es fiel ihm sehr schwer, mit seinen Angehörigen auszukommen, die darauf bestanden, daß er die Prüfung wiederholte. Eines Tages erfuhr er von der Heiligen Mutter und beschloß, zu ihr zu gehen. Gemeinsam mit einem Freund besuchte er sie in ihrem *ashram*.

Als Chandru die Heilige Mutter während des Devi Bhava in Gestalt der Mutter des Universums aus dem Tempel treten sah, spürte er, daß er vor der göttlichen Mutter Kali von Dakshineshvara stand. Nach ihrem ekstatischen Tanz ließ die Heilige Mutter sich im Tempel nieder, und Chandru trat ein. Als die Mutter ihren Zeigefinger auf Chandrus Stirn drückte, hatte er eine Vision Kali

Matas, wie sie im Bhavatarini-Tempel in Kalkutta zu sehen ist. Die Mutter forderte ihn auf, sich niederzusetzen und zu meditieren, und er versank für über zwei Stunden in tiefe Meditation. Als er sah, wie die Mutter das Blut und den Eiter aus den stinkenden Wunden des leprakranken Bettlers Dattan saugte, strömte sein Herz vor Liebe und Verehrung über. Dieser Anblick war ihm Beweis genug für die unvergleichliche Größe der Heiligen Mutter. In diesem Augenblick beschloß er, allen weltlichen Dingen zu entsagen und ein spirituelles Leben zu führen.

Als Chandru sich am nächsten Morgen von der Heiligen Mutter verabschiedete, fragte er sie: «Darf ich gehen, Mutter?» Und sie antwortete: «Sohn, niemand kann irgendwohin gehen. Wohin sollte man gehen?» Da Chandru den Sinn ihrer Worte nicht begriff, verließ er den *ashram*. Bald nach seiner Abreise sagte die Mutter zu einem ihrer Anhänger: «Er ist mein Sohn. Er wird gleich wiederkommen.»

Inzwischen verspürte Chandru, der gerade das andere Ufer des Flusses erreicht hatte, einen heftigen Drang, in den *ashram* zurückzukehren. Deshalb fuhr er mit der gleichen Fähre zurück, mit der er den Fluß überquert hatte. Die Mutter empfing ihn mit liebevollem Lächeln und sagte: «Du solltest die ganze Welt als deinen Guru betrachten. Du darfst nicht glauben, daß Mutter dieser Körper ist. Der Körper ist träge und unbeweglich. Hast du nicht gerochen, wie entzündete Wunden zu stinken beginnen? Wie kann der Körper das wahre Selbst sein? Du hast so vieles studiert, doch nichts ist in dein Herz eingedrungen. Du kennst keine Hingabe.»

Bei diesen Worten weinte Chandru wie ein Kind. Als er den *ashram* verließ, war er ein anderer Mensch, fest entschlossen, den spirituellen Weg zu gehen. Während des ganzen Heimwegs sah er die göttliche Gestalt der Heiligen Mutter vor sich. Zu Hause angekommen, entsagte er seinem bisherigen luxuriösen Leben und verzichtete drei Tage lang auf Essen und Schlaf.

Dann erklärte er seinen Eltern, er wolle in Gegenwart der Heiligen Mutter ein besonderes Gelübde ablegen, um sich vom Einfluß böser Mächte zu befreien, kehrte in den *ashram* zurück und blieb drei Tage dort. Als die Heilige Mutter ihn sah, sagte sie: «Du hast deinen Eltern eine Lüge erzählt, um hierher zu kommen. Das ist nicht schlimm, denn du hast es getan, um die Wahrheit zu erfahren.» Bald danach besuchten auch Chandrus Eltern die Heilige Mutter und begannen sie zu verehren.

Chandrus größter Wunsch war es, ein Mönch zu werden. Doch die Heilige Mutter sagte: «Ich erlaube es dir nur, wenn deine Mutter in Alleppey damit einverstanden ist.» Vor seiner Begegnung mit der Mutter war Chandru ein sehr jähzorniger Mensch gewesen. Seine plötzliche Wandlung war für seine Eltern und Angehörigen unbegreiflich. Sie waren sehr glücklich darüber, vor allem seine Mutter. Da sie eine fromme, hingebungsvolle Frau war, war sie sofort mit Chandrus Plan einverstanden, legte der Heiligen Mutter das Leben ihres Sohnes zu Füßen und fragte sie: «O Mutter, wie hast du es geschafft, diesen jähzornigen Chandru zu zähmen?» Da erwiderte die Mutter lächelnd: «Weißt du denn nicht, daß er zu Bhadrakali (dem wilden, grimmigen Aspekt der göttlichen Mutter) gekommen ist?»

Da es in Vallickavu keine Unterkunft für ihn gab, bat Chandru die Mutter, ihm einen Ort zu nennen, wo er sich seinen spirituellen Übungen widmen konnte. Da schickte die Heilige Mutter ihn nach Tiruvannamalai (wo der berühmte Weise Sri Ramana Maharshi gelebt hatte) und forderte ihn auf, 41 Tage in strenger Askese zu leben. Am 11. Oktober 1979 kam Chandru nach Tiruvannamalai, wo er Nealu, Gayatri, Ganga (Sarvatma Chaitanya) und Madhu (Prematma Chaitanya) kennenlernte, die später alle Schüler der Heiligen Mutter wurden und ständig in ihrem *ashram* lebten.

Während seines Aufenthalts in Tiruvannamalai schrieb Chandru folgendes Lied:

*O Mutter, die im Herzen der Menschen wohnt,*
*O Mutter, Du Inbegriff der Liebe,*
*Ich weiß nichts außer Deinem göttlichen Namen.*
*O Mutter des Universums, segne mich*
*Und laß mich Deine göttliche Botschaft verbreiten.*
*Ich strebe nicht nach weltlichen Genüssen,*

*Sondern nur nach reiner Hingabe an Dich.*

*Wie viele Geburten habe ich schon erlebt!*
*Sie waren vergebens,*
*Weil ich nicht mit Dir verschmelzen konnte.*
*O Mutter, nur Deinem unendlichen Mitleid verdanke ich es,*
*Daß ich nun in diesem Leben zu Dir kommen durfte.*
*O Meer der reinen Liebe, ich werfe mich Dir zu Füßen.*
*Ohne Dich ist für mich alles wertlos, selbst das Leben.*

*Viele Geburten habe ich schon durchlaufen,*
*Ohne Dich zu kennen,*
*Und immer lastete eine schwere Bürde auf meinen Schultern.*
*In diesem Leben bin ich zu Dir gekommen und habe*
*Dir alle meine Sorgen zu Füßen gelegt.*
*O Mutter, ich sehe auf der Welt nichts Beständiges*
*Außer Deiner unendlichen Macht.*
*Laß mich in diesen Bewußtseinsstrom eingehen,*
*Lösche mein Ich aus.*

*Mutter hat gesagt, es gebe keine Trennung*
*zwischen Ihr und mir:*
*Doch ich bin nicht fähig, diese Einheit zu sehen,*
*Und deshalb möchte ich Ihr Kind bleiben.*
*Mutter kümmert sich liebevoll um Ihre Kinder,*
*Und schon durch eine Berührung Ihrer heiligen Hände*
*Wäscht Sie alle meine Sünden fort.*

*O Mutter, warum zögerst Du so lange?*
*Bin ich denn nicht Dein Kind? Ich zähle die Tage,*
*Bis ich endlich mit Dir eins werden kann.*
*O Mutter, was muß ich tun, um ganz in Dir aufzugehen?*
*Willst Du mir nicht den rechten Weg zeigen? O Mutter,*
*Ich bin nichts. Du bist alles, Du bist alles . . .*

Nach seiner Rückkehr aus Tiruvannamalai verbrachte Chandru zwei Monate in der heiligen Gegenwart der Mutter und erlegte sich unter ihrer Anleitung eine strenge Disziplin auf. Danach ging er auf ihre Anweisung hin Mitte März 1980 zur Sandheepany Sadhanalaya, einer Abteilung des Central Chinmaya Mission Trust in Bombay, um die Hinduschriften zu studieren. Am Tag vor seiner Abreise sagte die Heilige Mutter zu ihm: «Glaube an deinen Guru, an Gott und die Schriften. Du sollst studieren, um später der Menschheit dienen zu können. Höre nicht auf die Menschen, die deinen Guru beschimpfen.»

Während seines Aufenthalts in Bombay erschien die Heilige Mutter Chandru mehrmals in Visionen und wies ihn zurecht, weil er seine spirituellen Übungen nicht richtig machte. So beaufsichtigte und belehrte sie ihn, obwohl sie Tausende von Meilen von ihm entfernt war. Sie schickte ihm auch Briefe mit spirituellen Anleitungen und philosophischen Lehren, die sie in der ihr eigenen klaren, einfachen Sprache ausdrückte. Diese Briefe halfen ihm bei seinem spirituellen Fortschritt und der Formung seines Charakters.

Nach seinem Studium kehrte Chandru, der heute den Namen Adhyatma Chaitanya trägt, nach Vallickavu zurück und arbeitete ein Jahr lang beim Chinmaya Mission Trust. Gleichzeitig unterrichtete er auf Bitten der Heiligen Mutter die Bewohner des *ashram*. Später beendete er seine Tätigkeit bei der Chinmaya Mission und widmete sich von nun an ganz dem Dienst an der Heiligen Mutter und der Verbreitung ihrer göttlichen Lehren.

## Balu (Amritatma Chaitanya)[1]

«Als ich meine Abschlußprüfungen an der Philosophischen Fakultät der Universität bestanden hatte, hörte ich von einer jungen Frau, die übernatürliche Kräfte besaß und die Gestalt Devis und Krishnas annehmen konnte. Obwohl ich sehr gläubig war, hatte ich kein großes Interesse daran, diese Frau kennenzulernen. Einige meiner Angehörigen und Freunde, die bereits bei ihr gewesen waren, äußerten sich sehr positiv über sie und drängten mich immer wieder, sie auch einmal in ihrem *ashram* zu besuchen. Eines Abends ging ich in Begleitung meines Onkels hin, war aber sehr skeptisch. Es war schon dunkel, und als wir uns dem *ashram* näherten, drangen mir die Klänge eines herzergreifenden andäch-

---

1 Der Verfasser dieses Buches. Anm. d. Verlages.

tigen Liedes in die Ohren, das sofort meine Aufmerksamkeit weckte. In einem kleinen Schrein sah ich eine weißgekleidete junge Frau, die Lieder voller Liebe und Hingabe sang. Man sah ihr an, daß ihr Herz vor göttlicher Liebe und Seligkeit überströmte. Die Schwingungen ihres Liedes drangen mir ins Herz und rührten mich.

Als ich an der Reihe war, betrat ich den Schreinraum, in dem sie auf einem *peetham* (Schemel) saß. Ich warf mich vor ihr zu Boden. Als ich wieder aufstand, faßte sie nach meiner Hand und sah mir in die Augen. Ihre Augen strahlten wie der Vollmond, und ihr Lächeln fesselte mich so, daß ich mich nicht mehr rühren konnte. Aus ihrem Gesicht sprach ein grenzenloses Mitgefühl. Langsam legte sie meinen Kopf an ihre Schulter und sagte sanft, aber mit Nachdruck: ‹Sohn, ich bin deine Mutter, und du bist mein Kind.› Ihre süße Stimme drang mir tief ins Herz, und mich erfaßte ein unerklärliches Glücksgefühl. Mir war, als sei ich am Ziel meiner Suche angelangt. Ich brach in Tränen aus. Endlich hatte die allumfassende Liebe in ihrer Reinheit und Mütterlichkeit Gestalt angenommen. Dieses erste Erlebnis hatte mich so fasziniert, daß ich die ganze Nacht neben Mutter sitzen blieb.

Als ich am nächsten Tag nach Hause kam, wurde mir klar, daß eine große Wandlung in mir vorgegangen war. Mein bisheriges Leben war mir völlig gleichgültig; und meine Sehnsucht, die Heilige Mutter wiederzusehen, wurde immer intensiver. All meine Gedanken kreisten um sie. In dieser Nacht konnte ich nicht schlafen. Immer wenn ich versuchte, die Augen zu schließen, stand die Mutter vor mir. Am nächsten Tag ging ich wieder in den *ashram*. Nach der zweiten Begegnung mit der Mutter wurde mein Verlangen, mich von den Fesseln des weltlichen Lebens zu befreien, noch heftiger. Ich dachte ständig an die Mutter. Es war, als sei ich plötzlich wahnsinnig geworden. Ich vergaß zu essen, zu schlafen und zu baden und kleidete und kämmte mich nicht mehr so elegant wie früher. Meine Eltern und Angehörigen, denen diese plötzliche Veränderung auffiel, machten sich Sorgen um mich und verboten mir, noch einmal nach Vallickavu zu gehen.

Am nächsten Tag nach dem *bhajan* betrat ich den Schrein und sagte entschlossen: ‹Mutter, wenn ich dein Kind bin, bitte nimm mich zu dir.› Da zog die Mutter meinen Kopf an ihre Schulter und sagte liebevoll: ‹Sohn, als ich dich singen hörte, wurde mir klar, daß deine Stimme dazu bestimmt ist, mit Gott zu verschmelzen. Daher kam ich zu dir und wurde mit dir eins. Du bist mein Kind.›

Eines Nachts roch ich im Halbschlaf einen seltsamen Duft, der das ganze Zimmer erfüllte. Als ich die Augen öffnete, stellte ich fest, daß das Zimmer tatsächlich duftete. Es war also nicht nur ein Traum oder eine Ausgeburt meiner Phantasie gewesen. Plötzlich spürte ich, wie mir eine Hand über die Stirn strich. Als ich aufblickte, sah ich zu meiner großen Überraschung die Mutter am Kopfende meines Bettes stehen. Ich traute meinen Augen nicht. Sie lächelte mich an und sagte: ‹Mach dir keine Sorgen, mein Sohn. Mutter ist immer bei dir.› Mit diesen Worten verschwand sie.

Am nächsten Morgen eilte ich nach Vallickavu. Aber Mutter war nicht da. Sie kam erst um vier Uhr nachmittags wieder. Ohne ein Wort zu sagen, lief sie ins Haus, kam mit einem Teller Reis wieder und fütterte mich wie eine Mutter ihren Sohn. Dabei sagte sie: ‹Gestern nacht war Mutter bei dir.› Ich war überwältigt und weinte wie ein kleines Kind. Tatsächlich hatte ich an jenem Tag noch nichts gegessen.

Nachdem Mutter mich in ein *mantra* eingeweiht hatte, hielt es mich nicht mehr zu Hause. Meine Sehnsucht, in ihrer Nähe und nach ihren Anweisungen zu leben, steigerte sich von Tag zu Tag. Ich kümmerte mich nicht um die Hindernisse, die meine Angehörigen mir in den Weg legten, ging von zu Hause fort und siedelte in den *ashram* über.

Zwei Jahre später, als wir im Hause eines ihrer Anhänger saßen, sagte die Heilige Mutter plötzlich zu mir: ‹Mein Sohn Balu, du mußt einen Magistergrad in Philosophie erwerben.› Ich hatte der Mutter einmal gesagt, daß ich mein Studium nicht fortsetzen, sondern einfach nur an sie denken und bei diesem Gedanken den Verstand verlieren wollte. Und jetzt, zwei Jahre später, bat sie mich, mein Studium wiederaufzunehmen. Ich wußte aus Erfahrung, daß alles, was sie tat und sagte, einen Sinn hatte; also begann ich wieder zu studieren. Doch nun ergab sich ein echtes Problem: Wer sollte mein Lehrer sein? Ich mußte acht Prüfungen ablegen, vier über indische Philosophie – ein Gebiet, das mir einigermaßen vertraut war – und vier über westliche Philosophie, eine Gedankenwelt, in der ich mich überhaupt nicht auskannte. Dazu brauchte ich unbedingt einen Lehrer. Ich fragte die Mutter um Rat.

‹Mach dir keine Sorgen. Es wird jemand herkommen und dich unterweisen. Hab nur Geduld›, antwortete sie. Aber ich war unruhig und bedrängte sie immer wieder mit der Frage nach meinem Lehrer. Eine Woche später nannte ein Anhänger der Mutter mir die Adresse eines Philosophieprofessors. Ich ging zu ihm und erklärte ihm meine Situation. Er war bereit, mich zu unterrichten, weigerte sich jedoch, in den *ashram* zu kommen. Ich versuchte ihm klarzumachen, wie schwer es mir fiel, den *ashram* zu verlassen. Schließlich erklärte er sich bereit, mich einmal im *ashram* zu besuchen, sagte aber: ‹Ich kann nicht dort bleiben und dich unterrichten. Wenn du studieren willst, mußt du schon zu mir kommen. Wenn du das nicht kannst, solltest du deinen Plan lieber aufgeben.› Ich beschloß, ihn in den *ashram* kommen zu lassen und der Mutter vorzustellen.

Am nächsten Donnerstag holte ich ihn von zu Hause ab. Als wir in den *ashram* kamen, bat ich ihn, mit mir zu Mutter zu gehen, doch er weigerte sich. Als Mutter wie üblich vor dem Bhava *darshan* ihre hingebungsvollen Lieder sang, beobachtete er sie aus der Ferne und rührte sich auch nicht vom Fleck, als das *darshan* begann. Ich sagte ihm, wenn er wolle, könne er zu Mutter in den Tempel gehen. ‹Nein›, wehrte er ab, ‹ich habe mich noch nie jemandem zu Füßen geworfen. Das tue ich nicht gern.› Da ließ ich ihn allein, setzte mich in den Tempel und nahm an den Gesängen teil. Ein paar Minuten später sah ich den Professor in den Tempel laufen und hörte einen lauten Schrei. Er hatte sich vor der Mutter zu Boden geworfen und weinte wie ein Kind. Nach einer oder zwei Stunden kam er aus dem Schrein, nahm mich beiseite und sagte: ‹Sie ist wirklich eine große Seele. Ich werde jede Woche hierher kommen und dich unterrichten.› So hatte die Mutter dafür gesorgt, daß ich einen Lehrer bekam.

Während des Unterrichts diktierte der Professor mir immer viele Texte aus verschiedenen Büchern, erklärte mir aber niemals etwas. Leider konnte der Unterricht nach einiger Zeit aus bestimmten Gründen nicht regelmäßig stattfinden, und die westliche Philosophie war mir nach wie vor fremd. Ich hatte nur noch drei Monate Zeit bis zum Examen. Der Professor diktierte mir eine Zusammenfassung der Geschichte der abendländischen Philosophie. Doch da ich so viel im *ashram* zu tun hatte und die Heilige Mutter häufig auf ihren Reisen begleitete, konnte ich mich nicht meinem Studium widmen. Inzwischen hatte ich nur noch einen Monat Zeit bis zum Examen. Die Mutter forderte mich auf, alle acht Prüfungen hintereinander abzulegen. Ich glaubte nicht daran, daß ich das schaffen würde. Doch ich verließ mich vertrauensvoll auf ihre Hilfe und begann mich auf die Prüfungen vorzubereiten. Schließlich kam der Tag vor meiner Abreise nach Tirupati (einer etwa 700 Meilen vom *ashram* entfernt gelegenen Stadt in Andra Pradesh), wo ich mich als Student der Philosophie eingetragen hatte.

Als ich gegen Mittag meine Sachen packen wollte, rief Mutter mich in ihr Zimmer. Ich eilte zu ihr und sah, wie sie eine Tasche packte und schloß. Eine andere große Reisetasche lag bereits auf dem Tisch. Liebevoll sagte sie zu mir: ‹Sohn, ich habe alles zusammengepackt, was du auf deiner Reise brauchst.› Sie zeigte auf die Tasche auf dem Tisch und erklärte: ‹In dieser Tasche sind *dhotis,* Hemden, Handtücher, zwei Decken und noch ein paar andere Kleidungsstücke. Die andere Tasche enthält Kokosnußöl, Seife, einen Spiegel und einen Kamm, alles Nötige, damit du dir ein warmes Getränk machen kannst, und andere nützliche Dinge. Ich habe alles für dich eingepackt, damit du mehr Zeit zum Studieren hast.› Ich konnte kein Wort sagen und blickte nur stumm in ihr liebevolles Gesicht. Mein Herz strömte über vor Freude, Tränen stiegen mir in die Augen, und ich begann zu weinen.

Es war das erste Mal, daß ich mich von der Heiligen Mutter trennen mußte, und das gleich für einen ganzen Monat! Die

Abreise fiel mir sehr schwer. Im Zug setzte ich mich in eine Ecke, damit niemand meine Tränen sah. Die anderen Passagiere waren alle fröhlich und unterhielten sich lebhaft miteinander; nur ich war unglücklich. Ich mußte während der ganzen Fahrt an die Heilige Mutter denken. Am nächsten Morgen kam ich in Tirupati an. Die Trennung von der Mutter schmerzte mich immer noch. Ich fühlte mich wie ein Fisch, den man aus dem Wasser genommen hat. Vergeblich versuchte ich mich auf mein Studium zu konzentrieren. Die Minuten krochen dahin wie Schnecken. Ich konnte es nicht einmal über mich bringen, das Bild der Mutter zu betrachten. Alles, was ich aus dem *ashram* mitgenommen hatte, erinnerte mich an ihre liebliche Gestalt. Ich vergaß das Essen und den Schlaf. Jeder Tag kam mir vor wie ein Jahr. Manchmal brach ich zusammen und begann zu weinen, weil ich den Trennungsschmerz nicht ertragen konnte. Als das Abschlußexamen begann, gelang es mir irgendwie, die schriftlichen Prüfungsarbeiten hinter mich zu bringen. Es gab niemanden, mit dem ich meinen Kummer teilen konnte. Da erhielt ich einen Brief von der Mutter, den ich immer wieder las, bis er von meinen Tränen ganz aufgeweicht war. In dem Brief stand:

Mein lieber Sohn,

Deine Mutter ist immer bei Dir. Sie hat nicht das Gefühl, daß Du von ihr fort bist. Mein Kind, ich kann in Dein sehnsüchtiges Herz hineinsehen und Dein verzweifeltes Schluchzen hören, obwohl Du meilenweit von mir entfernt bist. Lieber Sohn, diese Welt ist so schön: die Blumen, das unendliche Meer, das Gezwitscher der Vögel, der weite Himmel, die Bäume, Büsche, Wälder, Berge und Täler ... Gott hat sie so schön gemacht. Sieh in allem Ihn. Liebe Ihn in allen Wesen. Zerschneide das trennende Band zwischen Dir und Gott. Laß alle Deine Gedanken ihm entgegenströmen. Sohn, es gibt nichts Schlechtes auf dieser Welt. Alles ist gut. Bemühe Dich, überall das Gute und Tugendhafte zu sehen. Laß die Blume in Deinem Inneren erblühen und verbreite ihren Duft überall.

An jenem Abend saß ich draußen im Freien. Die Bäume und Blumen tanzten im kühlen Abendwind. Am Himmel standen unzählige funkelnde Sterne, und die silbernen Strahlen des Mondes erhellten die Nacht. Da dachte ich: ‹Vielleicht weht dieser Wind zur Mutter und streichelt ihren Körper. Ich kann ihren göttlichen Duft riechen. Wenn ich Flügel hätte, würde ich zu meiner Mutter fliegen.› In dieser Nacht schrieb ich ein Gedicht:

*O ihr Sterne, warum kommt ihr nicht herunter?*
*Meine Mutter wird euch ein Wiegenlied singen.*
*Sie ist der Strom der unendlichen Liebe und*
*Der Baum, der den Suchenden Schatten spendet.*
*O kühler, sanfter Abendwind, der leise Lieder singt,*
*Was flüsterst du mir ins Ohr?*
*Willst du mir von meiner Mutter erzählen?*

*Jeden Tag steigen Sonne und Mond*
*Langsam am blauen Himmel empor und gehen wieder unter.*
*O Sonne und Mond, wollt ihr meine Mutter nicht sehen,*
*Die euch diesen göttlichen Glanz verliehen hat?*
*In den stillen, einsamen Tälern und an den Berghängen wachsen*
*Üppige Bäume und Sträucher. Ihre zarten Zweige*
*Tanzen im Wind, als wollten sie mich trösten.*

Meine Stimmung hatte sich ganz plötzlich gewandelt. Ich irrte in meinem Zimmer umher wie ein Verrückter. Als ich wieder zur Besinnung kam, beschloß ich, am nächsten Tag abzureisen. Mir stand nur noch eine schriftliche Jahresabschlußprüfung bevor. Die restlichen Prüfungen, die in vier Tagen beginnen sollten, wollte ich diesmal noch nicht ablegen. ‹Mutter hat mich zwar gebeten, alle Prüfungen zu machen›, dachte ich, ‹aber dieses eine Mal werde ich ihren Rat nicht befolgen.›

Ich beschloß, die Mutter auf eine etwas ungewöhnliche Art um Erlaubnis zu bitten. Ich nahm drei gleich große Stücke Papier. Auf das erste schrieb ich: ‹Komm zurück, mein Sohn›, auf das zweite: ‹Lege erst alle Prüfungen ab und komm dann nach Hause› und auf das dritte: ‹Mein Sohn, tue, was du möchtest›. Ich rollte alle drei Papiere zusammen, mischte sie durcheinander, holte Mutters Bild aus meiner Tasche und stellte es in eine Ecke. ‹O Mutter, ich werde jetzt einen der drei Zettel ziehen. Bitte offenbare mir deinen Willen.› Mit diesen Worten legte ich die Papierrollen demütig vor sie hin.

Mit geschlossenen Augen und zitternden Händen wählte ich eine der Rollen und entfaltete sie. Leider war es der Zettel, auf den ich geschrieben hatte: ‹Lege erst alle Prüfungen ab und komm dann nach Hause.› Da ich mit diesem Ergebnis nicht zufrieden war, versuchte ich es noch dreimal. Aber ich zog jedesmal denselben Zettel. Ich sehnte mich jedoch so sehr danach, die Mutter wiederzusehen, daß ich beschloß, trotzdem am nächsten Tag abzureisen.

Am nächsten Tag kehrte ich nach der letzten schriftlichen Jahresabschlußprüfung eilig in mein Zimmer zurück und packte meine Sachen. Als ich im Begriff war, das Zimmer zu verlassen, sah ich, daß in der Ecke noch etwas lag. Es waren alte Zeitungen, in die ich eine zerbrochene Seifendose und noch einige andere Gegenstände aus dem *ashram* eingewickelt hatte. Wie sehr habe ich gelitten, als ich mich von Mutter trennen mußte, dachte ich. Vielleicht empfinden diese Gegenstände den gleichen Schmerz wie ich. Es wäre eine Sünde, sie hierzulassen. Ich packte sie alle sorgfältig zusammen und steckte sie in meine Tasche.

Am nächsten Tag war ich wieder im *ashram*. Auf dem Weg zum Zimmer der Mutter begegnete ich meinem Bruder Venu. Er sagte erstaunt: ‹Gestern abend hat Mutter mir gesagt, du seist sehr unruhig geworden und würdest heute nach Hause kommen.› Ich trat ins Zimmer von Mutter und sank ihr weinend zu Füßen. Sie hob mich auf, tröstete mich und sagte: ‹Mein Sohn, ich weiß, was in dir vorgeht. Deine Liebe zu mir ist etwas sehr Gutes, aber du mußt versuchen, mehr Willensstärke zu entwikkeln. Ein *sadhak* sollte weich wie eine Blume und hart wie ein Diamant sein. Du mußt zurückfahren und auch noch die anderen Prüfungen ablegen. Ich bin dir nicht böse, wenn du sie nicht bestehst. Fahre gleich morgen zurück und komme erst wieder, wenn die Prüfungen vorbei sind.›

Am nächsten Morgen kehrte ich nach Tirupati zurück. Eine Woche später hatte ich die letzte Prüfung hinter mir und fuhr wieder in den *ashram*. Ich war nicht zufrieden mit den Antworten, die ich auf die Prüfungsfragen gegeben hatte, und fürchtete sogar, ich sei durchgefallen. Doch Mutter sagte ruhig: ‹Denk nicht mehr daran. Zweifle nicht an dir. Du wirst die Prüfungen bestehen.› Als die Prüfungsergebnisse bekanntgegeben wurden, stellte ich zu meinem Erstaunen fest, daß ich das Examen mit dem Prädikat Gut bestanden hatte.

Schon die bloße Gegenwart der Heiligen Mutter ist *tapas*. Man entdeckt immer etwas Neues an ihr. Jeder Augenblick, den man in ihrer Nähe verbringt, enthüllt einem eine neue Erfahrung und eröffnet einem einen neuen Bereich des spirituellen Lebens. So steigt man von einer Bewußtseinsebene zur nächsten empor. Zu Beginn meines spirituellen Lebens hatte ich manchmal das Gefühl, die Heilige Mutter nun ganz und gar verstanden zu haben. Doch später wurde mir klar, daß ich noch gar nichts begriffen hatte.»

## Venu

Venu ist der Bruder von Balu (Amritatma Chaitanya). Beim Tode ihrer Mutter waren die beiden Brüder noch Kinder. Balu wuchs im Haus seines Vaters auf, und Venu wurde von seiner Tante Saraswathy Amma großgezogen. In dieser Familie herrschte eine sehr religiöse, spirituelle Atmosphäre. Venu war der Liebling der Familie und vermißte die Liebe und Zärtlichkeit einer Mutter daher niemals. Im Alter von fünfzehn Jahren ging er von der Schule ab und kam wieder ins Haus seines Vaters, um seine Ausbildung fortzusetzen. Er neigte zwar schon in jungen Jahren dazu, ein spirituelles Leben zu führen; doch als er aufs College kam, verblaßte diese Neigung, und er begann sich weltlichen Dingen zuzuwenden. Doch immer wenn er einen religiösen Film oder einen Mönch in ockerfarbenen Gewändern sah, regte sich die verborgene spirituelle Neigung wieder in ihm.

Sein Bruder Balu hatte die Heilige Mutter bereits kennengelernt und beschlossen, ein spirituelles Leben zu führen. Er erzählte seinem Bruder mehrmals von der Mutter; doch Venu interessierte sich nicht sehr für sie. Er äußerte sich sogar abfällig über sie und erklärte: «Ich werde nicht zu diesem Fischermädchen gehen.»

Obwohl die Heilige Mutter Venu noch gar nicht kannte, prophezeite sie Balu: «Dein Bruder ist auch mein Sohn. Er wird zu mir kommen.» Als Balu das hörte, war er ein wenig besorgt; denn als er beschlossen hatte, von zu Hause fortzugehen und dem weltlichen Leben zu entsagen, hatte es in seiner Familie einen großen Aufruhr gegeben. Was würde geschehen, wenn Venu nun auch noch in seine Fußstapfen trat?

Venu studierte an der naturwissenschaftlichen Fakultät. Während seines letzten Studienjahres kam die Heilige Mutter einmal ins Haus seiner Tante. Als Venu vom College heimkam, stand die Mutter auf der Veranda des Hauses. Ohne sie eines Blickes zu würdigen, ging Venu an ihr vorbei in sein Zimmer, in dem Sreekumar, Pai und einige andere Bewohner des *ashram* saßen.

Ganz plötzlich und unerwartet ging die Heilige Mutter auf Venu zu, ergriff seine Hände wie eine liebevolle Mutter und sagte: «Bist du nicht der Bruder meines Sohnes Balu? Ich habe mich schon lange danach gesehnt, dich kennenzulernen.» Diese Worte erweichten Balus Herz, und ihm wurde blitzartig klar, daß die Mutter kein gewöhnlicher Mensch, sondern eine unerschöpfliche Quelle mütterlicher Liebe und Zärtlichkeit war. Er fühlte sich unwiderstehlich zu ihr hingezogen wie Eisen zu einem Magneten. Am Nachmittag, als die Mutter alle ihre Verehrer fütterte, gab sie auch Venu ein Bällchen Reis. Das war ein unvergeßliches Erlebnis für ihn. Er war hingerissen von ihrer unendlichen Liebe, ihrer Art, alle gleich zu behandeln, ihrer kindlichen Unschuld und dem Strahlen, das von ihrem Gesicht ausging. Die Klarheit und Anschaulichkeit, mit der sie spirituelle Geheimnisse erklärte, ihre ekstatischen, mitreißenden *bhajans* und vor allem ihre Bescheidenheit beeindruckten ihn tief, und er fühlte sich immer mehr zu ihr hingezogen. Obwohl die Heilige

Mutter mit allen ihren Anhängern sprach, war ihm, als sei jedes ihrer Worte eine Antwort auf die Zweifel, die er hegte.

So gab Venu schon bei seiner ersten Begegnung mit der Mutter alle Vorurteile auf, die er vorher ihr und dem spirituellen Leben gegenüber gehabt hatte. Seine Sehnsucht, die Mutter wiederzusehen, wurde von Tag zu Tag größer. Schließlich kam er nach Vallickavu. Als er die Mutter sah, brach er in Tränen aus. Die Mutter umarmte ihn und forderte ihn auf, sich neben sie zu setzen. Als Venu in dieser Nacht zum Krishna Bhava in den Tempel kam, fühlte er, daß ihm Krishna selbst gegenüberstand. Da erfaßte ihn ein überströmendes Glücksgefühl, und er konnte weder lachen noch weinen. Er bat die Mutter, ihn zu segnen und ihm reines Wissen und reine Hingabe zu schenken. «Du wirst alles bekommen, wonach du suchst, mein Sohn», versprach Mutter ihm. Sie gab ihm ein *mantra,* das auf ein Blatt Papier geschrieben war, und eine Girlande aus Tulasi-Blättern.

Nach seiner Begegnung mit der Heiligen Mutter hatte Venu kein Interesse mehr daran, sein Studium fortzusetzen. Er hatte nur noch den Wunsch, ein spirituelles Leben zu führen. Doch da Mutter darauf bestand, bereitete er sich trotzdem auf seine Prüfungen am College vor, die in einem Monat stattfinden sollten. Die Professoren und Studenten waren sehr erstaunt, als sie Venu mit kahlrasiertem Kopf und heiliger Asche auf der Stirn zum Examen kommen sahen. Sie glaubten, er sei verrückt geworden. Er war so in seinen Gedanken an die Heilige Mutter versunken, daß er sich versehentlich auf den nächsten Prüfungstag vorbereitet hatte und nicht auf die Prüfung, die an jenem Tag stattfinden sollte. Trotzdem gelang es ihm irgendwie, das Examen zu bestehen. Danach siedelte er in den *ashram* der Heiligen Mutter über.

Eines Tages wurde im *ashram* süßer Pudding für ein Fest zubereitet. Es war Sitte, diesen Pudding Gott als Opfer darzubringen, ehe er unter den Verehrern verteilt wurde. Venu nahm eine Schale von dem Pudding und stellte sie in den kleinen Schrein vor dem Tempel. Da er nichts fand, womit er die Schale bedecken konnte, blickte er sich um, um sicherzugehen, ob die Mutter auch nicht in der Nähe war, und pflückte dann ein junges Blatt von einer kleinen Pflanze ab, die in der Nähe des Schreins wuchs. Doch die Mutter sah es aus der Ferne und rief laut: «Hallo, Venu!» Als Venu die Stimme der Mutter hörte, versuchte er das Blatt zu verstekken. Doch in seiner Hast kippte er die Schale um, und der Pudding fiel in den Sand. Dieses Mißgeschick brachte Venu vollends aus der Fassung. In der Hoffnung, daß Mutter nichts bemerken würde, kratzte er den Pudding wieder vom Boden ab und legte ihn in die Schale zurück, obwohl er wußte, daß es nicht richtig war, diesen verschmutzten Pudding in den Schrein zu stellen.

Die Mutter, die alles aus der Ferne beobachtet hatte, kam zu ihm und sagte in ernstem Ton: «Sohn, so etwas würde nicht einmal ein Hund fressen. Wie willst du es dann Menschen anbieten? Und wie kannst du es Gott opfern? Sohn, würdest du etwas davon essen? Nein! Was du getan hast, ist wirklich eine Sünde. Gott nimmt alles an, was man ihm mit reiner Liebe und Hingabe darreicht – egal, was es ist. Ihm kommt es nicht auf das Opfer an, sondern auf die Einstellung, die dahintersteht. Wenn dir nicht bewußt wäre, was du getan hast, hätte es mir nichts ausgemacht. Aber du wolltest den Pudding in den Schrein zurückstellen, obwohl du wußtest, daß man das nicht tun darf. Und nicht nur das. Du hast auch noch eine zweite Sünde begangen, indem du ein junges Blatt von einer kleinen Pflanze abpflücktest. Wie grausam du bist! Ich sehe, daß die kleine Pflanze vor Schmerz weint. Tut es dir nicht weh, wenn dich jemand kneift? Du spürst nicht, welchen Schmerz du der Pflanze zugefügt hast; aber Mutter fühlt es.»

Venu sah ein, daß er einen Fehler gemacht hatte, bereute seine Tat und bat um Vergebung. Da sagte die Mutter: «Was für Sünden du auch begehen magst, mein Sohn – ich suche die Schuld stets bei mir und frage mich, was ich falsch gemacht habe. Ich bin nicht böse auf dich, aber ich muß manchmal so tun, um dich auf den Weg der Vollkommenheit zu bringen.»

«Vor der Heiligen Mutter kann man nichts verbergen», sagt Venu. «Sie weiß alles. Das zeigt sich an einem Erlebnis, das ich vor etwa fünf Jahren hatte. Beim Abendessen, als alle *kanji* (Reiswasser) tranken, bekam ich plötzlich großen Appetit auf eingelegte Mangos. Ich hatte sie vorher in der Küche des *ashram* gesehen. Doch wir durften sie nicht essen, da sie für die Arbeiter und für Verehrer der Heiligen Mutter bestimmt waren, die als Gäste in unseren *ashram* kamen. Mutter hatte uns gesagt, wer nach einem spirituellen Leben strebe, solle nicht Dinge essen, die sehr scharf, sauer, salzig oder sehr süß seien. Häufig kam sie ohne Vorwarnung in die Küche, um zu sehen, ob wir ihre Anweisung befolgten. Ich wußte also, daß ich die Mango-Pickles nicht essen durfte, doch mein Appetit war stärker als mein guter Wille.

Also schlich ich mich in die Küche und entwendete zwei große Scheiben eingelegte Mango. Als ich die Küche wieder verlassen wollte, hörte ich plötzlich Mutters Stimme: ‹Venu, was hast du in der Hand?› Ich erschrak sehr. Um nicht als Dieb ertappt zu werden, warf ich die Mangostücke fort. Mutter suchte nach ihnen, fand sie, kam auf mich zu, ergriff meine Hände und band sie an einen Pfosten. Ich blickte sie beschämt und ängstlich an.»

Als Mutter Venus kindliche Angst und Unschuld sah, brach sie in Gelächter aus. In Wirklichkeit sah sie in Venu den kleinen Krishna, der von seiner Mutter Yashoda an einen Mörser gefesselt wurde, weil er Milch und Butter aus den Häusern der Gopis gestohlen hatte, und diese Vorstellung bereitete ihr Freude. Nach ein paar Sekunden band sie ihn wieder los und servierte ihm liebevoll ein paar Mango-Pickles. «Sohn, nur wenn du das Verlangen deines Gaumens beherrschst, kannst du dem Verlangen deines Herzens folgen.»

Mutter hat ihre eigenen Methoden, die negativen Neigungen ihrer spirituellen Kinder zum Schwinden zu bringen. Manchmal sagt sie: «Ich bin nichts weiter als eine Verrückte. Ich weiß nichts.» Dann tut sie so, als sei sie ein unwissendes Fischermädchen. Dennoch durchschauen ihre Blicke alles und erkennen überall die Wahrheit. Wenn sie jemanden bei einer Sünde ertappt, kommt statt der liebevollen Mutter die große Lehrerin in ihr zum Vorschein, und sie weist den Missetäter energisch zurecht und belehrt ihn.

## Pai

Pai und Rao waren miteinander verwandt und verstanden sich sehr gut. Sie waren ein Herz und eine Seele. Pai verehrte die Mutter Kali. Eines Tages erzählte Rao ihm von der Heiligen Mutter, und er besuchte sie. Pai war damals 21 Jahre alt. Als er an der Bushaltestelle ausstieg, fragte er jemanden nach dem Weg zum *ashram*. Doch statt Pais Frage zu beantworten, äußerte der Fremde sich sehr abfällig über die Mutter und versuchte sogar, ihn von seinem Besuch bei ihr abzubringen. «Geh nicht dorthin», sagte er, «das ist ein Ort, an dem viel Böses geschieht.» – «Ich will mir selbst ein Urteil darüber bilden», antwortete Pai und ging zu dem *ashram*.

An diesem Tag fand das Bhava *darshan* statt, und es hatten sich schon viele Verehrer der Heiligen Mutter versammelt. Als Pai den *ashram* betrat, sang Mutter gerade ein seelenvolles Lied: «O Mutter, ewige Jungfrau, Du allein kennst den Anfang, die Mitte und das Ende (der Schöpfung).» Danach offenbarte die Mutter beim Bhava *darshan* ihre Identität mit der göttlichen Mutter des Universums. Als Pai an die Reihe kam, ging er in den Tempel und näherte sich der Heiligen Mutter. Als er die überströmende mütterliche Liebe in ihrem Gesicht sah, konnte er die Tränen nicht zurückhalten. Sein Herz war voller Seligkeit. Schon nach ein paar Minuten empfand er eine Ruhe und einen Seelenfrieden, wie er ihn noch nie zuvor erlebt hatte.

«Mein Sohn, ich bin deine Mutter», sagte sie zu ihm. Bei diesen Worten begann er wieder laut zu weinen wie ein Kind. Pai war praktisch ein Waisenkind. Seine Eltern lebten zwar noch, aber sie hatten sich voneinander getrennt, und er hatte keinen Kontakt mehr zu ihnen und war bei seinen Großeltern aufgewachsen. Nun hörte er zum erstenmal in seinem Leben die aufrichtigen, liebevollen Worte einer wahren Mutter. Tief in seinem Inneren fühlte er, daß er die Heilige Mutter nicht erst jetzt kennengelernt hatte, sondern schon seit undenklichen Zeiten mit ihr verbunden war.

Diese erste Begegnung mit der Mutter beeindruckte Pai sehr. Ihre Gestalt prägte sich ihm unauslöschlich ein. Viele Dinge, denen er in seinem täglichen Leben begegnete, erinnerten ihn an die Mutter. Wenn er auf der Straße zufällig das Klirren von Fußspangen hörte, drehte er sich um, weil er dachte, die Mutter sei zu ihm gekommen. (Amma trug zu jener Zeit Fußspangen mit kleinen Glöckchen.) Auch wenn er ein Mädchen mit einem Nasenring sah, hatte er manchmal das Gefühl, die Heilige Mutter vor sich zu sehen.

Seine Liebe und Hingabe wurde von Tag zu Tag intensiver. Er arbeitete damals in einem Laden; doch da er nicht mehr in der Lage war, sich auf seine Arbeit zu konzentrieren, kündigte er bald nach seiner Begegnung mit der Heiligen Mutter. Im *ashram* war jedoch nicht genügend Platz, so daß er auf die Dauer nicht dort bleiben konnte. Da ließ er sich wieder als Verkäufer in einem Geschäft anstellen; und wieder kündigte er ein halbes Jahr später, weil er erkannte, daß die Menschen und die Atmosphäre in diesem Laden einem spirituellen Leben nicht förderlich waren. Dort konnte man zu leicht Rauschmitteln und den Verführungskünsten von Frauen zum Opfer fallen. Nach seiner Begegnung mit der Heiligen Mutter hatte Pai eine heftige Abneigung gegen alle weltlichen Vergnügungen entwickelt.

Pais Freunde und Verwandte und die Dorfbewohner waren nicht begeistert von seiner neuen Lebensweise. Einige versuchten sogar, ihn von seinen Besuchen bei der Heiligen Mutter abzubringen; doch Pai kümmerte sich nicht darum. Da verbreiteten sie das Gerücht, Pai habe Rao zur Heiligen Mutter gebracht und sei daher verantwortlich für Raos plötzliche Wandlung. Als dieses Gerücht Raos Familie und seinen Freunden zu Ohren kam, waren sie sehr aufgebracht. Sie drohten, daß sie Pai die Beine abhacken würden, wenn er jemals wieder nach Haripad käme. Doch sein unerschütterlicher Glaube an die Heilige Mutter gab ihm den Mut und die innere Kraft, diesen Drohungen zu trotzen.

In dieser Zeit ließen die Eltern der Heiligen Mutter nicht zu, daß die meisten ihrer Verehrer an anderen als an den *darshan*-Tagen in den *ashram* kamen. Nachdem Pai von seiner Familie vertrieben worden war, brachte er seine Nächte auf Veranden von Geschäften oder Tempelgrundstücken und an Bushaltestellen zu.

Er irrte umher wie ein Verrückter. Manchmal gaben mitleidige Menschen ihm etwas zu essen, dann wieder hungerte er tagelang. Einer Seele, die nach ewiger Einheit mit Gott strebt, sind weltliche Dinge wie Nahrung und Unterkunft unwichtig. So vergingen Tage, Wochen und Monate. Pai besuchte die Heilige Mutter in allen *darshan*-Nächten und ging auch zu ihr, wenn sie andere Verehrer in ihren Häusern besuchte.

Als schließlich ein offizieller *ashram* gegründet wurde, konnte Pai dort wohnen und unter Mutters Anleitung seine spirituellen Übungen fortsetzen. Er meditierte auf Mutters Gestalt in einer ganz bestimmten Stellung, die sie manchmal einnahm. Er hätte gern ein Foto von ihr gehabt, das sie in dieser Haltung zeigte, wagte aber nicht, ihr das zu sagen. Wie konnte er sie darum bitten, eine bestimmte Pose einzunehmen, damit er ein Foto von ihr machen könne? Er erzählte niemandem von seinem Herzenswunsch.

Eines Tages war Pai besonders traurig darüber, daß er kein solches Foto hatte, und weinte bitterlich. Da kam Mutter plötzlich auf ihn zu und sagte lächelnd: «Sohn, Mutter kennt deinen Wunsch und wird ihn dir erfüllen.» Nach ein paar Tagen rief sie Pai und ging mit ihm in den Tempel. Dort ließ sie sich auf dem *peetham* nieder, auf dem sie während des Devi Bhava immer saß, und versank in *samadhi*. Dabei nahm sie genau die Stellung ein, die Pai so an ihr liebte. Überglücklich rief er Sreekumar und bat ihn, sie zu fotografieren.

Selbst wenn man sich nicht sehr gut in den Schriften auskennt, kann man durch die bloße Gnade des Guru ein ausgezeichneter Redner werden. Pai hatte einmal ein solches Erlebnis.

Eines Tages kam ein Verehrer aus Trivandrum zur Heiligen Mutter. Er suchte jemanden, der einen siebentägigen Vortrag über das große Epos Srimad Ramayana halten könne, und bat die Mutter, ihm zu diesem Zweck einen ihrer Anhänger zur Verfügung zu stellen. «Keines meiner Kinder hat sich mit dem Srimad Ramayana befaßt», erklärte die Mutter. «Daher ist es schwierig für mich, dir deinen Wunsch zu erfüllen.» Da erwiderte der Verehrer: «Mutter, bitte hilf mir. Ich habe den Leuten in Trivandrum versprochen, ihnen jemanden zu bringen, der den Vortrag halten kann!» Da schlug die Mutter Pai vor. Als er davon erfuhr, war er entsetzt. «Wie kann ich einen Vortrag über das Srimad Ramayana halten, wenn ich es nie gelesen und mich nie damit beschäftigt habe?»

Die Mutter rief Pai zu sich und bat ihn, das Srimad Ramayana aus der Bibliothek zu holen. Dann bat sie ihn, die Sundarakanda (ein Kapitel des Buches) zu lesen. Kaum hatte er zehn Zeilen gelesen, unterbrach sie ihn und sagte: «Das genügt. Jetzt kannst du gehen.» Vertrauensvoll reiste Pai nach Trivandrum, blieb sieben Tage lang dort und hielt Vorträge über das Srimad Ramayana. Die Vorlesung war ein großer Erfolg. Alle bewunderten Pai, weil er sich so gut in dieser Schrift auskannte. Nach dem siebentägigen Vortrag erzählte Pai allen ehrlich, daß er sich nie mit dem Srimad Ramayana beschäftigt hatte und daß er seinen Erfolg nur der Gnade der Heiligen Mutter zu verdanken habe, doch niemand glaubte ihm. Nichts kommt dem unendlichen Mitleid und der Gnade eines vollkommenen Lehrers gleich.

## Ramakrishnan

Ramakrishnan ist ein Brahmanensohn aus Palghat in Kerala. Als er bei der Staatsbank in Travancore angestellt war, erzählte einer seiner Bekannten ihm von der Heiligen Mutter. Gemeinsam mit diesem Bekannten besuchte er sie.

Obwohl Ramakrishnan in einer strenggläubigen Familie aufgewachsen war, war er während seines Studiums in die Gesellschaft von Freunden geraten, die einen schlechten Einfluß auf ihn hatten. Als er die Heilige Mutter sah, brach er in Tränen aus. Die Grobheit und Gefühllosigkeit, die er sich im Umgang mit seinen Freunden angeeignet hatte, waren wie weggeblasen. Seine Tränen wuschen alles Übel von ihm ab. Nach dieser ersten Begegnung kam er regelmäßig zum *darshan,* um die Mutter in Devi oder Krishna Bhava zu sehen. Er weinte wie ein Kind und bat sie um eine Vision Madurai Meenakshis, der Gottheit, die er anbetete. An manchen Tagen fastete er sogar vor Kummer, weil die ersehnte Vision ihm nicht vergönnt war. An diesen Tagen fütterte die Mutter ihn mit süßem Pudding. Sie wußte, daß er nichts gegessen hatte, verlor aber kein Wort darüber. Wenn er während des Devi Bhava im Schoß von Mutter lag, vergoß er Tränen der Sehnsucht und fragte sie: «Mutter, wirst du morgen zu mir kommen? Laß mich doch wenigstens das Klingeln deiner Fußspangen hören.» Da er so aufrichtig darum bat, schenkte sie ihm viele solche Visionen. Manchmal hörte er das Klingeln ihrer Fußglöckchen, manchmal stand plötzlich ihre Gestalt vor ihm, dann wieder war plötzlich seine ganze Umgebung von einem göttlichen Duft erfüllt.

Ramakrishnan hatte zwei Erlebnisse, die ihn dazu brachten, seine weltliche Existenz aufzugeben und ein entsagungsvolles, spirituelles Leben zu führen. Seine erste Erfahrung hatte er an dem Tag, an dem die Heilige Mutter ihn einweihte. Da spürte er, wie sich eine unerklärliche Kraft von ihr auf ihn übertrug, die seine Vorstellungen vom Sinn und Zweck des Lebens von Grund auf änderte.

Als die Mutter ihm später einmal ein Bildnis Sri Ramakrishna Paramahamsas zeigte, sagte sie zu ihm: «Ihr tragt beide den gleichen Namen, und doch bist du ein solcher Mensch geworden.» Diese Worte trafen Ramakrishnan wie ein Blitz und drangen bis in sein Innerstes. Von diesem zweiten Ereignis an sehnte er sich noch mehr danach, den spirituellen Weg zu gehen.

Eines Sommerabends kam Ramakrishnan zum Devi Bhava. Im Tempel, in dem die Mutter saß, war es sehr heiß, und sie bat ihn, ihr Luft zuzufächeln. Doch er zögerte, denn draußen in der Nähe des Tempels standen einige junge Frauen. «Wenn ein junger Mann wie ich, der bei der Staatsbank angestellt ist, einer Frau Luft zufächelt, lachen sie vielleicht über mich», dachte er. Doch als er nach dem *darshan* aus dem Tempel kam, schlug er sich den Kopf heftig an dem hölzernen Türsturz an. Als die jungen Frauen das sahen, brachen sie in Gelächter aus. Ramakrishnan wurde blaß und schämte sich sehr.

Als Ramakrishnan am nächsten Tag zum *darshan* ging, rief die Mutter ihn und sagte: «Gestern wolltest du mich nicht fächeln, obwohl ich dich darum gebeten hatte. Daher dachte ich, es wird dir eine Lehre sein, von diesen jungen Frauen ausgelacht zu werden, deren Spott du so gefürchtet hast!» Von da an fächelte Ramakrishnan die Mutter regelmäßig beim *darshan,* sogar ohne ihre Aufforderung.

Einmal wurde Ramakrishnan in eine Zweigstelle der Bank versetzt, die ungefähr 100 Kilometer vom *ashram* entfernt war. Er mußte den Safeschlüssel verwahren und jeden Morgen pünktlich um zehn Uhr bei der Bank sein. Schweren Herzens verließ er den *ashram* am nächsten Morgen nach dem sonntäglichen *darshan* und fuhr mit dem Bus bis zu einer Haltestelle, die etwa dreizehn Kilometer von dem Dorf entfernt war, in dem er arbeiten sollte. Er erfuhr, daß vor zehn Uhr morgens kein Bus mehr in dieses Dorf fahren würde, und fand auch kein Taxi. In seiner Not rief er laut: «Amma!» Ein paar Sekunden später kam ein Mann auf einem Motorrad die Straße entlanggefahren, hielt direkt vor ihm an und sagte: «Ich fahre nach Pampakuda.» (Das war das Dorf, in das Ramakrishnan versetzt worden war.) «Vor zehn Uhr geht kein Bus mehr dorthin. Wenn du willst, nehme ich dich mit.» Ramakrishnan nahm das Angebot an. Er setzte sich auf den Rücksitz des Motorrads und war pünktlich um zehn Uhr in der Bank!

Auf seine Frage erklärte die Heilige Mutter ihm: «Ein Hilferuf genügt. Wenn du deine ganze Aufmerksamkeit auf diesen Ruf konzentrierst, wird Gott dich hören und dir zu Hilfe eilen.» Ramakrishnan hatte später ein Erlebnis, aus dem er lernte, wie wichtig es ist, seinem spirituellen Meister zu gehorchen. Aus Angst, daß Ramakrishnan sich eines Tages entschließen würde, ein Mönch zu werden, wenn er zu lange im *ashram* lebte, versuchten seine Eltern ihn zu überreden, sich in eine Zweigstelle seiner Bank versetzen zu lassen, die in ihrer Nähe lag. Schließlich gab er ihrem ständigen Drängen nach und beantragte bei seiner Bank eine Versetzung, ohne die Mutter um Rat oder Erlaubnis zu bitten. Nach ein paar Tagen änderte er seine Meinung jedoch wieder und schrieb einen zweiten Brief, in dem er die Bankverwaltung bat, seinen Antrag auf Versetzung zu ignorieren.

Eines Tages sagte die Heilige Mutter plötzlich zu ihm: «Du

solltest dich nach dem Verbleib des zweiten Briefs erkundigen, den du an die Bank geschickt hast. Er scheint nicht angekommen zu sein.» Doch Ramakrishnan erwiderte: «Das ist nicht nötig, Mutter. Sie haben ihn sicher bekommen und meine Bitte akzeptiert.» Die Mutter drängte ihn noch mehrmals, sich zu vergewissern, ob der Brief auch wirklich angekommen sei. Doch Ramakrishnan nahm ihre Worte nicht ernst.

Nach einiger Zeit erhielt Ramakrishnan von der Verwaltung in Trivandrum, wo sich die Zentrale der Bank befand, die Bestätigung seiner Versetzung. Entsetzt klärte er den Irrtum auf, doch es war zu spät. Die Mutter hatte mit ihrer Prophezeiung recht gehabt: Die Verwaltung hatte den zweiten Brief, in dem er den Antrag auf Versetzung rückgängig machte, nicht erhalten. Er war verlorengegangen. Diese bittere Erfahrung lehrte Ramakrishnan, daß man selbst scheinbar belanglose Äußerungen seines Guru niemals ignorieren sollte.

Eines Tages wandte die Mutter sich mitten im Gespräch stirnrunzelnd an Ramakrishnan und sagte: «Es gibt Männer, die sich immer noch nach den Mädchen umschauen, selbst wenn sie gelobt haben, ein Leben der Entsagung zu führen.» – «Wen meinst du damit, Mutter?» fragte Ramakrishnan. «Dich!» erwiderte die Mutter. Ramakrishnan war entsetzt. «Mich? Wie kommst du darauf? Du tust mir unrecht. Ich schaue niemals eine Frau an», verteidigte er sich.

Da nannte die Mutter Ramakrishnan den Namen einer Frau, die er sehr gut kannte. Sie wußte auch alles andere über diese Frau: den Namen ihres Mannes, ihrer Kinder und anderer Familienmitglieder, wo sie wohnte und so weiter. Ramakrishnan war so fassungslos, daß er sich nicht rühren konnte und vor Entsetzen vergaß, den Mund zu schließen. Die Heilige Mutter kannte diese Frau doch gar nicht! Woher wußte sie all diese Einzelheiten? «Sag mir die Wahrheit, Ramakrishnan», forderte die Mutter ihn auf. «Siehst du diese Frau nicht jeden Tag an?»

Ramakrishnan schwieg. Die Mutter hatte recht. Er warf dieser Frau tatsächlich jeden Tag bewundernde Blicke zu – aber nur, weil sie der Heiligen Mutter so sehr ähnelte. Immer wenn er sie sah, war ihm, als stehe Amma vor ihm. Als die Mutter ihn mit schuldbewußt gesenktem Kopf dastehen sah, brach sie in Gelächter aus. Natürlich würdigte Ramakrishnan die Frau nach diesem Zwischenfall nie wieder eines Blickes.

Ehe der *ashram* der Heiligen Mutter offiziell als wohltätige Organisation registriert wurde, durften nur wenige Menschen dort wohnen. Die Heilige Mutter hatte zuwenig Geld, um viele Anhänger bei sich aufzunehmen. Einige *brahmacharins,* die ihren Beruf aufgegeben hatten, erhofften sich Nahrung und Kleidung von Ramakrishnan. Da er seine Stellung bei der Bank immer noch hatte, gab er ihnen gern und unaufgefordert alles, was sie brauchten.

Anfangs glaubte Ramakrishnan, die Mutter bestehe aus zwei verschiedenen Wesen: Normalerweise sei sie ein Mensch wie alle anderen und verwandle sich nur während des Bhava *darshan* in ein göttliches Wesen. Dieser Gedanke verwirrte ihn sehr und machte ihn oft unglücklich. Schließlich bat er die Mutter, ihn von seiner falschen Vorstellung zu befreien. Sie erfüllte ihm seinen Wunsch. Eines Nachts – vor der Zeit, in der die Heilige Mutter es sich zur Gewohnheit machte, weiße Gewänder zu tragen – hatte er eine Vision der Mutter in ihrer normalen Gestalt. Sie trug weiße Kleider. Seit dieser Vision glaubte Ramakrishnan daran, daß die Mutter ein und dasselbe Wesen ist, ganz gleichgültig, in welchem Zustand sie sich befindet.

Ramakrishnan glaubte immer fester an die Heilige Mutter, sprach im Geiste ständig ihren Namen vor sich hin und konnte an nichts anderes mehr denken als an ihre göttliche Gestalt. Dadurch geriet er bei der Arbeit häufig in Schwierigkeiten. Manchmal machte er Fehler bei der Geldausgabe oder bei den Einzahlungen und Überweisungen. Er siedelte dann in den *ashram* über, arbeitete aber trotzdem weiter bei der Bank, obwohl es ihm schwerfiel, sich auf seine Arbeit zu konzentrieren. Zwei Jahre später gab er seine Arbeit ganz auf und lebte von da an ständig im *ashram.*

## Sreekumar

Sreekumar war Elektroingenieur, ehe er sich im *ashram* der Heiligen Mutter niederließ. Als er noch studierte, hörte er von einer Frau, die göttliche Gestalt annehmen und ihre Verehrer von all ihren Sorgen und Problemen befreien konnte. Er glaubte zwar an Gott, bezweifelte aber, daß das Göttliche sich in einem menschlichen Wesen manifestieren könne. Je länger er über die Welt nachdachte, in der nur einige wenige Menschen glücklich sind und die meisten leiden, um so wankender wurde er in seinem Glauben an einen gütigen Gott. In dieser Zeit des Zweifels erfuhr er von der Heiligen Mutter und beschloß, sich selbst davon zu überzeugen, ob sie göttliche Macht besaß oder nicht.

Er kam in den *ashram,* betrat den Schreinraum und näherte sich der Heiligen Mutter. Er war sehr skeptisch; doch ihr liebevoller, mitfühlender Blick drang ihm bis ins Herz. Ihre bloße Gegenwart versetzte ihn in eine andere Welt, in der es nur Gott, Seinen heiligen Namen und ihn selbst gab. Er vergaß alles um sich her. Nach diesem Erlebnis fühlte er sich sehr zur Mutter hingezogen und mußte immer an sie denken.

Über seine zweite Begegnung mit der Heiligen Mutter erzählte Sreekumar später: «Manche Menschen nennen sie ‹Kind› (Kunju), andere rufen sie ‹Mutter› (Amma); und sie ist tatsächlich beides. Als sie nach dem Bhava *darshan* mit ihren Verehrern sprach, begann sie sich plötzlich wie ein kleines Kind zu benehmen. Sie spielte mit den Verehrern, die bei dem Anblick ihrer unschuldigen, kindlichen Späße überglücklich waren und alles andere vergaßen. Manchmal sang und tanzte sie; und wenn sie dann ein andächtiges Lied hörte, begann sie plötzlich zu weinen und saß regungslos da, als habe der Gesang sie in eine andere Welt versetzt. Einige Verehrer verneigten sich vor ihr, andere küßten ihr die Hand, und manche sangen *bhajans.* Dann wälzte sie sich auf dem Boden und lachte wie eine Verrückte.»

Anfangs glaubte Sreekumar, die Mutter sei während des Bhava nur vorübergehend von Krishna und der göttlichen Mutter Kali besessen. Doch als er sie näher kennenlernte, begriff er allmählich, daß sie bei den Bhavas tatsächlich ihre Identität mit der höchsten Wirklichkeit manifestierte.

Sreekumars Beziehung zur Heiligen Mutter wurde von Tag zu Tag inniger und intensiver. Es fiel ihm immer schwerer, sich von ihr zu trennen. Immer, wenn er Zeit hatte, ging er zu ihr. Manchmal fütterte die Heilige Mutter ihn eigenhändig und gab ihm dabei spirituelle Ratschläge und Anleitungen. Eines Tages fragte sie ihn: «Habe ich dir schon ein *mantra* gegeben?» Er antwortete: «Ja, du hast es mir auf ein kleines Stück Papier geschrieben. Es sollte mir bei meinem Studium helfen.» Da versprach die Mutter ihm: «Sohn, während des Devi Bhava wird Mutter dich einweihen.» In jener Nacht wurde Sreekumar in ein *mantra* eingeweiht und beschloß, unter der Anleitung der Heiligen Mutter ein spirituelles Leben zu führen.

Obwohl Sreekumars Eltern an die Heilige Mutter glaubten, wollten sie nicht, daß er Mönch wurde, und zwar hauptsächlich aus finanziellen Gründen: sein Vater arbeitete nicht mehr, und seine Schwester war noch unverheiratet. Daher suchten sie ihm eine Stellung in dem 600 Kilometer entfernten Bangalore. Manchmal, wenn seine Sehnsucht nach der Heiligen Mutter übermächtig wurde, erschien sie ihm in einer Vision. Die Mutter schrieb ihm auch gelegentlich Briefe, um ihn zu trösten. In dieser Zeit schrieb er folgendes Lied:

*O Mutter, obwohl Du in meiner Nähe bist,*
*Irre ich umher und kann Dich nirgends erkennen.*
*Obwohl ich Augen habe, suche ich Dich vergebens.*

*Bist Du der herrliche Mond,*
*Der in der blauen Winternacht erblüht?*
*Ich bin die Welle, die an der Küste zerschellt,*
*Weil sie den Himmel nicht erreichen kann.*

*Als ich erkannte,*
*Daß alle weltlichen Genüsse wertlos sind,*
*Sehnte ich mich danach, Dich kennenzulernen*
*Und weinte Tag und Nacht.*

*Warum kommst Du nicht und tröstest mich?*
*Ich kann die Last meines Kummers nicht länger ertragen.*
*Ich warte sehnsüchtig darauf,*
*Daß Du endlich zu mir kommst.*

Da seine Sehnsucht nach der Heiligen Mutter so groß war, kehrte er schon nach einem Monat nach Hause zurück. Gleich nach seiner Heimkehr bekam er hohes Fieber und wurde ins Krankenhaus eingeliefert. Eines Morgens gegen vier Uhr hatte er ein wunderbares Erlebnis.

«Ich war allein im Zimmer. Mein Vater war hinausgegangen, um mir Kaffee zu holen. Plötzlich waren meine Hände und Beine wie gelähmt. Ein sanfter, kühler Wind strich über meinen Körper, und zu meiner großen Verwunderung sah ich die Mutter ins Zimmer treten. Mit einem gütigen Lächeln kam sie auf mich zu. Ich begann zu weinen wie ein kleines Kind. Da setzte sie sich neben mich und legte wortlos meinen Kopf in ihren Schoß. Ich wollte etwas sagen. Doch ich war so überwältigt, daß die Worte mir im Halse steckenblieben. Vom Körper der Mutter ging ein strahlender Glanz aus, der den ganzen Raum erfüllte. In diesem Augenblick ging die Tür auf, und mein Vater kam herein. Da verschwand die Heilige Mutter sofort.»

Ein paar Tage später besuchte die Mutter Sreekumar in seinem Haus. Es war Vormittag, und sie setzte sich vor das Haus und spielte mit ein paar Kindern. Plötzlich stand sie auf und wanderte durch die Felder in Richtung Osten, wobei sie mit den Händen ein *mudra* formte. Nach einiger Zeit kam sie in einen Wald, wo eine Familie lebte, die Schlangen verehrte. Halb unbewußt und mit halbgeschlossenen Augen setzte sie sich auf den kleinen Schrein, den die Familie für die Schlangenverehrung errichtet hatte, und lächelte bezaubernd. Einige Leute versammelten sich um den Schrein und staunten über diesen ungewohnten Anblick. Normalerweise kam niemand in den Wald, da er voller giftiger Schlangen war. Als die Besitzer des Waldes davon erfuhren, kamen sie ebenfalls herbei und stellten sich mit gefalteten Händen vor Mutter.

«Mutter, wir haben die Verehrung ohne Unterbrechung durchgeführt», sagten sie. «Gibt es noch etwas, was wir tun müssen?» Da erwiderte die Mutter: «Stellt täglich ein Glas frisches Wasser in den Schrein. Mehr braucht ihr nicht zu tun.»

Als die Mutter wieder in Sreekumars Haus zurückkehrte, fragte die Familie sie: «Mutter, warum bist du dort hingegangen?» Die Mutter antwortete: «In diesem Wald werden schon seit langer Zeit Schlangen verehrt. Ich bin auf Wunsch der Gottheiten hingegangen, die in dem Wald wohnen. Seit meiner Ankunft in eurem Hause hatte ich das Gefühl, daß sie nach mir rufen.»

Bald danach fanden Sreekumars Eltern eine Stellung für ihn in Bombay. Sie drängten ihn so sehr, daß ihm nichts anderes übrigblieb, als sie anzunehmen. Widerwillig trennte er sich von der Heiligen Mutter und reiste nach Bombay.

Im Zug hatte er plötzlich das intensive Gefühl, die Heilige Mutter sei in seiner Nähe. Ständig erschien ihm im Halbschlaf ihre göttliche Gestalt. Er blieb acht Monate in Bombay, dann konnte er die Trennung von der Mutter nicht mehr ertragen und kündigte seine Stellung.

Während seines Aufenthalts in Bombay schrieb Sreekumar ein Gedicht, in dem er seine quälende Sehnsucht nach der Heiligen Mutter beschrieb:

*Im Westen ist die Sonne untergegangen,*
*Und der Tag mit seiner Klage hat begonnen . . .*
*Das ist nur ein Spiel des Architekten des Universums.*
*Ihr Lotosblüten, seid nicht traurig, weil ihr euch nun schließen müßt.*

*Diese Welt voller Kummer und Elend*
*Ist nur ein Schauspiel Gottes, und ich, der Zuschauer,*
*Bin nur eine Holzpuppe in Seinen Händen.*
*Es gibt keinen Grund, Tränen zu vergießen.*

*Mein Herz brennt vor Schmerz, weil ich*
*In diesem Meer des Kummers von Dir getrennt bin.*
*Ich werde von den Wellen hin und her geworfen*
*Und kann die Küste nicht finden.*

Schon ehe Sreekumar zur Heiligen Mutter gekommen war, um ein spirituelles Leben zu führen, hatte er manchmal seltsame Erfahrungen auf der astralen Existenzebene gemacht. Wenn er sich niederlegte, löste sein feinstofflicher Körper sich manchmal von seinem grobstofflichen Körper und schwebte umher. In solchen Augenblicken konnte er seine Umgebung deutlich wahrnehmen, obwohl seine Augen geschlossen waren.

Während seines Aufenthalts in Bombay hatte er ein faszinierendes Erlebnis. Es war tagsüber, er hatte gerade meditiert und entspannte sich nun mit geschlossenen Augen. Plötzlich wurde sein Körper steif. Er spürte, wie sich sein feinstofflicher Körper abtrennte, und hörte ein lautes Geräusch, das wie ein Donner klang. Dann ergoß sich eine große Rauchwolke in die Atmosphäre, in deren Mitte er die Gestalt der Heiligen Mutter schaute. Sie hatte die farbenprächtigen Gewänder an, die sie während des Devi Bhava immer trägt. Ehrfürchtig betrachtete er ihre strahlende Gestalt und lag minutenlang wie erstarrt da. Er konnte sich weder rühren noch die Augen öffnen.

Als Sreekumar einmal im Begriff war, seine Eltern zu besuchen, hielt Mutter ihn zurück. «Bleib hier», sagte sie. «Geh heute nirgends hin.» Später erzählte er: «Ich freute mich darüber, daß die Mutter mich bei sich behalten wollte, und gab meinen Plan auf. Als ich mich gegen sechs Uhr abends draußen mit ein paar Leuten unterhielt, biß mich plötzlich etwas ins Bein. Ich schrie vor Schmerz, und Mutter, die mich gehört hatte, kam sofort angerannt. Sie fand die Wunde, saugte das Blut und das Gift heraus und spuckte es aus. Trotzdem wurden meine Schmerzen immer unerträglicher. Ich wälzte mich in Todesqualen auf dem Boden. Die Mutter versuchte mich zu trösten. Schließlich gab sie dem Drängen der anderen nach und erlaubte ihnen, mich zu einem Arzt zu bringen, der auf die Behandlung von Schlangenbissen spezialisiert war. ‹Die Schlange, die dich gebissen hat, war äußerst giftig›, sagte der Arzt zu mir, ‹doch seltsamerweise hat das Gift weder deinem Körper noch deinem Blut geschadet.› Mutter pflegte mich liebevoll, und um drei Uhr morgens schlief ich schließlich ein. Erst dann ging auch Mutter zu Bett.

Am nächsten Morgen sagte sie zu mir: ‹Sohn, wo immer du auch gewesen wärst, es war dir bestimmt, von einer Schlange gebissen zu werden. Doch da es in meiner Gegenwart geschah, ist dir nichts Ernstliches passiert. Deshalb habe ich dich gestern gebeten, nicht fortzugehen.› Als ich später meine Eltern besuchte, las ich in meinem Horoskop nach. Darin stand: ‹Im Alter von 22 Jahren besteht die Gefahr einer Vergiftung. Um dieses Unglück abzuwenden, sollte er in dieser Zeit besondere Gottesdienste abhalten lassen und im Tempel Opfer darbringen.›»

Durch die Gnade der Heiligen Mutter wurden Sreekumar mehrere spirituelle Erfahrungen zuteil, die ihn dazu anspornten, seine spirituellen Übungen mit immer größerer Begeisterung fortzusetzen. Nachdem er seine Eltern und seine Schwestern versorgt hatte, ließ er sich schließlich endgültig im *ashram* nieder.

## Ramesh Rao

Ramesh Rao wuchs in einer wohlhabenden Brahmanenfamilie in Haripad (Kerala) auf. Er war ein moderner junger Mann, der sich allen weltlichen Vergnügungen hingab und ein unstetes, törichtes Leben führte. Doch obwohl er dem weltlichen Leben verfallen war, ging er regelmäßig in einen nahegelegenen Devi-Tempel, betete und bereute seinen leichtfertigen Lebenswandel. Vor jeder Entscheidung – egal, ob es eine gute oder eine schlechte war – betete er im Tempel und bat die göttliche Mutter um ihren Segen.

Einmal lud ein Freund ihn in den *ashram* der Heiligen Mutter ein, doch er lehnte ab. Später, als er nach einer Stellung im Ausland suchte, beschloß er, doch in den *ashram* zu gehen und die Heilige Mutter nach seiner Zukunft zu fragen; denn er hatte gehört, daß die Mutter über göttliche Kräfte verfüge und die Zukunft voraussagen könne. Er kam zum Krishna Bhava. Ehe er etwas sagen konnte, sprach die Heilige Mutter ihn an: «Sohn, du möchtest über den Ozean reisen. Deine Mutter wird dir diesen Wunsch erfüllen, wenn du möchtest. Mach dir keine Sorgen.»

Schon diese erste Begegnung überzeugte Ramesh von der Göttlichkeit der Heiligen Mutter, und er fühlte sich mit unwiderstehlicher Macht zu ihr hingezogen. Nach seiner Heimkehr versuchte er sich wieder auf das Textilgeschäft zu konzentrieren, das er von seinem Vater geerbt hatte. Doch er konnte es nicht, da er ständig an die Heilige Mutter denken mußte. An manchen Tagen sehnte er sich so sehr nach ihr, daß er den Laden schloß und in den *ashram* eilte. Eines Tages, als er sich von der Mutter verabschiedete, um wieder nach Hause zu gehen, fragte sie ihn: «Wohin gehst du, Sohn? Dein Platz ist hier.»

Eines Nachts träumte Ramesh, der Tag des Weltuntergangs sei gekommen. Die Wellen des Meeres türmten sich bis zum Himmel auf und drohten die Erde zu überfluten. Da nahm er alle seine Kraft zusammen und rief laut: «Amma!» Sofort ergoß sich ein strahlender Glanz über das aufgewühlte Meer und die ganze Erde. Aus diesem Glanz trat die wunderschöne Gestalt der Göttin Durga hervor, die einen Sari aus roter Seide trug und auf einem wilden Löwen ritt. Sie hielt in jeder ihrer acht Hände eine göttliche Waffe. Zu Rameshs Erstaunen hatte die Göttin das gleiche mitfühlende Gesicht wie die Heilige Mutter. «Warum fürchtest du dich? Ich bin doch bei dir», tröstete sie ihn. «Hab keine Angst. Du bist mein Sohn.» Danach erschien ihm die Heilige Mutter häufig im Traum.

Da Ramesh so oft mit der Heiligen Mutter zusammen war, wurde sein Verlangen, ständig in ihrer Nähe zu leben und Gott zu verwirklichen, immer heftiger. Eines Tages hatte er ein Erlebnis, das ihn noch mehr in diesem Wunsch bestärkte. Es war vier Uhr nachmittags, und Ramesh besuchte die Mutter wie üblich in ihrem Schrein. Nachdem er sich vor ihr niedergeworfen hatte, setzte er sich in ihre Nähe und betrachtete ihr strahlendes Gesicht. Da veränderte sich die Atmosphäre im Tempel plötzlich. Die Welt der vielfältigen Erscheinungen versank, und er sah nur noch die Heilige Mutter. Er wurde wieder ein zweijähriges Kind, und sie war seine Mutter. Ihre göttliche Liebe berauschte ihn so sehr, daß er alles um sich her vergaß. Liebevoll legte die Mutter seinen Kopf in ihren Schoß. Als sie erkannte, daß er sich im Zustand der Glückseligkeit befand, hob sie seinen Kopf sanft wieder und bat einige Verehrer, ihn im Tempel auf den Boden zu legen. Dann verließ sie den Tempel. Als sie um neun Uhr abends wiederkam, lag er immer noch im selben Zustand da. Erst als sie «Sohn!» rief, erlangte er das normale Bewußtsein zurück.

Nach diesem Erlebnis veränderte Rameshs Leben sich von Grund auf. Er sehnte sich immer mehr danach, Mutter zu sehen, und das weltliche Leben interessierte ihn kaum noch. Er ging nicht mehr in sein Geschäft und besuchte Mutter immer häufiger. Manchmal verbrachte er Tage und Wochen im *ashram*. Seine Familie geriet in Aufruhr über diese plötzliche Wandlung. Sie tat alles, um ihn wieder zum weltlichen Leben zu bekehren, und versuchte ihn zum Heiraten zu überreden. Doch alle ihre Bemühungen blieben erfolglos. Eines Tages sagte die Heilige Mutter zu Ramesh: «Sohn, deine Eltern sehnen sich danach, dich wiederzusehen. Geh nach Hause, und bitte sie um Erlaubnis, bei mir sein zu dürfen.» Da sagte Ramesh entsetzt: «Mutter, willst du mich im Stich lassen? Ich kann nicht zu meinen Eltern gehen. Sie werden mir nur Schwierigkeiten machen.» Die Mutter erwiderte: «Ein mutiger Mann überwindet alle Schwierigkeiten.»

Die Mutter bat einen der Bewohner des *ashram,* Rao nach Hause zu begleiten. Wie Ramesh erwartet hatte, hielten seine Angehörigen ihn gewaltsam im Hause fest. Sie glaubten, die Heilige Mutter hätte ihn mit ihren bösen Zauberkräften verhext, und versuchten, ihn mit Hilfe besonderer Rituale wieder ins weltliche Leben zurückzuholen. Sie drängten ihn, ein *ghee* zu essen, das ein Priester zubereitet hatte. Er hatte dabei bestimmte *mantras* rezitiert, die bewirken sollten, daß Ramesh den *ashram* verließ und wieder ein weltliches Leben führte. Ramesh bat die Heilige Mutter um Rat und fragte sie, ob er das *ghee* essen dürfe. «Iß es ruhig, Sohn», sagte die Mutter. «Wenn ihm böse Zauberkräfte innewohnen, kümmere dich nicht darum. Deine spirituellen Neigungen haben dich in meinen *ashram* geführt. Einem Menschen wie dir kann nichts geschehen, selbst wenn er das *ghee* ißt.»

Ramesh gehorchte ihr und aß das *ghee*. Doch wie die Heilige Mutter prophezeit hatte, konnte es ihm nichts anhaben. Er sehnte sich nach wie vor nach einem spirituellen Leben. Da änderte seine Familie ihre Taktik. Seine Eltern waren jetzt überzeugt davon, daß sein plötzlicher Sinneswandel auf eine geistige Verwirrung zurückzuführen sei. Sie glaubten, er sei über den Mißerfolg bei seiner Stellungssuche im Ausland so enttäuscht gewesen, daß er den Verstand verloren habe. Daher zwangen sie ihn mit Hilfe einiger Freunde, zu einem Psychiater zu gehen.

«Ich bin nicht verrückt», erklärte Ramesh dem Psychiater. «Ich befolge nur die Anweisungen meines Guru. Ihr seid verrückt – verrückt nach dem weltlichen Leben. Und ihr versucht eure Verrücktheit auch anderen Menschen aufzuzwingen.» Auf Geheiß der Eltern behandelte der Psychiater Rao zehn Tage lang. Um in ihm wieder die Freude am weltlichen Leben zu wecken, beschlossen sie, ihn zu Verwandten nach Bhilai zu schicken. Sie glaubten, diese Abwechslung werde ihm guttun und ihm dabei helfen, sich wieder in sein altes Leben hineinzufinden. Gleichzeitig versuchten sie, eine passende Braut für ihn zu finden. In seiner seelischen Not schrieb er an die Heilige Mutter: «Bis jetzt habe ich ihren banalen, oberflächlichen Verlockungen nicht nachgegeben. Wenn Mutter mich jetzt nicht rettet, werde ich im Himmel mit der göttlichen Mutter eins werden. Ich werde mir das Leben nehmen.»

Nach einem einmonatigen Aufenthalt in Bhilai wurde Rao wieder in sein Elternhaus zurückgeholt. Seine Familie war überzeugt, daß er seine spirituelle Lebens- und Denkweise inzwischen aufgegeben hatte, und drängte ihn, seinen Textilhandel wiederaufzunehmen. Eines Tages besuchte er ohne Wissen seiner Angehörigen die Heilige Mutter und sagte: «Mutter, wenn du mich verläßt, werde ich sterben.» Ohne ihre Antwort abzuwarten, blieb er drei Tage lang im *ashram*. Während dieser Zeit warnte Mutter ihn immer wieder vor seiner Familie und prophezeite, daß sie ihm viele Hindernisse in den Weg legen würde. Sie riet ihm sogar, nach Hause zurückzukehren und zu warten, bis seine Eltern ihm erlaubten, ein spirituelles Leben zu führen. Doch Ramesh schlug ihre Warnungen in den Wind. «Wenn ich nach Hause zurückgehe, werden meine Eltern mich daran hindern, meine spirituellen Übungen fortzusetzen», sagte er.

Inzwischen hatte Raos Vater Anzeige gegen die Heilige Mutter erstattet. Er behauptete, sein Sohn werde gewaltsam im *ashram* festgehalten, und forderte die Polizei auf, ihn zurückzubringen. Nach drei Tagen kam Raos Vater mit einigen Angehörigen und einem großen Wagen voller Polizisten in den *ashram*. Furchtlos trat Rao den Polizisten gegenüber und sagte: «Ich bin alt genug, selbst zu entscheiden, wie und wo ich leben will.» Doch niemand achtete auf seine Worte. Mit der Hilfe der Polizei brachten die Angehörigen Rao in eine psychiatrische Klinik in Trivandrum. In Quilon stiegen alle aus, um zu Mittag zu essen. Nur Rao wollte nichts essen und blieb im Wagen. Plötzlich flüsterte eine innere Stimme ihm zu: «Wenn du jetzt fliehst, bist du in Sicherheit. Wenn nicht, wird man dich vernichten.»

Im nächsten Augenblick kam eine Autorikscha und hielt direkt vor ihm. Ohne auch nur einen Augenblick zu zögern, sprang er hinein, sagte dem Fahrer, wo er hin wollte, und bat ihn, schnell zu fahren. Er hatte keinen Penny in der Tasche. Glücklicherweise hielt sich damals gerade einer der Bewohner des *ashram* in Quilon auf, um sich auf seine Magisterprüfung in Philosophie vorzubereiten. Rao fuhr zu ihm und erzählte ihm, was geschehen war. In der Nacht verließ er Kerala mit der Hilfe einiger Verehrer der Heiligen Mutter und suchte bei der Chinmaya Mission in Bombay Zuflucht. Als seine Angehörigen erfuhren, daß er in Bombay war, begannen sie ihn wieder zu verfolgen. Um ihnen zu entkommen, flüchtete Rao in den Himalaya. Er hatte kaum Geld, um die Zugfahrt zu bezahlen und sich etwas zu essen zu kaufen, und besaß auch keine warme Kleidung, um sich vor der eisigen Kälte zu schützen. Eine Zeitlang irrte er ziellos im Himalaya umher. Seine Kleider zerrissen und hingen ihm zerfetzt am Leib herunter. Der gutaussehende junge Mann verwandelte sich in einen wandernden Bettler, der um Essen bettelte und unter Bäumen oder in Höhlen meditierte. So vergingen Tage und Monate. Er hatte der Heiligen Mutter eine Adresse angegeben, unter der sie ihn erreichen konnte. Eines Tages erhielt er einen Brief von ihr mit der Aufforderung: «Komm nach Hause, Sohn. Es gibt keine Probleme mehr.»

Glücklich kehrte Rao in den *ashram* zurück. Mutter schickte ihn zu seinen Eltern, die ihren Fehler inzwischen eingesehen hatten und nicht mehr so unnachgiebig waren. Sie waren überglücklich, ihren Sohn wiederzusehen. Trotzdem versuchten sie nach wie vor, ihn zu einem weltlichen Leben zu verleiten. Als sie erkannten, daß sie mit Gewalt und Feindseligkeit nichts bei ihm erreichen konnten, versuchten sie ihn auf liebevolle Art zu beeinflussen. Aber all ihre Bemühungen scheiterten daran, daß Rao allen weltlichen Dingen gleichgültig und leidenschaftslos gegenüberstand. Erst jetzt siedelte er endgültig in den *ashram* über und setzte ungestört seine spirituellen Übungen fort.

Zwölftes Kapitel

# Ausgewählte Lehren der Heiligen Mutter

# Über Mutter

*1)* Begreife, daß Mutter allgegenwärtig ist. Glaube daran, daß Mutters Selbst und dein Selbst eins sind. Du solltest davon überzeugt sein, daß du spirituelle Kraft besitzt und daß alles in dir ist. Die Menschen sagen immer «ich, ich»; doch dieses «Ich» ist uns allen gemeinsam. Das ist unsere wahre Natur.

*2)* Mutter möchte die Blume eures Gemüts. Die Blüte der Blume der selbstlosen Liebe duftet am süßesten.

*3)* Mutter kam zum Wohle der Menschheit auf die Welt. Manche Menschen graben Brunnen, um sie selbst zu benutzen; andere dagegen bauen Brunnen, an denen die Bewohner des ganzen Dorfes ihren Durst stillen dürfen. Auch Mutter hat ein Loch gegraben und ist auf Wasser gestoßen. Allmählich schwoll es zu einem Fluß an. Manche Menschen baden darin, andere trinken daraus. Jeder nutzt ihn nach seinen Bedürfnissen.

*4)* Wenn wir angeln und ein Fisch anbeißt, halten wir die Angelschnur zunächst absichtlich locker. Erst wenn der Fisch fest am Haken sitzt, rollen wir sie auf. Auch Mutter ist anfangs nachsichtig mit ihren Schülern und befriedigt manchmal sogar ihre Launen und Einfälle. Doch wenn sich die Beziehung zwischen Mutter und dem Schüler gefestigt hat, rollt sie die Schnur auf, um ihn Gott näher zu bringen. Ihre Absicht ist es, allen Menschen zu helfen, ans Ziel zu gelangen.

*5)* Mutter sieht nur das Wesentliche in dir. Durch Übung kann jeder lernen, diese Essenz zu sehen.

*6)* Du solltest nicht an der äußeren Gestalt von Mutter hängen. Wenn du nur ihr Äußeres siehst, wirst du mit vielen Hindernissen zu kämpfen haben. Doch wenn du sie in deinem Inneren bewahrst, kann dir nichts geschehen, wohin du auch gehst.

*7)* Von Mutter fließt ein unaufhörlicher Strom der Liebe zu allen Lebewesen des Universums. Das ist ihre innewohnende Natur.

*8)* Es ist Mutters Lebenszweck, die leidende Menschheit zu lieben und ihr zu dienen, ohne eine Gegenleistung zu erwarten. Diese Aufgabe ist ihr anvertraut worden. Dazu ist sie auf der Welt. Wenn Mutter dich emporheben will, muß sie zunächst einmal auf deine Ebene herabsteigen und sich entsprechend verhalten. Nur wenn sie sich dir demütig und bescheiden nähert, kann sie dich zu sich emporheben und innerlich reinigen. Man kann nicht selbstgefällig sagen: «Komm her, damit ich dich läutern kann!» Niemand würde einer solchen Aufforderung folgen. Die Menschen kommen nur, wenn man sie liebevoll und demütig zu sich ruft.

*9)* Wißt, daß Mutter Wahrheit ist. Sie braucht keine Reklame für sich – ebensowenig wie die heilige Silbe AUM, die das ganze Universum durchdringt. Wer reinen Herzens ist und nach Gott dürstet, wird Mutter suchen und erreichen.

*10)* Da ich alles als die Wahrheit wahrnehme, als *brahman* selbst, verehre ich die Wahrheit. Ich verneige mich vor meinem eigenen Selbst.

## Gott

*11)* Niemand kann voraussagen, wie, wann und wo sich die Herrlichkeit Gottes manifestieren wird. Alles richtet sich nach Seinem Willen. Um das *dharma* zu bewahren, nimmt Gott verschiedene Gestalten an; dann ruht Er wieder in sich selbst, so wie das Wasser des Meeres verdunstet, zu Regen wird und als Fluß dahinfließt, um sich schließlich wieder mit dem Meer zu vereinigen.

*12)* Gott kommt nicht den Menschen zuliebe auf die Welt, die bereits Gottesverwirklichung erlangt haben, denn diese Menschen brauchen keine Hilfe. Gott verkörpert sich, um den Unwissenden den richtigen Weg zu zeigen. Welche Verleumdungen bekam Sri Krishna zu hören! Wurde er nicht durch einen Pfeil getötet? Und Jesus Christus wurde ans Kreuz geschlagen. Wenn sie gewollt hätten, hätten sie augenblicklich ihre Feinde töten können. Aber sie brachten dieses Opfer, um der Welt ein Beispiel zu geben. Wir müssen alle lernen, einander zu lieben und mit einem Sinn von Geschwisterlichkeit und Gleichheit zu behandeln.

*13)* Man sagt, Gott sei in allen Menschen. Doch es gibt etwas, das über alle Dinge und Lebewesen dieser Welt hinausgeht. Das ist das Höchste Bewußtsein. Diese Kraft ist einzigartig und übersteigt sogar noch eine Seele, die Befreiung erlangt hat. Was war zuerst da, der Mangosame oder der Mangobaum? Der Baum kann nur aus dem Samen und der Same nur aus dem Baum entstehen. Also muß es eine Macht geben, die über diesen beiden Dingen steht und die Ursache aller Dinge ist. Das ist Gott.

*14)* Unsere sogenannten Freunde und Verwandten lieben uns nur, um ihr eigenes Verlangen zu befriedigen. Ihre Liebe ist selbstbezogen. Nur Gott allein kann uns selbstlos lieben. Er ist unser einziger wahrer Freund. Alle anderen sind wie Mitreisende, die wir in einem Bus kennenlernen. Vielleicht wiegen wir uns in der Illusion, daß alle Leute, mit denen wir uns unterwegs unterhalten haben, unsere Freunde geworden sind; doch wenn sie an ihrem Ziel angelangt sind, steigen sie aus und lassen uns allein. Kinder, Gott allein ist unser wahrer Freund und Verwandter!

*15)* Die Menschen bereiten payasam (süßen Pudding) zu und opfern ihn Gott. Doch der payasam der reinen Liebe und Hingabe ist Gott am liebsten.

Kinder, Gott ist derjenige, der gibt. Er verlangt nichts. Wenn wir Gott etwas opfern, so ist es, als leuchteten wir der Sonne mit einer Kerze, um ihr den Weg zu zeigen. Dennoch sind unsere Opfer nicht unbedeutend, denn sie fördern eine mitfühlende Haltung und helfen dabei, unsere Selbstsucht zu beseitigen.

*16)* Gott existiert nur, solange ein Gefühl von Zweiheit *(maya)* vorhanden ist. Wenn wir durch *sadhana* völlig von unserer Nicht-Erkenntnis befreit worden sind, erlangen wir den Zustand der Vollkommenheit. Das ist der höchste Zustand. Dort gibt es nicht einmal mehr eine Spur von Dualität.

*17)* Kinder, man muß jeden Menschen lieben, ohne etwas zu erwarten. Das Herz muß sich nach der Wahrheit verzehren. Man muß in jedem Atom dieser Welt die Wahrheit erblicken und alle Lebewesen als gleichwertig ansehen und ihnen in dieser Einstellung dienen. Gleichmut ist Yoga. Das ist Gott.

## Guru

*18)* Kinder, die sogenannte innere Stimme, die wir hören, ist im allgemeinen unsere Einbildung. Wir haben bis jetzt weder die Höchste Wirklichkeit erlangt noch die Natur unseres Wahren Selbst voll und ganz erkannt. Deshalb können unsere Entscheidungen, Ansichten und Schlußfolgerungen falsch sein. Wir sind unvollkommen und können uns nicht auf unseren Verstand und unsere Eingebungen verlassen. Daher sollten wir uns eine vollkommene Quelle zum Guru erwählen und dessen Anweisungen folgen.

*19)* In einer wahren Guru-Schüler-Beziehung kann man den Guru nicht von seinem Schüler unterscheiden. Der Guru nimmt die Haltung eines Dieners ein, mehr noch als der Schüler. Selbst wenn der Schüler protestiert, behält er die Haltung bei, seinen Schüler zu ändern und zu bessern. Er beobachtet alles, was sein Schüler tut, obwohl der Schüler es vielleicht gar nicht weiß. Es ist die Pflicht des Schülers, seinem Guru in der Einstellung zu dienen, daß der Guru es nicht merken soll. Dienst bedeutet Gehorsam. Wenn der Guru sieht, daß der Schüler ihm treu ergeben ist, überschüttet er ihn spontan mit seiner Gnade.

*20)* Nur ein Guru kann *vasanas* vertreiben. Man ist von dem *samskara* geprägt, das man durch unzählige frühere Geburten erworben hat. Der Schakal, der sich im Dschungel verbirgt, nimmt sich vielleicht vor, keine Hunde mehr anzuheulen. Aber kaum sieht er einen Hund, hat er seinen guten Vorsatz vergessen. So ist es auch mit unseren verborgenen Neigungen. Vielleicht haben wir beschlossen, nie mehr wütend zu werden. Doch wenn entsprechende Umstände auftreten, lassen wir unserem Zorn spontan freien Lauf. Alle diese Neigungen, die sich durch viele frühere Geburten in uns angesammelt haben, werden nur in der Gegenwart eines wahren Guru beherrscht und zerstört.

*21)* Der Wind weht überall, aber unter den ausgebreiteten Ästen eines Baumes wirkt er kühlender und erfrischender und schenkt dem Wanderer besondere Erquickung. Auch Gott ist allgegenwärtig. Dennoch schenkt die Gegenwart eines Menschen, der Gottesverwirklichung erlangt hat, uns immensen Seelenfrieden und Ruhe.

*22)* Wer einen wahrhaft vollkommenen Meister (Sad Guru) hat, der braucht keine andere göttliche Gestalt mehr zu verehren. Für ihn ist der Guru selbst Gott.

*23)* Kinder, wenn wir einem Kind, das ein Stärkungsmittel braucht, gleich die ganze Flasche geben, trinkt es vielleicht alles auf einmal aus und stirbt daran. Der Arzt weiß, welche Dosis man dem Kind geben muß. Auch für das *sadhana* gibt es genaue Regeln und Vorschriften, die man befolgen muß. Wenn man sie nicht kennt, kann man in Schwierigkeiten geraten. Daher ist die Hilfe eines Guru wichtig.

*24)* Wer *brahman* kennt, kann schon allein durch seinen bloßen Wunsch einen anderen Menschen befreien. Der Schüler muß wachsam sein und absoluten Glauben in den Guru haben. Wer Glauben hat, stellt seinem Guru niemals eine einzige Frage. Was immer der Guru sagt, er gehorcht. Das ist der wahre Dienst, den man dem Guru schuldet. Es genügt nicht, dem Guru nur persönlich zu dienen. Nehmen wir an, ein Professor nennt seinem Studenten ein Gebiet, mit dem er sich befassen soll, und weist ihn auf die Regeln und Vorschriften hin, die er dabei beachten muß. Wenn der Student nur an einer persönlichen Beziehung zu dem Professor interessiert ist, ohne seinen Stoff zu lernen, wird der Professor niemals zufrieden mit ihm sein. Oder stellt euch vor, der Premierminister gibt seinen Ministern bestimmte Aufträge. Was glaubt ihr, wie er reagieren würde, wenn sie ihm nur persönlich dienen wollten und ihre Pflichten vernachlässigten? Er wäre sehr unzufrieden mit ihnen. Ein Guru hat die gleiche Einstellung zu seinen Schülern.

*25)* Was der Guru auch verlangt, gehorcht ihm voller Überzeugung. Der Schüler muß vor dem Guru wie ein Diener vor seinem Herrn sein. Gehorcht er seinem Herrn, wird die Gnade des Guru spontan bei ihm sein. Wenn der Guru die Unschuld des Schülers sieht, fließt sein Herz über.

*26)* Wie weit du auch vom Guru entfernt bist, die Gnade des Guru wird dich dort erreichen, vorausgesetzt, du hast dich ihm völlig geweiht und hast Glauben. Wer in Mutters Nähe weilt, sehnt sich nicht heftig nach ihr oder nach Gott. Doch diejenigen, die entfernt von ihr leben, schmachten nach ihrem Anblick. Wenn diese Menschen an Mutter denken und sich ganz auf sie konzentrieren, wird Mutters Gnade trotz der Entfernung spontan zu ihnen strömen.

## Inkarnationen

*27)* Manche vollkommenen Wesen, die den Zustand des *brahman* erlangt haben, fassen im Augenblick, in dem sie ihren Körper ablegen, den subtilen, aber festen Entschluß, wieder auf die Erde zu kommen und der Menschheit aus Mitgefühl zu dienen. Sie nehmen aus freier Entscheidung einen menschlichen Körper an.

*28)* Wer Vollkommenheit erlangt hat, braucht nicht mehr zu meditieren. Er wird nichts mehr als von seinem Selbst getrennt wahrnehmen. Dennoch wird er vielleicht meditieren, um den anderen Menschen ein Beispiel zu geben. Wenn Mutter untätig herumsitzt und nicht meditiert, werden ihre Schüler es ihr nachtun. Deshalb meditiert Mutter.

*29)* Zwischen einer Inkarnation und einem gewöhnlichen Menschen bestehen einige Unterschiede. Es ist genauso wie der Unterschied zwischen einer Kokospalme mit vielen Nüssen und einer einzelnen Kokosnuß. Die Kokosnuß kann zwar behaupten, daß sie von dem Baum stammt und daß zwischen ihnen beiden kein Unterschied besteht. Doch das stimmt nicht ganz, solange sie kein Baum wird. Potentiell ist die Kokosnuß zwar das gleiche wie die Kokospalme. Aber nur, wenn man sie einpflanzt, gießt, mit Mist düngt und vor herumstreunenden Tieren beschützt, wird sie zu einem großen Baum werden, der Früchte trägt. Der gleiche Unterschied besteht zwischen einer Inkarnation und einer gewöhnlichen Seele. Es gibt Scheinwerfer mit 1000 Watt, normale Glühbirnen mit 100 Watt und schwache Nachtlämpchen mit weniger als 1 Watt; doch alle werden vom gleichen Strom erhellt.

*30)* Ein Mensch, der Vollkommenheit erlangt hat, empfindet großes Mitleid, wenn er einen Leprakranken oder einen anderen Menschen sieht, der an einer schweren Krankheit leidet. Er kennt keine Abneigung und keinen Widerwillen. Mit Hilfe seiner Konzentration und seiner göttlichen Macht kann er den Leidenden von seiner Krankheit befreien, indem er sie in sich aufnimmt. Manche Kranke, die in den *ashram* kommen, leiden schon seit zehn oder fünfzehn Jahren an ihrer Krankheit. Wenn Mutter ihnen ihre Krankheit abnimmt, muß sie nur fünf Minuten lang leiden.

*31)* Wer *brahman* erkannt hat, ist selbst im Schlaf bei vollem Bewußtsein. Er weiß, daß er niemals schläft. Er ist Zeuge des schlafenden Zustandes seines Körpers.

*32)* Kinder, es sollte einem irgendwie gelingen, das Gemüt auf einen einzigen Punkt auszurichten. Ein einzieliger Mensch hat nie Probleme, wohin er auch geht. Er kann in jeder Welt reisen und wird doch niemals von seinem Pfad abweichen. Er braucht andere Menschen nur einmal anzusehen, und schon durch die Kraft seines Blickes kann er sie zum spirituellen Leben bringen. Andere lebende Geschöpfe brauchen nur den Speichel eines solchen vollkommenen Wesens zu berühren, um Befreiung zu erlangen. Selbst die Ameisen, die in seine Fußstapfen krabbeln, werden befreit.

## Sadhana (Spirituelle Übungen)

*33)* Kinder, vergeßt nicht, daß ihr den Samen – die Seele – besitzt. Sie schlummert in euch. In dem kleinen Samen ist bereits ein großer Baum vorgebildet. Wir müssen ihn nur in die Erde legen und sorgfältig betreuen, dann sprießt der Sämling hervor. Ebenso ist es mit der Höchsten Wahrheit. Sie existiert in allen Lebewesen, doch nur durch *sadhana* kann man sie zum Vorschein bringen.

*34)* Kinder, kann man in der Zeichnung eines Hauses wohnen? Wenn man an einem Stück Papier leckt, auf dem «Melasse» steht, hat man noch keinen süßen Geschmack auf der Zunge. Angenommen, auf einer Reklametafel steht, daß es in einer bestimmten Straße in der nächsten Stadt einen Juwelierladen gibt. Kann man bei der Reklametafel Schmuck kaufen? Natürlich nicht! Man muß an den angegebenen Ort gehen. Ebenso genügt es nicht, die Schriften zu kennen. Sie sind nur Wegweiser zur Wahrheit. Direkte Erfahrungen können wir nur durch *sadhana* erlangen.

*35)* Ein geübter Kletterer benötigt keine Leiter, um auf einen Baum zu steigen, doch ein Anfänger braucht eine. Auch ein spirituell strebender Mensch braucht eine bestimmte Technik als Hilfsmittel. Der Vogel am Himmel braucht keine Straßen, doch für Fußgänger und Busse sind sie notwendig.

*36)* Kinder, wenn ihr Auto fahren lernen möchtet, solltet ihr nicht auf einer verkehrsreichen Straße damit beginnen, sondern an einer einsamen Stelle. Ebenso ist es mit dem spirituellen Leben: Am Anfang ist Abgeschiedenheit eine unentbehrliche Voraussetzung.

*37)* Eine junge Pflanze muß man mit einem Zaun umgeben, damit das Vieh sie nicht abfrißt. Später, wenn sie zu einem großen Baum geworden ist, kann man das Vieh an ihr festbinden. Ebenso muß auch ein spirituell strebender Mensch bei den Übungen seinen Sinnen strenge Fesseln anlegen. Doch sobald er Vollkommenheit erlangt hat, braucht er es nicht mehr zu tun.

*38)* Manche Menschen erzählen, daß sie sich schon seit Jahren spirituellen Übungen widmen, aber noch keine Erfahrung gemacht haben. Das liegt daran, daß die Frucht ihrer Übungen durch Leidenschaften wie Zorn, Sinneslust und Gier aufgezehrt wird. Der Zucker der spirituellen Übungen wird von den Ameisen dieser Leidenschaften gefressen.

*39)* Bestimmte Arten von Bäumen blühen, nachdem sie ihre Blätter abgeworfen haben. Ebenso gelangt die spirituelle Verwirklichung erst zur Blüte, wenn der Strebende seine Begierden abgeschüttelt hat. Er hat dann kein Interesse mehr am Essen und anderen sinnlichen Genüssen. Wer durch *sadhana* Befreiung erlangt hat, sollte auch andere Nutzen daraus ziehen lassen.

*40)* Kinder, momentan sind wir wie schwache Lämpchen mit weniger als 1 Watt. Unser Licht ist sehr schwach. Doch durch *tapas* können wir wie 10 000-Watt-Scheinwerfer werden. Erhält man Licht, indem man eine Glühbirne zeichnet und das Bild an die Wand hängt? Nein! Genauso ist es, wenn man sagt: «Ich bin *brahman*», ohne das wirklich erfahren zu haben. Bemühung ist nötig. Nur dann können wir ein strahlendes Licht werden, das die Welt erhellt.

*41)* Für einen spirituell Strebenden sind vier Stunden Schlaf pro Tag ausreichend.[1] Er sollte nicht nach dem Schlaf, sondern nach dem Erwachen streben.

*42)* Wir säen die Samen nicht direkt auf dem Acker aus. Zunächst legen wir sie in sorgfältig aufgelockerte und vorbereitete Erde. Dann pflanzen wir die Reissetzlinge aufs Feld. Kinder, wenn ihr die Samen des *sadhana,* die auf dem Beet der Hingabe gekeimt sind, auf das Feld der Erkenntnis pflanzt, werdet ihr eine reiche Ernte haben.

## Die richtige Einstellung

*43)* Um Gottesverwirklichung erlangen zu können, müssen wir unser Ego dem Höchsten hingeben. Wir sollten wie ein Baumstamm werden, der auf dem Wasser schwimmt. Er bewegt sich dorthin, wohin ihn die Strömung trägt. Aus sich selbst hat er keine Kraft. Unser Ich-Sinn muß ausgelöscht werden, erst dann kann die Erkenntnis dämmern. Erst wenn wir diese Einstellung haben, können wir das Höchste Licht schauen. Weihe alles Ihm, und bewege dich nach Seinem Willen.

*44)* Ein geistig Strebender sollte immer zum Himmel schauen. Dort gibt es keine Bewegung, keine Form und keine Eigenschaften. Dort ist nur unteilbare Seligkeit. Nur wenn wir hinunterblikken, sehen wir die Höhen und Niederungen dieser Erde. In Wirklichkeit gibt es keine Verschiedenheit. Versucht immer in dem Gedanken verwurzelt zu sein, daß ihr die Verkörperung von *sat chit ananda* (Reines Sein-Bewußtsein-Seligkeit) seid. Nehmt von allem nur das Wesentliche in euch auf, und werft den Rest von euch.

*45)* Wer unbedingt ins Kino gehen möchte, kümmert sich nicht darum, daß er von der Menschenmenge, die sich ins Kino drängt,

---

[1] Mutter meint damit eine Person, die sich ausschließlich dem spirituellen Leben widmet.

gedrückt und vorangeschoben wird und Püffe erhält – so intensiv und ausschließlich ist sein Verlangen, den Film zu sehen. Auch ein geistiger Sucher, dessen einziges Ziel die Gottesverwirklichung ist, sollte alle Nöte und Entbehrungen, die er erdulden muß, als belanglos betrachten.

*46)* Niemand auf dieser Welt ist ohne Fehler. Fehler, die aus Unwissenheit begangen werden, verzeiht Gott. Doch sobald wir Unterscheidungsvermögen erworben haben, müssen wir uns bemühen, keine Fehler mehr zu machen. Sonst werden wir die Früchte unserer Taten ernten.

*47)* Ihr sollt Gott lieben und nichts anderes begehren. Auch der Wunsch nach einer göttlichen Vision ist eine Begierde. Es ist schwieriger, seine Gedanken und Gefühle im Zaum zu halten, als mit Gott eins zu werden. Wir müssen darum unsere Gedanken und Empfindungen unterwerfen und allem mit Gleichmut gegenüberstehen.

*48)* Ein Vogel, der auf einem vertrockneten Zweig sitzt, ist darauf vorbereitet, jederzeit davonzufliegen, weil er weiß, daß der Zweig unter Umständen abbrechen kann. Auch wir müssen jederzeit bereit sein, fortzufliegen und unsere Bindungen an das weltliche Leben zu zerreißen.

*49)* Durch ständige Übung kann man sein Denken und seine Gefühle bändigen. Denkt entweder: «Alles ist in mir. Alles, was ich sehe, ist mein eigenes Selbst» oder: «Ich bin nichts. Es ist alles Dein» und widmet alles Gott. Bis jetzt habt ihr immer mit dem Gedanken gelebt: «Ich bin mein Körper», und deshalb werden anfangs einige Gedankenwellen durch euer Gemüt strömen. Aber sie werden durch Übung verschwinden. Um diese Gedankenwellen unter Kontrolle zu bringen, muß man spirituelle Übungen machen und sollte dabei an einem Ort bleiben. Wenn man sich darauf beschränkt, Bücher zu lesen, werden die Wellen sich nur noch verstärken.

*50)* Brahma, Vishnu und Maheswara schaffen, erhalten und zerstören die Begierden. Die Menschen dagegen schaffen und erhalten zwar Begierden, zerstören sie aber niemals, obwohl es das ist, was sie am nötigsten brauchen: die Auslöschung der Begierden.

*51)* Es genügt nicht, sich einfach mit geschlossenen Augen in eine Ecke zu setzen und zu meditieren. Man muß allen Menschen selbstlos und sogar ohne den Wunsch nach Befreiung dienen. In unseren Augen muß alles gleichwertig sein. Wir müssen wie der Wind werden, der gleichermaßen über duftende Blumen und stinkende Abfälle streicht und der niemals glaubt, er müsse schmutzige, übelriechende Dinge meiden.

*52)* Wenn ein Ruderer in einem Boot, nachdem er eine Weile gerudert hat, sich auf die Ruder stützt und ausruht, achtet er trotzdem darauf, wohin das Boot treibt. Ebenso müssen wir innerlich immer wachsam sein, ganz gleichgültig, ob wir arbeiten oder uns ausruhen.

*53)* Kinder, *brahman* ist Feuer. Aber das bedeutet nicht, daß ihr einfach ins Feuer springen könnt. Unterscheidungsvermögen ist unerläßlich.

*54)* Die geistige Verfassung eines Kindes ähnelt der eines Yogi. Wenn ein Kind eine Blume sieht, streckt es die Hände danach aus und möchte sie haben. Sieht es dann eine andere Blume, läuft es hin und kümmert sich nicht mehr um die erste. Es hängt an nichts.

*55)* Wenn ein Schmied ein rostiges Stück Eisen zum Schmelzen in den Ofen legt, denkt er nicht an das Eisenstück, sondern daran, was er daraus machen will. Wenn ein Bildhauer einen moosbewachsenen Steinblock zur Hand nimmt, sieht er nicht das Moos auf dem Stein, sondern ist sich nur der göttlichen Figur bewußt, die er herausmeißeln will. So sollten auch wir nicht die Fehler der anderen Menschen sehen, sondern nur die alles umfassende Höchste Wahrheit.

*56)* Wenn ihr Blumen zur Verehrung darbringt, visualisiert die geliebte Gestalt der Gottheit in eurem Innern. Dann stellt euch vor, daß ihr Gott euer Denken und eure Empfindungen darbietet wie eine Blume. Dazu ist Achtsamkeit notwendig. Wer achtsam ist, uneingeschränkt glaubt und allen Menschen ein Gefühl der Geschwisterlichkeit entgegenbringt, wird stetige Fortschritte machen. Wenn dann in den Herzen meiner Kinder auch nur noch eine Spur von Ego ist, wird Mutter es augenblicklich auslöschen. Mutter ist bereit, immer wieder geboren zu werden, um ihren Anhängern zu dienen, aber Mutter kann nicht zu einer Dienerin des Ego werden.

*57)* Ein spiritueller Mensch sollte die Bürde der ganzen Welt auf seine Schultern nehmen. Er sollte niemals schwach sein, sondern kühn wie ein Löwe.

## Meditation

*58)* Wenn wir auf eine bestimmte Gestalt meditieren, erlangen wir Konzentration und Frieden. Durch die Meditation auf eine Gestalt entsteht Versenkung. In Wirklichkeit meditieren wir auf uns selbst. Die Gestalt ist nur eine Leiter. Nach einer gewissen Zeit werden all diese Gestalten nur noch als Schatten empfunden werden. Alle spirituellen Erfahrungen werden erst durch Meditation kommen.

*59)* Am Anfang kann ein Maler nicht viele Werke schaffen. Erst nachdem er eine gewisse Übung hat, wird er mehr Bilder malen können. Uns geht es ähnlich. Am Anfang können wir uns während der Meditation vielleicht nicht einmal eine Stunde lang konzentrieren. Doch später, wenn wir Fortschritte machen, werden wir fähig, uns über lange Zeit zu konzentrieren. Kinder, gebt nicht auf, und werdet nicht ungeduldig, wenn ihr euch bei der Meditation nicht lange konzentrieren könnt. Steht nicht gleich auf, sondern versucht es weiter. Stellt euch vor, daß eure geliebte Gottheit direkt vor euch steht, und sprecht mit ihr.

*60)* In den Anfangsstadien der Meditation schläft man vielleicht ein oder fühlt sich schläfrig. Das liegt daran, daß man nicht achtsam genug ist und *tamas* (die Eigenschaft der Dumpfheit und Trägheit) aufsteigen kann. Bleibt man wachsam, wird allmählich die Schläfrigkeit verschwinden.

*61)* Achtet niemals auf die inneren Geräusche, die ihr während des Meditierens hört. Sie werden uns später dabei helfen, über die Sinnesempfindung des Gehörs hinauszuwachsen. Sie entstehen durch das Strömen des Blutes und der Lebenskraft in den Energiekanälen. Wenn der Körper während der Meditation zittert, beruht das auf dem gleichen Grund.

*62)* In einem bestimmten Stadium der Meditation kann man aus jedem beliebigen Gegenstand, den man vor Augen hat, grundsätzliche Prinzipien ableiten.[2] Die Rishis (die alten Seher) haben in diesem Zustand die Upanischaden und andere Schriften verfaßt.

*63)* Im Anfängerstadium sollte man die Meditation auf eine Form mindestens drei Jahre lang beibehalten. Erst dann wird die Form richtig in den Geist eingeprägt sein. Schaut nach innen, in euer Herz oder auf einen Punkt zwischen den Augenbrauen, und bemüht euch sehr, um Konzentration zu erreichen. Wer ein weltliches Leben geführt hat, muß sich beim Essen strenge Disziplin auferlegen. Man muß lernen, äußerst genügsam zu sein. Zur Not kann man auch von Gras und Blättern leben.[3] Sobald es uns

---

[2] Man sieht die grundlegenden metaphysischen Prinzipien des Universums widergespiegelt in dem Spiel zwischen der (äußeren) Form und der (inneren) Essenz von allem und jedem Ding. Die Welt der Dinge erscheint als ein Spiel von Schatten, dazu da, den Sinn des Daseins zu enthüllen.

[3] Amma spricht aus ihrer eigenen Erfahrung.

gelingt, uns während der Meditation zu konzentrieren, erhalten wir das Wesentliche der Nahrung von innen. Nur weil man an weltlichen Dingen hängt (weil man sich nicht innerlich zur Entsagung, *tyaga,* durchringen kann), ist man nicht in der Meditation verwurzelt.

*64)* Durch Meditation können alle Leidenschaften wie Zu- und Abneigung völlig entfernt werden. Ist unser Gemüt durch Meditation gereinigt, erkennen wir in jedem Atom der sichtbaren Welt die Form, auf die wir meditieren, und empfinden allem Lebenden gegenüber grenzenlose Liebe.

*65)* Sobald wir vollkommene Konzentration erlangt haben, werden wir «Das». Dazu ist jedoch ständige Übung erforderlich. Alle Dinge dieser Welt müssen in unseren Augen gleichbedeutend sein. Wir müssen uns alle als «Das» vorstellen. Stellt euch vor: «Ich bin der Diener eines jeden.»

*66)* Wenn ihr mit einem Menschen sprecht, stellt euch vor, er sei die Verkörperung der Gestalt *(dhyana rupa),* auf die ihr meditiert. Visualisiert diese göttliche Gestalt auch am Himmel, wenn ihr in einem Boot, Bus oder Zug fahrt, dann ist eure Zeit nicht vergeudet.

*67)* Ein spirituell strebender Mensch muß mindestens acht Stunden am Tag meditieren und eine Stunde lang körperliche Arbeit tun.[4] Er soll so wenig wie möglich reden. Er darf seine Energie nicht durch Sprechen verschwenden und muß danach streben, seine Unwissenheit zu besiegen, indem er nach innen schaut.

*68)* Yogis schlafen nachts niemals, sondern meditieren die ganze Nacht und fühlen sich dabei sehr wohl. In der Nacht schweigt die ganze Natur. Es gibt viel weniger weltliche Gedankenwel-

---

[4] Amma spricht über Menschen, die sich nur dem spirituellen Leben widmen und in einem *ashram* wohnen.

len, so daß man sich in dieser Zeit besonders gut konzentrieren kann.

*69)* Laßt während der Meditation keine Räucherstäbchen abbrennen, da die Konzentration durch den Duft abgelenkt wird. Ein geistig Suchender braucht keinen Weihrauch (oder ähnliches). Der Duft befriedigt nur die Sinneslust. Wer seine Sinne nicht besiegt, kann auch seine Gedanken und Gefühle nicht beherrschen. Glaubt niemals, daß ihr durch sinnliche Genüsse – Essen, Wohlgerüche oder das andere Geschlecht – gesättigt werden könnt. Im Gegenteil, mit jeder Erfahrung werden die *vasanas* nur noch stärker. Im Kopf gibt es fünf Sinne, aber auf dem Scheitel des Kopfes gibt es Nektar, doch die Menschen wollen ihn nicht. Sie streben nur nach der Befriedigung ihrer Sinnesnatur, die (im Vergleich zum Nektar) wie Ausscheidung ist.

## Vasanas (Verborgene Neigungen)

*70)* Je mehr man sich dem *sadhana* widmet, um so mehr erlebt man, wie verborgene Neigungen an die Oberfläche steigen. Wenn wir ein Zimmer ausfegen, entfernen wir nur den oberflächlichen Staub. Wenn wir den Boden dagegen mit einem nassen Lappen putzen, wird er gründlicher gereinigt. Ebenso ist es mit dem *sadhana:* Je mehr *sadhana* wir betreiben, desto mehr Schmutz *(vasanas)* kommt an die Oberfläche und kann zerstört werden.

*71)* Kinder, habt keine Angst vor den Gedankenwellen, die euch beim Meditieren stören und ablenken. Wenn *vasanas* uns stören, müssen wir um so unverwandter zu Gott beten. Dieses Weinen und Beten ist weder etwas rein Gefühlsmäßiges noch ein Zeichen von Schwäche. Wenn wir voller Konzentration und sehnsüchtigem Verlangen zu Gott beten, wird unser Gemüt immer weiter und umfassender.

*72)* Stellt euch vor, eine Henne brütet zehn Eier aus. Das eine stammt von einer Ente, die anderen sind Hühnereier. Nach dem

Ausschlüpfen läuft das Entchen, sobald es Wasser sieht, hinein; doch kein einziges der Hühnerküken wird ins Wasser gehen. Das ist das Wesen der *vasanas* und entstammt früheren Geburten.

## Hingabe und Demut

*73)* Zur Erkenntnis gelangt man durch Hingabe. Erkenntnis ist das Ziel, Hingabe ist der Führer. Man muß Gott lieben und sich ihm hingeben. In unserem Zeitalter (Kaliyuga) erlangt man durch andachtsvolle Gesänge größere Konzentration als durch Meditation. In der heutigen Zeit ist die Atmosphäre voller Lärm. Daher ist es schwierig zu meditieren, und es wird keine Konzentration erlangt. Durch devotionelle Gesänge dagegen kann man das Lärmproblem überwinden. Werden andachtsvolle Gesänge voll Konzentration gesungen, reinigen sie nicht nur den Sänger und die Zuhörer, sondern die ganze Atmosphäre.

*74)* Wenn jemand unschuldig ist, wird Gott zu seinem Diener. Wer nicht unschuldig ist, wird keine Fortschritte machen, so sehr er sich auch bemüht. Viele Leute erreichen nie etwas, obwohl sie jahrelang meditieren. Doch wenn ihr vier Jahre lang Mutters Anweisungen folgt, könnt ihr die Wahrheit erkennen.

*75)* Wer den Pfad der Hingabe geht, wird unschuldig. Er bekommt das Gefühl, ein Diener Gottes zu sein, und denkt: «Ich bin nichts, Gott ist alles.» So wird er zum Wohltäter der Welt.

*76)* Wenn aus einem Samen ein Baum werden soll, muß man ihn unter die Erde legen. Große Gebäude stehen nur deshalb so fest und sicher, weil ihr Fundament sich unter der Erde befindet. Wenn wir wachsen wollen, müssen wir demütig und bescheiden werden.

*77)* Kinder, wenn ihr nach Gott weint, halten euch vielleicht manche Menschen für schwach. Aber seht, bei einer brennenden Kerze wird die Flamme mit der Zeit immer heller und strahlender. Ebenso ergeht es den Menschen: Wenn sie nach Gott weinen, dehnt ihr Gemüt sich immer mehr aus. Weinen wir um weltliche Dinge, ist das eine sinnlose Energieverschwendung. Nehmen wir an, einer unserer Angehörigen stirbt. Können wir ihn wieder zum Leben erwecken, indem wir stundenlang weinen? Nein, denn wir weinen etwas Vergangenem nach. Doch wenn wir alles Gott hingeben, ist die Vergangenheit wie ein ungültiger Scheck. Weint nicht darüber.

*78)* Kinder, wir haben äußeren Putz nicht nötig. Wahre Hingabe hat nichts mit solchen Äußerlichkeiten zu tun. Wenn wir im Kaliyuga (dem dunklen Zeitalter des Materialismus) Spiritualität lehren, sollten wir das tun, indem wir normale Kleidung tragen, unser Haar kämmen und in keiner Weise äußerlich auffallen.

*79)* Erst wenn unser Gemüt durch die Meditation rein wird, wird es uns möglich sein, nach Gott zu weinen. Kinder, wenn ihr fünf Minuten lang weinend nach Gott ruft, ist das ebensoviel wert wie eine Stunde Meditation.

*80)* Kinder, der Schlüssel zur Schatztruhe liegt in unserer eigenen Tasche. Aber ihr braucht so lange, um ihn zu finden, daß das Schloß inzwischen rostig ist! Versucht, mit dem Öl der Liebe und Hingabe den Rost zu entfernen und das Schloß zu öffnen.

## Brahman (Die höchste Realität)

*81)* Im Zustand von *brahman* gibt es kein Glück und keinen Kummer mehr, sondern nur noch vollkommene Seligkeit. «Ich» und «Du» existieren nicht. Dies läßt sich mit tiefem Schlaf vergleichen. Es gibt nur einen Unterschied: Im Zustand des *brahman* ist man bei vollem Bewußtsein. Im Tiefschlaf gibt es zwar auch kein «Ich» und kein «Du», doch sobald man aufwacht, ersteht die Welt wieder und damit auch das «Ich» und das «Du». *Sahaja samadhi,* das natürliche *samadhi,* ist der Zustand der Vollkommenheit.

*82)* Die Vollkommenheit erlangt haben, werden niemals sagen: «Ich bin Gott» oder «Gott ist mein Diener». Ihre Denkweise ist: «Ich bin der Diener aller Menschen.» Zu sagen: «Ich bin *brahman*» bedeutet, daß immer noch etwas in Bewegung ist. *Brahman* jedoch ist Bewegungslosigkeit. Wenn man mit *brahman* verschmolzen ist, gibt es keine Worte mehr.

*83)* Kleine Kinder tragen alle Zeichen derjenigen an sich, die *brahman* erkannt haben. Wenn wir mit Kindern spielen, spiegelt ihre Unschuld sich in uns wider. Wir vergessen alles andere und schauen ihnen nur noch zu. Ein Kind hat die unschuldigen Augen eines Menschen, der Vollkommenheit erlangt hat.

*84)* Kinder, das heutige Wissen ist nur noch intellektuelles Wissen. Wir haben keine Erfahrung mehr. Wir können heutzutage die Brahma-Sutras (eine heilige Schrift) für fünf Dollar in der Buchhandlung kaufen und innerhalb von ein paar Tagen auswendig lernen. Dann erzählen wir allen: «Ich bin *brahman.*» Doch das ist nur ein intellektuelles Erfassen. Welcher Unterschied bestünde dann zwischen uns und einem Tonbandgerät? Die Rishis (Weise aus alten Zeiten) gingen ganz in der Erfahrung *brahmans* auf. Ihr ganzes Wesen strahlte eine ungeheure spirituelle Größe aus. Kinder, wiederholt nicht ständig wie ein Papagei «Ich bin *brahman*», sondern versucht es zu erfahren, indem ihr *sadhana* macht. Sobald ihr *brahman* erfahrt, werdet ihr keine Worte mehr haben.

## Ratschläge an Menschen, die im weltlichen Leben stehen

*85)* Kinder, spirituelles und weltliches Leben lassen sich durchaus miteinander vereinbaren. Die Voraussetzung ist jedoch, daß man alles ohne Begierde und ohne Anhaften tut. Kummer entsteht nur, wenn man denkt: «Ich tue etwas, also muß ich auch ein Ergebnis erzielen.» Denkt niemals: «*Meine* Frau, *mein* Kind.» Wenn man alles als Gottes Eigentum betrachtet, gibt es kein

Anhaften mehr. Wenn wir sterben, kommen unsere Frau und unsere Kinder nie mit uns. Dann ist Gott die einzige Wahrheit.

*86)* Menschen, die in der materiellen Welt leben und die andere Welt (des *parabrahman*) erreichen wollen, sollten dem Guru gehorchen und ihn verehren. Dann können sie sich *japa* (der Wiederholung des göttlichen Namens) widmen und Karmayoga (den Pfad der Handlung) praktizieren. Sie sollten versuchen, in *ashrams* und andere spirituelle Zentren zu gehen, wann immer sie können. Tägliche Meditation, die man nie ausläßt, sollte zur Regel werden. Erst dann kann das Gemüt allmählich auf die Welt Gottes eingestimmt werden.

*87)* Kinder, die Menschen lieben einander zwar, aber es ist keine wahre Liebe. Sie beruht auf selbstsüchtigen Begierden, und das wird der geliebten Person schaden. Wahre Liebe kann all unsere negativen Neigungen zu Asche verbrennen. Wir haben augenblicklich noch nicht einmal die Geduld und den Langmut entwikkelt, um unseren Mitmenschen ihre Fehler zu verzeihen. Wenn sie etwas Falsches tun, werden wir zornig und suchen nach einer Gelegenheit, uns zu rächen. Das ist keine reine Liebe. Wir sollten die Seele unserer Mitmenschen lieben, nicht nur den Körper. Wenn wir uns bemühen, in allen Menschen Gott zu sehen, werden wir uns nicht aufregen oder unseren Mitmenschen schaden wollen, nur weil sie etwas falsch gemacht haben.

*88)* Man sollte seinen Partner nicht fallenlassen, auch dann nicht, wenn er nicht spirituell gesinnt ist. Man muß versuchen, im Einklang mit ihm zu leben und ihn langsam und allmählich zu ändern. Laßt ihn an spirituellen Lehren teilhaben, und helft ihm, die Auswirkungen des Lebens zu verstehen, das er führt.

*89)* Kinder, ihr dürft durchaus das Leben eines Haushälters führen, aber liebt eure Familie, ohne an ihr zu hängen. Versucht in allem das Wesentliche zu erkennen und zu lieben. 24 Stunden am Tag verbringt ihr mit weltlichem Leben, widmet wenigstens *eine*

Stunde Gott. Schüttet Gott euer Herz aus. Ihr solltet eine lebendige und enge Beziehung zu eurer geliebten Gottheit aufbauen. Ihr dürft sogar zornig werden und fragen: «Warum sprichst Du nicht mit mir? Hörst Du meine Gebete denn nicht? Findest Du es richtig, mich so zu ignorieren?» Solche Gebete verleihen innere Stärke und helfen dabei, uns von der Welt zu lösen und an Gott zu binden.

*90)* Auch durch die Ehe kann man Befreiung erlangen, aber dazu muß man ein idealer Haushaltsführer (*grihasthasrami*) sein. Früher sang man dem Kind bei seiner Geburt ein *mantra* ins Ohr. Alle Menschen glaubten an Gott. Das Kind wuchs in *brahmacharya* (Keuschheit und Disziplin) auf. Nachdem es in der Klause eines Guru studiert hatte, heiratete es und führte einen Haushalt. Seine Frau war ebenfalls in einer spirituellen Atmosphäre aufgewachsen. Während der Schwangerschaft lebte sie im Gedenken an Gott, sie legte ein Schweigegelübde ab und unterzog sich verschiedenen anderen Ritualen. Das tat sie etwa sechs Monate lang, und ihr Mann machte es ebenso. So brachten sie ein Kind zur Welt, das mit außergewöhnlichen Fähigkeiten gesegnet war. Das Wesen des Kindes hing von der Lebenseinstellung und Denkweise der Mutter während der Schwangerschaft ab.

*91)* Wenn ihr Kinder in die Welt setzt, solltet ihr es zum Wohle der Menschheit tun; sie müssen zu Wohltätern der Welt werden. Übergebt sie nicht dem Tode, sondern übergebt sie der Unsterblichkeit.

*92)* Kinder, sagt nicht, daß ihr wegen eurer Familienpflichten keine Zeit habt, *ashrams* und große Seelen zu besuchen. Wenn ihr krank seid, zögert ihr ja auch nicht, zum Arzt zu gehen und euch beraten und behandeln zu lassen, und wenn er euch ins Krankenhaus schickt, sagt ihr nicht: «Nein, ich habe keine Zeit; ich muß mich um meine Familie kümmern.» Wir tragen einen schrecklichen Tumor in uns – den Tumor der Verhaftung an die Welt. Dieser Tumor muß von einem großen Arzt entfernt werden.

Auch wenn wir uns um unsere Familie kümmern müssen, sollten wir jeden Tag einige Zeit in der Gegenwart einer großen Seele verbringen oder allein für uns spirituelle Übungen verrichten.

## Verschiedene Zitate

*93)* Es gibt kein Innen und kein Außen in der Wirklichkeit. Das Innere und das Äußere, objektive und subjektive Existenz sind nur Projektionen unserer Vorstellung. Seht euch zum Beispiel diese Wand an. Weil sie da ist, sieht es so aus, als seien die Zimmer voneinander getrennt. Doch sobald man sie entfernt, existiert auch die Trennung nicht mehr. Wenn wir äußerlich einen Gegenstand sehen, prägt er sich uns innerlich ein. Tatsächlich ist dieser Gegenstand nicht «innen» oder «außen». Daß wir Inneres und Äußeres getrennt voneinander wahrnehmen, liegt an unserem Körperbewußtsein. Es ist eine Funktion der Projektion unseres Denkens.

*94)* Das Selbst hat keine Eigenschaften. Es ist immer wandellos. Man kann es ebensowenig definieren wie den Himmel. Dort gibt es kein «Ich» und kein «Du». Man kann es nur durch Erfahrung begreifen.

*95)* Der Brunnen sagt: «Leute, trinkt aus mir, und badet in meinem Wasser!» Aber er wurde aus Steinen gebaut, die von woanders herstammen. Selbst die Quelle entspringt nicht aus ihm, sondern kommt aus den Tiefen der Erde. Den gleichen Irrtum begehen auch wir Menschen. Jeder sagt stolz: «*Ich* tue alles.» In Wirklichkeit wissen wir nicht, wer die Dinge tut. Das ist es, was erkannt werden muß.

*96)* Kinder, sobald ihr die Wahrheit in euch erkennt, wird alles zu euch kommen. Ihr braucht nicht irgendwo suchen zu gehen.

*97)* Kinder, es kann niemals Glück ohne Kummer geben. Glück und Leid wechseln einander ab. Es ist unmöglich, nur Glück oder nur Leid zu erleben. Erst wenn man über beides hinausgewachsen ist, kann man ewigen Frieden erlangen. Darum sollte euer Gemüt ständig in Gott ruhen. Das bedeutet, es wird ausgelöscht. Die Eigenschaften *(gunas)* des Gemüts können durch den ständigen Gedanken an Gott verändert werden.

*98)* Kinder, der Körper ist die Ursache allen Kummers. Leid empfinden wir nur wegen ihm. Der Körper ist die Frucht vergangenen Handelns. Da unsere Seele an *maya* gefesselt ist, denkt sie: «Ich bin der Körper.» Dieses Gefühl ist die Falle, in der alle Lebewesen dieser Welt gefangen sind. Deshalb erreicht unser Geist niemals den Weg der Befreiung. Gemäß dem Verhältnis der tugendhaften oder sündigen Auswirkungen unserer eigenen Handlungen durchlebt man Geburten und Tode als edles oder als niedriges Lebewesen.

*99)* Es gibt nur ein Selbst, und dieses Selbst ist allgegenwärtig und allmächtig. Wenn unser Gemüt und Verstand sich ausdehnen, können wir mit diesem Unendlichen verschmelzen, denn Unendlichkeit bedeutet unermeßliche Weite. Dort sind alle Dinge gleichwertig.

*100)* Kinder, der Weg der Erkenntnis ist der höchste, doch nur wenige Menschen sind in der Lage, ihm richtig zu folgen. Wer einen wahren Guru hat, kann diesem Weg folgen, denn immer wenn der Schüler in den Fehler der Ichbezogenheit verfällt, weist der Guru ihn darauf hin und berichtigt ihn. So gerät der Schüler nicht auf den falschen Weg. Doch wenn er keinen Guru hat, denkt er: «Ich bin das Selbst. Ich kann tun und lassen, was ich will.» Er wäre sogar bereit, ein Verbrechen zu begehen. Dem Pfad der Erkenntnis zu folgen, ohne einen richtigen Guru zu haben, ist dasselbe, als wolle man gleich eine Magisterprüfung ablegen, ohne jemals zur Schule gegangen zu sein. Trotzdem gelingt es einigen wenigen Menschen auch ohne Guru, den Weg der Erkenntnis einzuschlagen. Sie haben aufgrund früherer Geburten die Neigung und die Fähigkeit dazu. Von

Anfang an haben sie die Vision des Lichtes in ihrem Inneren gehabt.

*101)* Das Gemüt eines gewöhnlichen Menschen ist begrenzt wie stehendes Wasser in einem Teich. Wie viele Menschen leiden unter dem Gestank dieses Wassers. Wir müssen dafür sorgen, daß das Wasser fließt und sich mit dem Meer vereint. Dann wird unser Gemüt so weit und unermeßlich werden wie das Meer.

*102)* Kinder, ihr müßt den Leidenden dienen. Ihr müßt ihnen Linderung verschaffen. Ihr müßt ihnen Frieden und Trost geben. Nur wenn ihr innere Stärke habt, die man durch *sadhana* erlangt, könnt ihr anderen Menschen selbstlos dienen.

*103)* Mutter hat viele Anhänger, die ihr dienen und ihr alles geben, was sie möchte, aber Mutter denkt trotzdem niemals: «Oh, ich habe viel Geld und viele Diener. Nun will ich mein Leben genießen und mir schöne Kleider kaufen.» Selbst wenn ihre Kleider zerrissen sind, flickt sie sie und trägt sie weiter. Das Geld, das ihre Verehrer ihr geben, verwendet sie, um den Armen zu helfen. Mutter empfindet alles als ihr eigenes Selbst. Welcher Unterschied sollte dann zwischen ihr und anderen bestehen? Für sie gibt es keine Gegensätze wie groß und klein, in ihren Augen sind alle Dinge gleichwertig. Kinder, sobald wir erkennen, daß alles unser eigenes Selbst ist, wird unser Gemüt mitfühlend werden. Wir werden allen die gleiche Liebe entgegenbringen können.

*104)* Kinder, Drogen und andere Rauschmittel sind nicht das geeignete Mittel, um sich von den Gedanken zu befreien. Nimmt man häufig Drogen, trocknet eine lebenswichtige Flüssigkeit im Gehirn aus. Mit der Zeit muß man die Dosis immer mehr erhöhen, um die gewünschte Wirkung zu erzielen. So zerstört man allmählich seine Lebenskraft. Wenn Drogen wirklich dauerhaftes Glück schenken könnten, würde schon die erste Dosis, die man nimmt, ausreichen. Das Glück liegt in nichts Äußerlichem. Es liegt in uns.

*105)* In der Mitte des Ozeans gibt es keine Wellen oder jedenfalls nur sehr kleine, und auch sie befinden sich nur an der Oberfläche. Auf dem Grunde des Meeres herrscht Ruhe. In der Nähe der Küste werden die Wellen immer stärker. Je näher wir Gott kommen, desto ruhiger werden wir.

*106)* Ein Papagei, der in einer Kneipe aufwächst, spricht nur vulgäre Worte, aber ein Papagei, der in einem Tempel lebt, hört und spricht nichts anderes als göttliche Worte. Genauso ergeht es auch uns, Kinder. Der Einfluß schlechter Menschen verdirbt unser Gemüt, durch den Umgang mit tugendhaften Menschen dagegen werden wir gut.

*107)* Kinder, die nächste Geburt hängt von dem Gedanken ab, den man im Augenblick des Todes hat. Solange nicht alle Begierden ausgelöscht sind, nimmt die Seele immer wieder aufs neue einen Körper an.

*108)* Unser Körper ist von einer sehr feinstofflichen Hülle umgeben, und diese ist von einer anderen Hülle umgeben, die aus Gedanken besteht. Diese Gedankenhülle entsteht, indem sie wie ein Tonband jeden unserer Gedanken, jedes unserer Worte und jede Handlung aufnimmt. Nach dem Tod verlassen die beiden Hüllen den Körper und steigen aufwärts. Je nach den Handlungen, die sie auf der Erde begangen hat, wird jede Seele die ihr entsprechende Ebene erreichen.

*109)* Kinder, durch jede Handlung – ganz gleich, ob sie tugendhaft oder sündig ist – entsteht ein Körper. Manche Menschen vollziehen tugendhafte Rituale, weil sie sich nach einem Aufenthalt im Himmel sehnen. Sie gelangen nach dem Tode auch dorthin, doch können sie den Himmel nur so lange genießen, bis die Früchte ihrer Taten aufgezehrt sind.

*110)* Gott hat uns eine Zunge geschenkt, um Lieder zu Seinem Ruhm zu singen, und nicht, um andere Menschen zu beschimpfen. Wenn wir anderen Menschen von unseren Leiden erzählen, statt uns Gott anzuvertrauen, ist das so, als verschlinge eine kleine Schlange einen großen Frosch. Beide ersticken daran.

*111)* Kinder, seht euch den Sonnenstrahl an, der durch ein Loch im Dach ins Zimmer dringt. In dem Lichtstrahl seht ihr winzig kleine Staubteilchen. Warum sind sie nicht zu sehen, wenn das Licht nicht ins Zimmer scheint? Sie sind doch trotzdem da, nicht wahr? Ebenso können wir Gott erst sehen, wenn in unserem Inneren die Erkenntnis dämmert.

*112)* Die Mutter Erde gleicht einem *mahatma*. Sie ist unendlich langmütig und erträgt geduldig alles.

*113)* Kinder, da wir diese Welt wahrnehmen, müssen wir vermuten, daß durch den Urbeschluß eine Schwingung in *brahman* entstand. Daraus gingen die drei Grundeigenschaften *(gunas)* hervor: *sattva* (Ruhe), *rajas* (Aktivität) und *tamas* (Dumpfheit, Trägheit). Sie werden durch die Trinität (Vishnu, Brahma und Maheswara) repräsentiert. Sie sind auch alle in uns vertreten. In diesem Universum ist alles, was man in der Außenwelt sieht, in Wirklichkeit in uns.

*114)* Kinder, wenn wir die Natur verschmutzen, wird das schlimme Folgen haben. Wenn wir zum Beispiel die Luft verunreinigen, wird es zu heftigen Wirbelstürmen wie Zyklonen und Tornados kommen. Es gibt eine Gottheit, die über die Natur herrscht und sie beschützt, und wenn wir diese Gottheit durch unsere Umweltverschmutzung stören, nimmt sie solche Formen an. Es ist, als ob jemand zum Himmel emporblickt und spuckt. Der Speichel fällt wieder zurück in sein Gesicht. So zerstören wir uns selbst, wenn wir die Natur verschmutzen.

*115)* Wer zwölf Jahre lang sexuell enthaltsam lebt, in dessen Körper bildet sich ein neuer Energiekanal *(nadi)*. Die Kraft des Samens, die ein gewöhnlicher Mensch um belangloser weltlicher Freuden willen vergeudet, wird in einem Yogi zu Nektar. In einem bestimmten Stadium der Meditation, wenn die Konzentration sich vertieft, wird unsere Zunge länger und länger, biegt sich dann zurück und geht in Richtung der Spitze unseres Kopfes. Einige durchtrennen teilweise die Sehne, die die Zunge mit dem Kinn verbindet und trinken den Nektar. Durch einen einzigen Tropfen werden sie unsterblich. Das ist die innere Bedeutung der Redensart, daß die Götter Nektar geschlürft haben.

*116)* Wie kann ein Mensch, der an die Nicht-Zweiheit *(advaita)* glaubt, sagen: «Nicht dies, nicht das»? Kann er nicht erst «Nicht dies!» sagen, nachdem er einen zweiten Gegenstand wahrgenommen hat? Damit gibt er zu, daß zwei Dinge da sind, es also Zweiheit gibt.

*117)* Indem wir eine Steinfigur als Gott verehren, zieht Frieden in unser Gemüt ein. Wir schauen auf die Figur, schließen die Augen und sagen: «Oh, Gott!» Wir blicken dann nach innen. Ebenso ist es, wenn wir auf eine bestimmte Form meditieren. In Wirklichkeit meditieren wir auf uns selbst. Auch wenn wir in den Tempel gehen, erlangen wir Frieden. Alle Menschen, die im Tempel stehen, haben den gleichen Gedanken. Während sie vor dem Sanctum sanctorum (dem innersten Schrein des Tempels) darauf warten, daß die Tür sich öffnet und sie das Bildnis Gottes schauen dürfen, sind alle Gemüter auf einen Punkt ausgerichtet. Durch diese Konzentration breitet sich in dem Tempel eine Atmosphäre der Ruhe aus. Deshalb schenkt der Besuch von Tempeln uns Seelenfrieden.

*118)* (Zu einem Rechtsanwalt:) Mußtest du heute nicht zum Gericht gehen? Um so besser für dich! Heute mußt du dich nicht draußen in der Welt behaupten, sondern einen inneren Kampf bestehen! Wenn du diese Schlacht gewinnst, wirst du zum Herrscher der drei Welten werden. Gewinnst du einen Prozeß, bringt dir das zwar viel Geld ein, aber es wird dir im Augenblick des Todes nicht viel nützen!

*119)* (Zu einem Piloten:) Du mußt all die individuellen Selbste zum Höchsten Selbst fliegen.

*120)* (Zu einem kleinen Kind:) Von dieser Schokolade wirst du Bauchschmerzen bekommen. Wenn du Gott anrufst, wird Er dir eine Schokolade schenken, deren Süße niemals endet.

*121)* (Zu einer jungen Mutter:) Wer sich «Mutter» nennt, muß selbstlos sein.

*122)* (Zu einer Frau, die behauptet, sich das Rauchen nicht abgewöhnen zu können:) Wenn du nicht einmal in der Lage bist, einen kleinen Fluß zu durchqueren, wie willst du dann über den Ozean schwimmen? Wenn du dich nicht von kleinen Begierden und selbstsüchtigen Wünschen befreien kannst, wie willst du dann in der Lage sein, auf große Dinge zu verzichten und dich Gott hinzugeben? Wir sollten Gott nach und nach all unsere Begierden, unsere Eigensucht und die Dinge, die uns am teuersten sind, zu Füßen legen. Nur so können wir alle Lebewesen selbstlos lieben, ihnen selbstlos dienen und auf diese Weise unsere Pflicht gegenüber Gott erfüllen. Das wahre Glück liegt nicht in einer Zigarette. Es liegt in dir.

*123)* Kind, es gibt so viele Menschen auf dieser Welt, die unter Krankheiten, Armut und Obdachlosigkeit leiden, und wir geben unser Geld so häufig für nutzlose und unnötige Dinge aus. Dieses Geld könnte dazu verwendet werden, anderen zu helfen.

*124)* Kinder, bei unserer Geburt sind wir nackt. Nachher legen wir die Kleider an, die zu der Zeit und dem Ort unserer Geburt, zu unserem Status und unserer beruflichen Stellung passen. Nehmt die Berufskleidung eines Rechtsanwaltes oder Arztes. Sie läßt die

Position noch eindrucksvoller erscheinen. Eine schöne goldene Vase wird durch Ornamente noch reizvoller. Ebenso ist es mit den Gewändern, die Mutter während des Krishna und Devi Bhava anlegt. Sie verleihen der göttlichen Gestalt, die Mutter dann annimmt, noch mehr Glanz und Schönheit. Schönheit ist das eigentliche Wesen Gottes, nicht wahr?

## Dreizehntes Kapitel

# Fragen an die Heilige Mutter

1. August 1976: Am östlichen Horizont ist der Sonnengott emporgestiegen und hat seinen Glanz und seine Schönheit überall verbreitet. Die leuchtenden Strahlen der Sonne liebkosen die Mutter Erde. Mata Amritanandamayi sitzt vor dem Schrein im Sand. Eine Gruppe von Collegestudenten, die Fragen an sie hat, ist zu ihr gekommen, hat sich vor ihr niedergeworfen und sitzt nun bei ihr: «Kinder, habt ihr schon etwas gegessen?» fragt die Mutter.

«Ja, wir haben gefrühstückt, Mutter», antwortet einer der Studenten. Nach einigen Minuten allgemeinen Geplauders wendet das Gespräch sich spirituellen Fragen zu.

Fr[1] Mutter, manche Menschen behaupten, daß es einen Gott gibt. Ich kann das überhaupt nicht glauben.

M[2] Kinder, das ist so, als ob wir mit unserer eigenen Zunge behaupten würden: «Ich habe keine Zunge.» Kann ein Mensch, der keine Zunge hat, so etwas sagen? In dem Moment, in dem wir Gott verleugnen und sagen: «Es gibt keinen Gott», geben wir zu, daß es ihn doch gibt. Um die Existenz eines Wesens oder Gegenstandes bestreiten zu können, müssen wir vorher eine Vorstellung von diesem Wesen oder Gegenstand gehabt haben. Wie ist es möglich, die Existenz eines Wesens zu leugnen, das uns völlig unbekannt ist? Die Wahrheit ist eins, und das ist Gott. Der Sinn und das Ziel unseres Lebens besteht in der Gottesverwirklichung.

Fr Was ist Gott?

M Mein Sohn, Mutter wird dir gleich erklären, was Gott ist. Zunächst aber mußt du ihr ein paar Fragen beantworten. Was hast du heute morgen gegessen?

---

1 Fr = Frager
2 M = Mutter

Fr Dosa mit Chutney.

M Woraus war das Chutney?

Fr Aus Kokosnuß.

M Woher hattest du die Kokosnuß?

Fr Ich habe sie von einer Kokospalme.

M Und woraus ist die Kokospalme entstanden?

Fr Aus einer Kokosnuß.

M Was war zuerst da, die Palme oder die Kokosnuß? Das möchte Mutter gerne wissen. (Der Student dachte lange nach und schwieg.) Du mußt also zugeben, daß es eine Macht gibt, die über dem ganzen Universum steht – eine Grundlage, aus der alles entsteht, eine unausdrückbare Macht jenseits aller Worte. Eine Macht, die die uranfängliche Ursache aller Dinge ist. Aus ihr kommt sowohl die Kokospalme als auch die Kokosnuß. Das ist Gott.

Fr Ich kann an die Existenz sichtbarer Objekte wie zum Beispiel dieses Gebäude oder die Kokospalme dort drüben glauben, aber ich kann nicht an etwas glauben, was ich nicht sehe.

M Sohn, bist du Mutter böse, wenn sie dir noch eine Frage stellt?

Fr Nein.

M Lebt dein Vater noch?

Fr Ja.

M Und dein Großvater?

Fr Mein Großvater starb schon vor meiner Geburt.

M Es gibt viele Menschen, die ihren Großvater nie gesehen haben; aber bezeichnen sie ihren Vater deshalb als uneheliches Kind? Kannst du mit Sicherheit sagen, wer dich geboren hat? Als du klein warst, nannten alle Menschen die Frau, die dich aufgezogen hat, deine Mutter, und du glaubtest ihnen. Dein Glaube an deine Mutter beruht also auch nicht auf deiner direkten Beobachtung. Glaubst du es, wenn jemand dir sagt, daß Kuhdung Gas zum Kochen enthält? Können wir das Gas sehen? Aber wenn wir das richtige Verfahren anwenden, können wir es aus dem Kuhdung gewinnen und zum Kochen verwenden. Meistens führt uns der blinde Glaube ans Ziel, nicht der Verstand.

Sohn, Verkehrsunfälle passieren recht häufig. Wärst du heute früh in den Bus nach Vallickavu gestiegen, wenn du nicht geglaubt hättest, daß du dein Ziel trotzdem sicher und wohlbehalten erreichen würdest? Und war diese Überzeugung strenggenommen nicht auch ein Aberglaube?

Fr Man sagt, Gott sei überall. Wenn das stimmt, warum soll man dann in spirituelle Zentren gehen?

M Der Wind weht zwar überall, doch die Brise, die durch die Blätter eines Baumes streicht, schenkt den Menschen, die in heißen Ländern leben, besondere Kühle und Erfrischung. Ebenso erfährt man in der Nähe eines *mahatma* eine besondere Art von Frieden und von Ruhe.

Fr Wie kann man Gott sehen?

M Kinder, wenn durch ein kleines Loch im Dach ein Sonnenstrahl in eine Hütte dringt, könnt ihr unzählige Staubkörnchen sehen. Fehlende Konzentration und starkes Licht verhindern, daß wir die winzigen Staubteilchen an anderen Stellen sehen. Unser Verstand ist trüb, er ist nicht feinstofflich genug.

Laßt das Licht der Liebe und Hingabe in eurem Herzen scheinen, und ihr werdet Ihn bestimmt sehen. Gottes Gnade kann man erst erlangen, wenn man von seinem Ego befreit ist.

* * * * * * *

Fr Mutter, manche Menschen sind reich und leben im Luxus, andere sind bettelarm und müssen verhungern. Wie kann man dann behaupten, Gott sei barmherzig? Ist er in Wirklichkeit nicht grausam?

M Kinder, es stimmt, daß Gott nur barmherzig ist, aber wir müssen sein Erbarmen auch verdienen. Wir können keinen Damm durch einen Fluß bauen und dann den Fluß anklagen, daß er kein Wasser mehr gibt. So ist es auch mit Gottes Barmherzigkeit: Wir selbst haben sie eingedämmt. Wir können den unaufhörlichen Strom der göttlichen Gnade erfahren, wenn wir den selbsterrichteten Damm unseres Ego und unserer Unwissenheit zerstören. Unsere Mutter hat uns geboren und uns die Erziehung und Anleitung gegeben, die wir brauchen, um in der Welt vorwärtszukommen. Wenn wir ihre Worte nicht befolgen, machen wir auch keine Fortschritte. Werfen wir Gott Grausamkeit vor, so ist das das gleiche, als machten wir unsere Mutter für unseren eigenen Ungehorsam verantwortlich. Gott, der Schöpfer, hat uns die Fähigkeit gegeben, zwischen dem Vergänglichen und dem Ewigen zu unterscheiden. Doch wenn wir keinen Gebrauch von dieser Fähigkeit machen, begehen wir Fehler und müssen leiden.

Begierde ist die Ursache von Leid. Das Glück, das weltliche Dinge uns schenken, ist nur ein Bruchteil der Seligkeit, die aus unserem Inneren kommt. Leid ist immer die Folge von Begierde.

* * * * * * *

Fr Wenn Gott allmächtig ist und alles durchdringt, warum erkenne oder verwirkliche ich das göttliche Bewußtsein, das in mir ist, dann nicht?

M Sohn, du kannst es nicht erkennen, weil es dir so nahe ist. Kann man sein eigenes Gesicht mit eigenen Augen sehen? Kannst du dein Bild in einem Spiegel erkennen, der über und über mit Staub bedeckt ist? Schau, du kannst erst sehen, nachdem du den Staub der Unwissenheit weggewischt hast.

Fr Und wie kann man sich von Unwissenheit befreien?

M Durch Hingabe, durch Verehrung mit reiner göttlicher Liebe und durch Erkenntnis.

Fr Mutter, als ich heute früh das Haus verließ, sah ich zwei Krähen, die nach einer jungen Eule hackten. Das arme Tier flatterte hilflos umher und schrie laut vor Schmerz. Was ist das für eine Ungerechtigkeit? Wenn Gott wirklich barmherzig ist, warum sind in der Natur dann solche Grausamkeiten erlaubt? Unschuldige Gazellen fallen Löwen zum Opfer. Kühe und andere Haustiere werden von Menschen geschlachtet und gegessen. Wird dieses Unrecht niemals enden?

M Kinder, in der Natur geschieht nichts außerhalb der natürlichen Ordnung, es ist vollkommen. Alles ist genau gemessen und richtig begonnen. In welcher Gestalt alles zur Welt kommt – ob Vogel oder Löwe –, hängt von den verborgenen Neigungen ab. Ist Gott dafür verantwortlich? Wenn jede *vasana* (verborgene Neigung) erschöpft ist, erlangen wir höhere Geburten. Doch wenn wir unsere menschliche Existenz wieder vergeuden und ein tierisches Leben führen, statt sie zur Gottesverwirklichung zu nutzen, kann es sein, daß wir wieder als Tiere auf die Welt kommen. Gott tut nichts Grausames. Selbst jedes einzige Insekt erntet die Früchte seiner Taten.

* * * * * * *

Fr Mutter, was ist *ahimsa* (Gewaltlosigkeit)?

M Kinder, Mutter wird es anhand einer kleinen Geschichte erklären. Es lebten einmal zwei Brahmanen, die an der gleichen Krankheit litten. Beide gingen zum selben Arzt. Nachdem sie ihm die Symptome ihrer Krankheit beschrieben hatten, empfahl er ihnen, Fisch zu essen. Dann würden sie geheilt werden. Da beide strenge Vegetarier waren, wußten sie nicht, was tun. Der eine überwand sich auf das Drängen seiner Freunde und Verwandten hin schließlich dazu, Fisch zu essen, und wurde gesund. Der andere aber weigerte sich, ein getötetes Tier zu essen, und starb. Seine verwaiste Familie geriet in große Not.

Der erste Brahmane hatte durch den Verzehr eines verhältnismäßig unbedeutenden Lebewesens seine ganze Familie vor dem Elend bewahrt. Das ist kein Töten, denn er tat es nicht, um seine selbstsüchtige Begierde zu befriedigen. Der zweite Mann, der sich weigerte, den Fisch zu essen, und deshalb starb, brachte dadurch seine Familie in Not und Elend. Was sind ein oder zwei Fische im Vergleich zu einer Familie?

Ebenso müssen zum Wohle einer Nation häufig viele Feinde getötet werden. Die Soldaten haben kein persönliches Interesse daran, sie tun nur ihre Pflicht. Fällen wir nicht auch Bäume, um Häuser zu bauen? Solche Handlungen gelten nicht als Töten. Wirkliches Töten *(himsa)* bedeutet, aus Vergeltung, aus Motiven der Zu- und Abneigung, zu töten.

Fr Man sagt, daß sich nicht einmal ein Grashalm ohne den Willen Gottes bewegt. Wenn Gott all unsere Handlungen bewirkt, wie kann man die Menschen dann für ihre Fehler verantwortlich machen?

M Wer wirklich überzeugt ist: «Alle Handlungen gehen von Gott aus. Ich selbst tue nichts», der kann gar keine Fehler begehen. Er sieht alles als Gott, und daher kommt es ihm nicht einmal in den Sinn, etwas Unrechtes zu denken. Anders ausgedrückt: Nur ein Mensch, der über alles Unrechte hinausgewachsen ist, kann glauben, daß alle Handlungen von Gott ausgehen und daß sich ohne Seinen Willen nicht einmal ein Grashalm bewegt.

Wer sich dessen bewußt ist, der kennt keinen Irrtum und keine Sünde. Doch ein Mensch, der Irrtümer begeht aus der Einstellung: «Ich bin der Täter», muß die Konsequenzen seiner Irrtümer tragen. Wenn man denkt: «Alles wird von mir getan», ohne dessen gewahr zu sein, daß Gott der eigentliche Täter ist, dann ist man selbst für sein Recht und Unrecht verantwortlich. Es ist sicher nicht richtig, einen Mord zu begehen und dann zu sagen: «Gott hat das alles getan.»

Fr Wir würden doch keine Sünden und keine Morde begehen, wenn Gott uns nicht mit Unwissenheit geschlagen hätte.

M Sohn, in der Schöpfung ist alles enthalten – Wissen und Unwissenheit, Unterscheidungsvermögen und Mangel an Unterscheidungsvermögen. Es ist Gottes Wille, daß wir uns weiterentwickeln, indem wir die Kraft des Unterscheidungsvermögens, die Er uns geschenkt hat, so nutzen, daß unser Handeln Gutes, Tugendhaftes erbringt. Jemand, der noch zur Schule geht, macht vielleicht viele Fehler. Aber warum sollte er so eigensinnig sein, anzunehmen, daß er *nur* Fehler machen wird? Er kann aus seinen Fehlern lernen und den richtigen Weg finden. Ebenso wie es in der Schöpfung Tag und Nacht gibt, gibt es auch Recht und Unrecht. Gott hat den Menschen Unterscheidungsvermögen geschenkt, damit sie keine Irrtümer begehen. Man braucht es nur zu nutzen. Wir haben den Samen und den Acker, also sollten wir das Feld auch gut bestellen, dann werden wir eine reiche Ernte haben. Habt ihr rücksichtslos gehandelt, gebt Gott nicht die Schuld, wenn ihr Schwierigkeiten bekommt. Wenn ihr sagt: «Gott hat mich den Mord begehen lassen», müßt ihr euch auch damit abfinden, daß Gott euch dafür aufhängen läßt. Beklagt euch nicht. Gott ist in allen Menschen, und wenn jemand einen Mord begehen will, warnt Gott ihn in seinem Inneren unzählige Male: «Tu es nicht! Tu es nicht!» Warum achtet ihr nicht auf Seine warnenden Worte? Und wenn ihr schon nicht auf Ihn hört, warum schiebt ihr Ihm dann die Verantwortung für eure bösen Taten zu? Wenn ihr Kinder wirklich spirituelle Fortschritte machen wollt, wird verlangt, daß ihr mit reinem Gemüt bei Gott Zuflucht sucht.

* * * * * * *

Fr Wenn jeder nur die Früchte seiner Handlungen erntet, warum sollten wir dann einem Menschen helfen, der in Not ist?

M Sohn, wenn er die Frucht seiner Handlungen erntet, vielleicht besteht dann die Frucht deiner Handlungen in der Aufgabe, ihm zu helfen. Wenn seine *vasanas* (latente Neigungen) sein Leiden verursacht haben, warum können deine *vasanas* ihm dann nicht zu Freude verhelfen? Sein Elend und die Tat, durch die ihr ihm aus der Not helft, sind die Fortsetzung vergangener *karmas*. Hüte dich davor, Menschen in Not nicht zu helfen. Sohn, du wirst für diese böse Tat sonst leiden müssen.

* * * * * * *

Fr Mutter, ich habe kein Verlangen nach dieser körperlichen Existenz. Ich sehne mich nur danach, Gottesverwirklichung zu erlangen. Was soll ich tun?

M Solange Verlangen besteht, wird der Körper existieren, und wenn das Leben dieses Körpers vorbei ist, werdet ihr einen neuen bekommen. Der Leib ist die Verkörperung der Begierden. Es gibt verschiedene Arten von Begierde. Verlangen nach der Erkenntnis Gottes zu empfinden, ist nichts Schlimmes. Das ist ein Verlangen, das wir alle eigentlich haben sollten. Um Gott erreichen zu können, müssen wir uns spirituellen Übungen unterziehen, und dazu braucht man einen Körper. Obwohl der Körper nicht ewig ist, ein Produkt *mayas,* kann man ihn dennoch als Werkzeug zur Erkenntnis des Ewigen benutzen. Werft alle Verhaftung an den Körper ab, und geht in Gott auf.

Fr Ich hatte schon lange vor, zu Mutter zu kommen. Heute erst fand ich Zeit dazu. Für alles gibt es einen günstigen Zeitpunkt, nicht wahr, Mutter?

M Die Zeit ist immer günstig, nur wir sind ihr nicht immer günstig gesinnt. Günstiges und Ungünstiges – beides befindet sich in uns. Der Mensch wird zum Sklaven seiner Lebensumstände, wenn er das nicht weiß. Wenn ihr nur so dasitzt und sagt: «Es wird schon ein richtiger Zeitpunkt kommen», werdet ihr viele günstige Gelegenheiten verpassen. Ihr dürft nicht einfach auf einen geeigneten Zeitpunkt warten, etwas Gutes zu tun. Ist es wirklich etwas Gutes, tut es sofort.

* * * * * * *

Fr Es heißt, daß Gott in uns allen ist. Warum erkennt Ihn dann niemand?

M Gewöhnliche Menschen denken, sie seien ihr Körper. Daher hängen sie sich an ihre Frauen und Kinder und begehen unredliche Handlungen. Wie soll man da Gott im Herzen erkennen, wenn wir in Unwissenheit befangen sind. Gott weilt nicht nur in unseren Herzen, sondern ist allgegenwärtig. Ihr müßt euch nur bemühen, Ihn zu erkennen. Wendet euer Gemüt, das ihr bisher auf äußere Dinge gerichtet habt, ganz Gott zu!

* * * * * * *

Fr Mutter, in den Schriften heißt es, wir seien nicht unser Körper, sondern *atman*. Wenn wir daran glauben, warum müssen wir dann leiden und *sadhana* praktizieren?

M Weil ihr diesen Glauben nur durch Erzählen, Hören und Lesen erworben habt. Ein solcher Glaube schwindet rasch. Doch der Glaube, den man durch Erfahrung erlangt hat, hält ewig an. Stellt euch vor, ihr befindet euch zu zweit auf einer Wanderung. Nach einer gewissen Zeit bekommst du fürchterlichen Hunger. Da sagt dein Reisebegleiter: «Schau! Dort drüben wächst eine Reispflanze. Bald ist der Reis reif, und man kann ihn ernten und schälen. Aus Reismehl, Kokosnüssen und Melasse läßt sich ein süßes, wohlschmeckendes Gericht zubereiten.» Wirst du von diesen Worten satt? Nein! Nur wenn du den Reis auch wirklich ißt, wird dein Hunger gestillt. Ebenso ist es mit dem *atman:* Die Schriften können uns nur davon erzählen. Wir müssen ihn aber durch direkte Erfahrung erkennen.

Fr Manche Heilige sagen: «Ich bin *brahman.*» Warum können wir ihrem Beispiel nicht folgen?

M Für einen Menschen, der Gottesverwirklichung erlangt hat, ist alles Gott. Doch ein Mensch, der diese Erfahrung noch nicht gemacht hat, muß zwischen den Dingen unterscheiden. *Mahatmas* gleichen großen Kokospalmen. Man kann sogar einen Elefanten daran festbinden. Wir dagegen sind nur kleine Büsche, die Angst davor haben müssen, von den Kühen gefressen zu werden.

* * * * * * *

Fr Mutter hat gesagt, daß man einen Guru braucht, um wirklich spirituelle Fortschritte machen zu können. Aber es gibt so viele falsche Gurus. Woran kann man einen wahren Lehrer erkennen?

M Kinder, wenn Mutter das genaue Verhalten von jemandem beschreibt, der in der wahren Natur seines Wesens versunken ist, wird jeder es nachahmen. Ernsthaftes Studium der Schriften, zusammen mit spirituellen Übungen und enger Verbindung zum Guru wird dem Schüler dabei helfen, ein wenig zu verstehen, was ein *Sad Guru* ist. Im Laufe der Zeit mit fortschreitender spiritueller Praxis wird einem dessen Größe stärker zum Bewußtsein kommen. Auch das intensive, aufrichtige Verlangen, einen vollkommenen Meister zu finden, wird euch weiterhelfen. Zu solchen Strebenden wird der richtige Guru von sich aus kommen. Kinder, ein wahrer Lehrer kann bis zu einem gewissen Grade auch dadurch erkannt werden, daß man sein Verhalten und seinen Charakter beobachtet. Doch selbst das ist keine unfehlbare Methode, denn Verhalten ist etwas Äußerliches. Nehmen wir an, eine Frau fragt ihren Mann: «Woran werde ich erkennen, daß du es bist, wenn du nachts spät nach Hause kommst?» Daraufhin sagt der Mann ihr, an welche Tür er kommen und wie oft er klopfen wird, und so weiter. Aber vielleicht hat ein anderer Mann dieses Gespräch belauscht und zieht Nutzen daraus. Wenn die Frau ihm öffnet, gerät sie in Schwierigkeiten.

Einen vollkommenen Guru können wir nur aufgrund persönlicher Erfahrung erkennen. Ein wahrer Meister ist in der Lage, all das, wonach wir spirituell streben, zu erfüllen. Er oder sie wird uns nur wahrhafte Ratschläge geben und alle unsere Zweifel klären. Den wahren Guru können wir nur durch *sadhana* erkennen.

Laßt Mutter dieses sagen, ein Guru ist unschuldig wie ein Kind. Er hängt an nichts, das zeigt sich an allen seinen Handlungen. Das Spiel eines Guru ist wie das Spiel eines Kindes – und für beide ist alles Spiel. Es ist schwer, den Sinn ihrer Handlungen zu begreifen. Aber ihr dürft niemals daran zweifeln, daß alles, was er tut, zum Wohle des Schülers ist.

Fr Mutter, worin besteht der Nutzen eines Guru?

M Kinder, in Wirklichkeit ist Guru/Gott in uns. Wie der Baum im Samen, die Blüte in der Pflanze, der Strom in der Batterie und die Butter in der Milch ist der Guru in uns. Aber um Butter zu erhalten, müssen wir die Milch erst einmal gerinnen lassen. Das Küken schlüpft nicht aus, wenn die Henne die Eier nicht wärmt, und wenn wir die Taschenlampe nicht anschalten, leuchtet sie nicht. Auch eine Pflanze blüht nur, wenn man sie regelmäßig gießt. So ist es auch mit Guru/ Gott in uns. Aber damit dieses Verständnis wachsen kann, brauchen wir den Schatten und den Schutz eines großen Baumes. Dieser Schatten ist der Guru. Nachdem ein Setzling eine gewisse Größe und Reife erlangt hat, kann man ihn verpflanzen, und er wird allein wachsen und gedeihen. Doch ohne den anfänglichen Schutz wäre er an der Sonne verdorrt und eingegangen.

Kinder, ein Guru ist unerläßlich. Er kann uns vor unseren üblen, schädlichen Neigungen und Schwächen beschützen und uns leiten und helfen auf dem Weg, der zur Erkenntnis Gottes in uns führt.

Fr Ist es nicht ein Zeichen von Schwäche, sich von einem Guru leiten zu lassen?

M Am Anfang lernt ein Kind seine Lektionen nur, weil es vor seinen Eltern und Lehrern Angst hat. Sobald es in die neunte oder zehnte Klasse kommt, wird es sich seiner Ziele bewußt. Wenn es Arzt oder Ingenieur werden will, muß es gute Zensuren bekommen. Also wird es fleißig lernen und keine Zeit vergeuden, z. B. nicht mehr ins Kino gehen und nicht mit seinen Freunden spielen. Das Verlangen, erfolgreich zu sein und sein Ziel zu erreichen, hat seinen Wunsch nach Vergnügen besiegt. Der Guruaspekt in ihm ist erwacht. Ebenso ist es mit uns. Bis das Verlangen des Schülers nach Verwirklichung stark genug ist, um seine niedrigeren Neigungen ignorieren zu können, solange braucht er unbedingt einen Guru. Erst wenn der Guru im Inneren erwacht ist, braucht man keinen äußeren Guru mehr. Ein Guru ist eine Notwendigkeit und kein Zeichen von Schwäche.

Kinder, von einem gewissen Entwicklungsstadium an ist ein Guru nicht mehr erforderlich. Wenn wir Samen in die Erde aussäen, kommen die Vögel und picken sie auf. Es muß jemand da sein, der die Vögel fortjagt. Der Guru verjagt die Vögel unserer Unwissenheit.

Fr Worin besteht der Unterschied zwischen Gott und dem Guru?

M Ishvara (Gott) hat keine Form. Er ist *parabrahman* (das Höchste Absolute). Doch um uns zu befreien, hat Gott einen Körper angenommen und ist für unsere Augen sichtbar geworden. Das ist ein *Sad Guru*. Ein Guru nimmt uns bei der Hand und führt uns zum Ziel. Er zeigt uns den Weg. Da der Guru aus der Welt des Absoluten *(parabrahman)* stammt, kennt er den richtigen Weg zu dieser Welt und weiß, wie er uns dorthin führen kann.

Fr Mutter, ich habe oft ein schlechtes Gewissen, weil ich schon so viel Böses getan habe . . .

M Sohn, denke nie: «Ich bin ein Sünder. Ich habe viele Fehler begangen und bin vom Weg abgewichen, der zu Gott führt. Nun bin ich unwürdig und für ein spirituelles Leben untauglich.» Ersetze solche Gefühle, indem du denkst: «Ich bin rein, ich bin ein Kind Gottes.» Schon durch diesen Gedanken wirst du rein werden. Kinder, sobald ihr dem Herrn alles zu Füßen legt, sind die Sünden, die ihr früher begangen habt, wie ein ungültiger Scheck.

* * * * * * *

Fr Mutter, worin besteht der Nutzen von *mantra japa* (Wiederholung der Namen Gottes)?

M Kinder, Tausende und Abertausende von Gedanken ergießen sich in unser Gemüt. *Mantra japa* ist notwendig, um uns vor den Angriffen dieser Gedanken zu bewahren. Das *mantra* ist ein Werkzeug, durch das unser Gemüt rein und zu einem Tempel Gottes wird. *Mantras* werden rezitiert, um Konzentration und ein subtiles Gemüt zu erlangen. Das wiederum wird uns helfen, ein glückliches, segensreiches Leben zu führen.

Fr Mutter, kannst du uns genau erklären, wie ein *mantra* wirkt?

M Im Augenblick ist unser Gemüt wie Salzwasser – es ist durch negative Neigungen und überflüssige Gedanken verunreinigt. Um den salzigen Geschmack zu beseitigen, muß man es mit Süßwasser vermischen. Je mehr Süßwasser man hinzufügt, desto schwächer wird der salzige Beigeschmack. Ebenso können wir unsere schlechten Gedanken ausmerzen, indem wir sie durch gute ersetzen – so lange, bis nur reine, tugendhafte Gedanken übrigbleiben. Durch *mantras* verhindern wir, daß schlechte Gedanken in unser Gemüt eindringen.

Fr Mutter, wie und wann sollte man das *mantra* rezitieren?

M Kinder, *mantras* führen uns an die Schwelle der Absoluten Realität. Man kann sie jederzeit und an jedem Ort rezitieren. Sie sind die Ruder des Bootes, mit dem wir den Ozean von Tod und Wiedergeburt überqueren. Rezitiert zuerst das *mantra* mit den Lippen. Nach einer Weile werdet ihr in der Lage sein, es im Geiste zu rezitieren. Durch ständige Übung wird es letzten Endes spontan erfolgen und mit dem Atem fließen. Jede Ein- und Ausatmung wird von dem heiligen *mantra* erfüllt sein. Danach werdet ihr jenes Stadium der Meditation erreichen, in dem euer Geist still wird und das *japa* automatisch aufhört.

Fr Mutter, erreicht man die Verwirklichung des Selbst aus eigener Anstrengung oder durch Gnade?

M Kinder, eigene Anstrengung ist sehr wichtig, und sie muß mit Aufrichtigkeit gepaart sein. Wenn ihr euch bemüht, ohne eine Gegenleistung dafür zu erwarten, kommt die Gnade von selbst. Solche Strebenden sind bereit für die Gnade des Guru. Selbst wenn ihr euch aufrichtig bemüht, braucht ihr diese Gnade, sonst werden eure Bemühungen nicht vollständig Frucht tragen.

* * * * * * *

Fr Mutter, welcher Weg führt zu *shanti* (Frieden)?

M Kinder, ihr macht euch Sorgen über vergängliche Dinge. Angenommen, ihr verletzt euch. Könnt ihr durch Weinen erreichen, daß die Wunde wieder heilt? Nein, eure Tränen helfen euch gar nichts. Ihr braucht eine Arznei. Ebenso wird man keinen Seelenfrieden erlangen, wenn man einfach über vergängliche Dinge nachgrübelt. Die Probleme werden sich dadurch nicht ändern. Um Seligkeit zu erlangen, müssen wir uns auf den Weg besinnen, der zur Ewigkeit führt. Wir durchsuchen jetzt die ganze Welt nach dem Schlüssel zur Schatzkammer und erkennen nicht, daß wir ihn in der Tasche tragen. Die wahre Seligkeit ist in uns. Doch da wir das nicht wissen, suchen wir sie in der Welt. Wir sind in dieses Leben gekommen, um Das zu erlangen und glücklich zu sein. Doch statt dessen zerstören wir uns selbst und andere Menschen. Darum sind wir unglücklich. Das ist nicht Gottes Schuld. Denk daran, Kind, nur durch Verwirklichung des Selbst kann Frieden erlangt werden.

Fr Mutter, worum sollen wir beten?

M Am besten ist es, für das Wohl der Menschheit zu beten. Betet nicht um Befriedigung von Wünschen. Euer Gebet sollte frei von Begierde sein. Betet so, Kinder: «O Gott, befreie die Welt von ihrem Leid. Schenke allen Menschen ein reines Gemüt und beschütze sie.» Wenn wir um Verbesserung der Welt beten, helfen wir nicht nur der Welt, sondern werden gleichzeitig selbst besser. Dienst an der Welt ist Dienst an Gott. Solche Handlungen kommen uns selbst zugute. Wir pflücken Blumen, um sie zu opfern. Doch wir genießen zuerst ihren Duft und ihre Schönheit, wenn auch unabsichtlich. Durch Gebete um das Wohl der Menschheit erweitern wir unser Gemüt.

Fr Mutter, was für eine Lebenseinstellung sollten wir uns zu eigen machen?

M Stelle dir vor, du sitzt in einem Bus, und neben dir steht eine altersschwache, zitternde Frau. Niemand bietet ihr einen Platz an. Die jungen, gesunden Leute sitzen bequem auf ihren Plätzen und kümmern sich nicht darum, daß die alte Frau kaum noch stehen kann. Du stehst auf und gibst ihr deinen Platz. Die alte Frau ist sehr glücklich darüber, und das macht auch dich glücklich. Obwohl du auf deine eigene Bequemlichkeit verzichten mußtest, hast du ein Gefühl der Befriedigung. So bereitet man durch selbstloses Handeln nicht nur anderen, sondern auch sich selbst eine Freude. Es wirkt erweiternd und nutzt der Welt. Wunschlosigkeit ist also die beste Lebenseinstellung.

Fr Mutter, kann ich Gottesverwirklichung erlangen, auch wenn ich nicht in Indien lebe?

M Kind, Seligkeit ist nicht das Vorrecht der Menschen, die in Indien leben. Die Sonne geht für die ganze Menschheit auf und nicht nur für eine einzige Person. Alles ist in dir enthalten, so wie das Küken im Ei, der Käse in der Milch und der Strom in der Batterie. Wenn du danach strebst, kannst du es erreichen.

Fr Meine eigene Mutter habe ich nie geliebt, aber in dir sehe ich Gott...

M Kind, Gott sitzt nicht auf einem Thron, sondern durchdringt das ganze Universum. Sieh Gott in allen Menschen, dann wird Er dir Seinen Segen schenken. Wenn wir selbstlos werden, wird uns die Gnade Gottes zuteil. Je mehr unsere Demut wächst, desto größer werden wir... Die Blume denkt vielleicht selbstgefällig: «Ich bin etwas Besonderes, denn die Menschen machen Girlanden aus mir, die sie Gott darbringen.» Aber sie vergißt, daß ihr eigener Ursprung Gott ist! Meine Kinder, ich sehe Gott in euch allen. Versucht, Gott auch in allen zu sehen und ihnen selbstlos zu dienen.

* * * * * * *

Fr Mutter, obwohl ich die letzten paar Jahre meditiert habe, habe ich das Gefühl, ich hätte noch keinen Fortschritt gemacht. Können gewöhnliche Menschen wie wir überhaupt Vollkommenheit erlangen?

M An einem Examen nehmen Hunderte von Studenten teil. Selbst wenn sie die Prüfung nicht beim ersten Mal bestehen, geben sie das Studium nicht gleich auf. Sie versuchen es noch einmal. Auch ihr müßt es immer wieder versuchen. Anfangs läßt der Geist sich schwer beherrschen. Wenn man von weltlichen Dingen umgeben ist, ist es besonders schwierig. Ein Alkoholiker kann sich das Trinken auch nicht abgewöhnen, wenn hundert Schnapsflaschen um ihn herumstehen. Zunächst müssen wir schlechte Gesellschaft und all die Dinge meiden, die unsere negativen Neigungen hervorlocken könnten, die nur darauf warten, uns zu verschlingen. Andererseits wird uns der Umgang mit guten Menschen in unseren guten

Eigenschaften bestärken, unsere Meditation wird besser werden, und durch ständige Bemühung können wir schließlich Vollkommenheit erlangen.

Fr Wir haben schon viele Bücher gelesen und sind vielen Lehren gefolgt, aber der Geist wird dadurch sehr urteilsbetont . . .

M Das liegt in der Natur des menschlichen Geistes, vor allem bei Menschen, die viel lesen und analytisch denken. Was wir in Wirklichkeit brauchen, ist eine Sicht, die keine Unterschiede macht, und starken Glauben. Alle Beweise, die den Verstand überzeugen, sind vergänglich. Es lohnt sich nicht, nach ihnen zu suchen. Ein reines Herz und ein starker Charakter sind nötig. Jeder verlangt nach Beweisen für die Größe eines Meisters. Deshalb hat Mutter früher Wunder gewirkt, aber sie hat sie nie durch ihre eigene Person gezeigt. Sie bat andere, Muscheln zu bringen und Dochte hineinzulegen und anzuzünden, obwohl kein Öl da war, und die Dochte brannten die ganze Nacht. Ein weltlicher Mensch wird durch solche Wunder in seinem Glauben bestärkt, doch der Fortschritt eines spirituell Strebenden wird dadurch gehemmt. Die Kraft, die er durch sein *sadhana* erlangt hat, wird durch die Zurschaustellung seiner Fähigkeiten vergeudet. Außerdem besteht die Gefahr, daß man mehr an seinen Kräften hängt als an der Suche nach Gott. Der Verstand sucht immer wieder neue Beweise und erhält dadurch immer mehr Stoff zum Analysieren. Dann diskutiert man vielleicht stundenlang über verschiedene spirituelle Grundsätze und Wege. Aber das eigentlich Wesentliche – Gott zu suchen und als unser eigenes Selbst zu erkennen – vergessen wir darüber.

Fr Mutter, was ist Meditation?

M Kinder, im Augenblick sind wir noch nicht fortgeschritten genug, um das, was wir tun, als Meditation zu bezeichnen. Stellt euch vor, wir bringen Wasser zum Kochen, um einen

Pudding zuzubereiten. Wenn uns jemand fragt, was wir tun, werden wir sagen: «Ich koche einen Pudding», obwohl wir in Wirklichkeit nur Wasser erhitzen. Ebenso ist es mit der Meditation. Wir haben gerade erst mit der Übung begonnen, durch die man letzten Endes das Stadium der Meditation erreichen wird. Diese Übung heißt *sadhana*. Die Meditation ist ein Zustand, in dem der Geist beständig und ununterbrochen auf ein einziges Objekt gerichtet ist. Um diesen Zustand zu erlangen, verrichten wir *sadhana*.

Fr Mutter, warum ist es so schwer, sich bei der Meditation zu konzentrieren?

M Kinder, bis jetzt haben wir in dem Glauben gelebt, der Körper sei *nitya* (ewig), und uns in allen Handlungen und Bemühungen von dieser Vorstellung leiten lassen. Diese Gewohnheit läßt sich nicht von heute auf morgen ablegen. Inzwischen haben wir durch unser *sadhana* begriffen, daß *atman nitya* ist, doch unsere alten Gewohnheiten lenken uns immer noch von der Meditation ab.

Stellt euch vor, ein Schüler hat sein Tintenfaß zehn Tage lang rechts neben sich auf den Tisch gestellt. Am elften Tag stellt er es aus irgendeinem Grund links neben sich. Obwohl er das weiß, wird seine Hand unwillkürlich noch oft auf der rechten Seite nach dem Faß suchen. Ebenso ergeht es auch uns. Unsere früheren Gewohnheiten beherrschen uns immer noch. Kinder, laßt euch dadurch nicht beirren und versucht euer Bestes, dann wird es auch gelingen.

Fr Mutter, wie lange soll ich meditieren?

M Kinder, am Anfang genügt es, zweimal täglich zehn Minuten bis eine halbe Stunde lang zu meditieren – am besten morgens nach dem Aufwachen und bei Sonnenuntergang. Mutter sagt dies nicht für ernsthafte spirituelle Sucher, sondern für Menschen, die ein weltliches Leben führen und einem Beruf nachgehen. Mit der Anleitung eines Guru kann man auch länger meditieren. Doch am Anfang solltet ihr diese begrenzte Meditationsdauer nicht überschreiten. Einen neuen Bus fährt man nicht gleich mit Höchstgeschwindigkeit, sondern erst nachdem man den Motor eingefahren hat. Auch von einer Medizin darf man nur die vorgeschriebene Dosis nehmen. Nimmt man zuviel, schafft man dadurch vielleicht eine neue Krankheit.

* * * * * * *

Fr Mutter, ich habe von *maya* (Illusion) gelesen. Kannst du mir in einfachen Worten erklären, was *maya* ist?

M Es ging einmal ein Mann durch den Wald. In der Nähe eines Baumes sah er eine Schlange und machte in seiner Angst einen weiten Satz. Trotzdem spürte er einen Biß und begann zu rennen. Er rannte immer weiter, bis er schließlich bewußtlos zusammenbrach. Da kam ein anderer Wanderer des Weges und sah ihn am Boden liegen. «Was ist passiert?» fragte er, nachdem er ihn wieder zum Bewußtsein gebracht hatte. «Ich bin von einer Schlange gebissen worden!» antwortete der Mann. Da brachte der Wanderer ihn sofort ins Krankenhaus. Der Arzt untersuchte den Mann, konnte aber keine Spur eines Schlangenbisses entdecken. Auch bei der Blutuntersuchung wurde kein Gift festgestellt. Doch der Mann behauptete nach wie vor steif und fest, er sei von einer Schlange gebissen worden. Als man ihn fragte, wie sich das zugetragen habe, beschrieb er genau die Umgebung und den Baum, unter dem die Schlange gelegen hatte. Da schlug der andere, der ihn ins Krankenhaus gebracht hatte, vor: «Laß uns dorthin gehen und nachschauen.» An dem Baum angelangt, fanden sie ein zusammengerolltes Seil, die Fußspuren des Mannes und einen dornigen Zweig. Da sah der Mann ein, daß er sich geirrt hatte, und gewann seinen inneren Frieden wieder.

Kinder, als er sich einbildete, von der Schlange gebissen

worden zu sein, wies er tatsächlich alle Symptome einer Vergiftung auf. Erst als er die Wahrheit erkannte, ging es ihm wieder besser. Ebenso lassen sich unser Verstand und Gemüt von *maya* täuschen. Alles, was wir im Traum erleben, kommt uns wie Wirklichkeit vor, bis wir aufwachen. Nehmen wir an, wir werden im Traum von einem Tiger gejagt. Vor Schreck wachen wir auf und erkennen dann, daß der Tiger nur eine Ausgeburt unserer Phantasie war. Ebenso ist diese Welt nur noch ein Traum, wenn wir einmal zur Wahrheit erwacht sind.

* * * * * * *

Fr Warum trägt Mutter uns mit dem Zeigefinger Sandelholzpaste auf die Stirn zwischen die Augenbrauen auf?

M An dieser Stelle *(ajna chakra)* fließen alle «Nerven»[3] des Körpers zusammen. Sie ist auch mit dem *sahasrara,* dem spirituellen Zentrum oben auf dem Kopf, verbunden. *Ajna chakra* ist die Stelle, wo drei Zentren des Körpers – Herz, «Nerven» und *sahasrara* – aufeinandertreffen. Die Sandelholzpaste hat eine medizinische Wirkung. Wenn Mutter ihren Finger zwischen eure Augenbrauen drückt, verbindet sich ihre sublimierte Lebenskraft mit eurer Konzentration und dem Wesen des Sandelholzes. Diese Verbindung verstärkt die spirituelle Energie in eurem Körper, verjüngt und erfrischt das «Nervensystem» und reinigt euer Blut.

Fr Mutter, nachdem ich mit dir zusammen war, fühle ich, daß es Zeitverschwendung ist, wieder in diese unwirkliche Welt hinauszugehen und zu arbeiten.

M Kind, wir müssen voller Aufrichtigkeit unsere Pflicht erfüllen und dabei daran denken, daß alle Dinge, mit denen wir uns

---

[3] Begriff aus der ayurvedischen Medizin, stimmt nicht mit westlicher Vorstellung überein.

beschäftigen, uns gehören. Das wird unser Gemüt auf die universale Ebene emporheben und uns große Energie schenken. Wenn wir in unserer eigenen Fabrik arbeiten, werden wir nicht müde oder überdrüssig; wir arbeiten voller Interesse weiter. Aber wenn die Fabrik jemand anderem gehört, sinkt unsere Anteilnahme. Ebenso wird unsere Energie beträchtlich wachsen, wenn wir denken: «Das ganze Universum ist mein Zuhause.»

Fr Mutter, wozu ist dieser Körper da?

M Um mit allen seinen Handlungen Gott zu dienen, nicht um sich an sinnlichen Genüssen zu erfreuen. Kinder, unsere wahre Pflicht besteht darin, der leidenden Menschheit zu helfen. Überall um uns her leiden Menschen, weil sie kein Obdach und nichts zu essen haben und sich niemand um sie kümmert. Widmet euer Leben diesen Menschen, erweist ihnen Hilfe, laßt sie verstehen, was wahres Leben ist. Das ist der größte Dienst, den ihr Gott erweisen könnt. Dazu habt ihr euren Körper. Mutter verlangt nicht von euch, daß ihr auf Vergnügen und weltliches Glück verzichtet. Aber einen Teil eures Lebens solltet ihr für diesen Dienst verwenden. Selbstloser Dienst an den Menschen ist Dienst an Gott.

Fr Mutter, worin besteht unsere Pflicht gegenüber Gott?

M Manche Menschen sitzen in einem Zimmer ohne Fenster und beklagen sich über Gott: «Gott ist voreingenommen. Er gibt mir kein Licht!» Wir können diesen Menschen helfen zu erkennen, daß sie in einem finsteren Raum sitzen und ihn nur zu verlassen brauchen, um sich an Gottes Licht zu erfreuen. Kinder, solch ein Dienst wäre die größte Pflicht Gott und unserem Selbst gegenüber.

Fr Mutter, welche Haltung soll ich bei der Meditation einnehmen?

M Kind, dein Rückgrat sollte bei der Meditation immer aufrecht sein. Bei den meisten Menschen herrscht *tamas* (die Eigenschaft der Trägheit und Schwerfälligkeit) vor. Manche Lehrer empfehlen ihren Schülern, in einer bequemen Haltung zu sitzen. Aber wenn wir sitzen und uns vielleicht an die Wand anlehnen, schweifen unsere Gedanken leichter ab, oder wir werden von Schlaf übermannt. Sitzen wir dagegen aufrecht, verleiht diese Haltung uns Kraft und Begeisterung. Doch ob ihr nun liegt, sitzt oder geht – auf eure Gedanken kommt es an. Sie sollten stets klar und auf Gott konzentriert sein. All diese Dinge sollen dazu verhelfen, daß euer Gemüt im Selbst ruht.

* * * * * * *

Fr Braucht man unbedingt einen Guru?

M Kind, wenn spirituelle Übungen nicht richtig gemacht werden, schaffen sie noch zusätzliche Schwierigkeiten. Es ist immer am besten, in die Fußstapfen eines Lehrers zu treten, der in der Höchsten Realität verankert ist. Ein vollendeter Meister wird seine Lehren und Anleitungen der geistigen und körperlichen Verfassung seines jeweiligen Schülers anpassen, so daß es keine Rückschläge und Enttäuschungen gibt. Mutter sieht heutzutage so viele Menschen, deren seelisches Gleichgewicht gestört ist, weil sie Übungen nicht richtig machen. Das liegt hauptsächlich daran, daß sie irgendwelche Bücher lesen und dann die Übungen machen, die sie gerade für richtig halten. Zum Beispiel lernen sie *pranayama* (Yoga-Atemübungen) aus Büchern. Das ist keine gute Methode und kann zu schweren gesundheitlichen Schäden führen: Alles, was sie essen, scheiden sie unverdaut wieder aus und sind dadurch sehr geschwächt.

Selbst um so einfache Dinge wie das Alphabet zu lernen, brauchen wir die Hilfe eines Lehrers. Wie sollen wir dann die Höchste Wahrheit – Gott – ohne Hilfe eines Guru finden? Der Guru ist eine Notwendigkeit.

Fr Mutter, willst du damit sagen, daß spirituelle Übungen gefährlich sind?

M Kind, spirituelle Übungen sind die beste Medizin gegen die Krankheiten, die das weltliche Leben hervorruft. Doch wenn man sie nicht richtig macht und die Regeln und Anleitungen nicht befolgt, kann man sich sehr schaden. Es hat keinen Zweck, Gott oder seinem Lehrer die Schuld daran zu geben. Wenn unser Auto mit einem anderen Fahrzeug zusammenstößt, können wir die Schuld nicht dem Benzin oder dem Motoröl zuschieben. Wir selbst haben den Unfall durch unseren Leichtsinn verschuldet. Man muß bei allem die vorgeschriebene Dosis beachten. Es gibt viele Stärkungsmittel und Vitamine, die dem Körper guttun. Aber wenn man die ganze Flasche auf einmal nimmt, haben sie die gegenteilige Wirkung. Beim *pranayama* gibt es eine vorgeschriebene Anzahl und einen bestimmten Rhythmus für das Einatmen, Ausatmen und Anhalten des Atems. Ein vollendeter Meister wird den Schüler beim *pranayama* zunächst genau beobachten, um festzustellen, wie lange er den Atem anhalten kann, ob er den Rhythmus richtig einhalten kann und welches Atemvolumen er besitzt. Er wird auch darauf achten, ob der Schüler körperlich und geistig tauglich ist und geduldig genug, um sich auf die Übung konzentrieren zu können. Nur wenn diese Voraussetzungen erfüllt sind, wird er ihn in *pranayama* unterweisen.

Fr Mutter, warum sollen wir Gott in Gestalt eines menschlichen Wesens verehren?

M Wenn wir große Seelen verehren, beten wir nicht die Person selbst, sondern die Eigenschaften des Ewigen in ihnen an. Ihr Körper ist nur das Medium, durch das sich die Eigenschaften Gottes manifestieren. Ihnen ist es gleichgültig, ob wir sie verehren oder nicht. Wenn wir sie verehren, kommt das uns selbst zugute, nicht ihnen. Unser Gemüt ist wie ein dichter

Wald, in dem wilde, grausame Tiere (unsere negativen Neigungen) hausen. Um ihre Angriffe jeden Augenblick abwehren zu können, müssen wir gute Bogenschützen sein, und um schießen zu lernen, brauchen wir einen Lehrer. Sonst schießen wir alle unsere Pfeile ins Leere und werden von den wilden Tieren der Lust, des Zorns und der Gier verschlungen.

Fr Mutter, es fällt mir schwer, Menschen zu lieben, die mich verletzt haben. Mein Herz verschließt sich vor ihnen . . .

M Kinder, es ist leicht, die Menschen zu lieben, die uns Liebe entgegenbringen. Die wahre Größe liegt darin, auch jene Menschen zu lieben, die uns hassen. Gott hat uns Unterscheidungsvermögen gegeben. Wir brauchen es nur zu benutzen und uns zu sagen: «Daß ich manche Menschen nicht mag, liegt nur an meiner Unwissenheit und meinen negativen Neigungen.» Dann schaut nach innen und gebt eurem Geist das Gegenteil zu denken: «Wer kann wen hassen? Die Körper unterscheiden sich voneinander, doch das Selbst ist überall das gleiche.» Gott erfüllt das ganze Universum. Darum ist er auch in den Menschen, die uns hassen.

* * * * * * *

Fr Sollten Ehepaare sich Enthaltsamkeit auferlegen?

M Nach der Hochzeit sollte man mindestens einen Tag pro Woche enthaltsam sein, nach einiger Zeit dann zwei Tage in der Woche. Nach ein paar Jahren ist man in der Lage, völlig enthaltsam zu leben und sich ganz seinem *sadhana* zu widmen.

Manche Menschen beklagen sich bei Mutter, daß sie schon seit vielen Jahren *sadhana* praktizieren und trotzdem noch keine spirituelle Erfahrung gehabt haben. Spirituelle Praxis ohne Enthaltsamkeit ist so, als schöpfe man mit einem Eimer voller Löcher Wasser aus einem Teich. Das Wasser, das man in den Eimer hineingießt, fließt gleich wieder heraus.

Lüsterne Menschen können durch *sadhana* keine bleibende spirituelle Energie erlangen. Enthaltsamkeit *(brahmacharya)* beschränkt sich nicht auf den Geschlechtsverkehr. Enthaltsamkeit bedeutet, auf überflüssige Gedanken, Worte und Handlungen zu verzichten. Überflüssig sind alle Gedanken, Worte und Taten, die nicht zu Gott führen.

Fr Mutter, wie sollen wir unsere sexuelle Begierde überwinden?

M Kind, zwischen Männern und Frauen besteht eine natürliche Anziehungskraft. Das ist bei allen Lebewesen so. Selbst ein geistiger Sucher, der auf alle weltlichen Vergnügen verzichtet hat, wird diese subtile Anziehungskraft so lange spüren, bis er die Wahrheit verwirklicht hat. Auch ein über hundert Jahre alter Mann kann noch die Lüsternheit eines Jünglings verspüren.

Kind, da die *vasanas* der Lust aus früheren Leben stammen, wird es schwer sein, sie zu überwinden. Sogar dieser Körper ist nicht von tugendhaften Eltern geboren worden. Er ist durch ihre wollüstigen Gedanken entstanden. Sie dachten nicht daran, ein tugendhaftes Kind in die Welt zu setzen. Du wurdest gezeugt aufgrund ihres heftigen Verlangens, ihre Leidenschaft zu befriedigen. Deshalb wird Wollust uns so lange plagen, bis wir Befreiung erlangt haben. Trotzdem brauchst du dich nicht zu fürchten, Kind. Suche beständige Zuflucht bei Gott. Bete aufrichtig und aus ganzem Herzen zu deiner geliebten Gottheit: «Bitte hilf, daß ich keinen Moment mit lüsternen Gedanken verschwende. Laß diese Energie für das Wohl der Menschen wirken. O Geliebter, bitte komm und beschütze mich.»

Wenn wir so beten, werden wir nach und nach Fortschritte machen. Selbst wenn euch lüsterne Gedanken bedrängen, versucht zu denken: «Daran bin ich nicht interessiert. O mein Geist, bitte verschwende deine Energie nicht mit solchen Gedanken.»

Kind, was auch geschieht, versuche alles – das Gute wie das

Böse – als Willen Gottes hinzunehmen. Grüble nicht über vergangene Handlungen nach und rede dir nicht ein, daß du nicht gut genug seist, um ein spirituelles Leben zu führen. Denke nicht über gestern nach und lasse dich nicht entmutigen. Nimm Zuflucht zu Seinen Füßen.

Fr Mutter, wenn das so schwierig ist und wir so tief in unsere sinnlichen Begierden verstrickt sind, was für eine Hoffnung gibt es dann überhaupt für uns?

M Kind, sobald die Liebe zu Gott (Gottesverwirklichung) in deinem Herzen geboren wird, gibt es dort keinen Platz mehr für weltliche Empfindungen. Wenn ein Mädchen einen gutaussehenden, liebevollen Freund gefunden hat, kann es an keinen anderen Mann mehr denken. Ebenso kann auch unser Gemüt, wenn es von Gott erfüllt ist, sich mit nichts anderem mehr befassen. Wenn wir Fieber haben, hinterlassen selbst Süßigkeiten einen bitteren Geschmack auf unserer Zunge. Ebenso ist es, wenn wir krank vor Sehnsucht nach Gott sind. Wir finden keinen Geschmack mehr an den Dingen dieser Welt.

Kinder, verzagt nicht und denkt nicht: «Wie soll ich mein Ziel je erreichen? Ich werde niemals Befreiung erlangen.» Durch Gebete, *sankalpa* (lautere Entschlossenheit) und *tapas* (Askese) gelangt man allmählich ans Ziel. Denkt immer daran, daß das vergängliche Glück dieser Welt in eine Haut aus Kummer und Leiden eingehüllt ist. Sinnt darüber nach, daß das Glück nicht außen zu finden ist, sondern in uns.

Fr Mutter, worin besteht der Vorteil von *brahmacharya?*

M Kind, es ist sehr schwierig, die Sinneslust zu überwinden. Man muß jede Sekunde auf der Hut sein. Wenn man *brahmacharya* (Verzicht auf alle sinnlichen Genüsse und strikte sexuelle Enthaltsamkeit) praktiziert, kann man innerhalb von zehn Jahren Gottesverwirklichung erlangen, sonst braucht man vielleicht fünfzig Jahre dazu. In seinem natürlichen Zustand hat Wasser keine Energie. Doch mit dem Dampf, der entsteht, wenn man Wasser erhitzt, kann man große Dampfmaschinen antreiben. Ebenso werden wir mehr Kraft erhalten, wenn wir unser Gemüt durch Enthaltsamkeit reinigen. Durch Meditation ohne *brahmacharya* erlangt man zwar auch ein wenig Kraft, aber Meditation in Verbindung mit *brahmacharya* schenkt uns ungeheure Kraft *(shakti)*.

Für weltliche Menschen ist es allerdings schwierig, sich streng an *brahmacharya* zu halten. Anfangs solltet ihr versuchen, mindestens einmal in der Woche enthaltsam zu leben. Dann könnt ihr diesen Zeitraum nach und nach verlängern. Kinder, wenn wir nach einem guten Charakter und guten Gedanken streben, beten und an *satsang* teilnehmen, werden unsere Neigungen zu fünfundsiebzig Prozent beseitigt, aber nicht zu hundert. Erst nachdem man Befreiung erlangt hat, werden alle Neigungen völlig entfernt sein. Fürchtet euch nicht, sondern legt Gott alles vertrauensvoll zu Füßen. Selbst wenn ihr Rastlosigkeit (aufgrund sexueller Erregung) spürt, verzweifelt nicht und grübelt nicht darüber nach, sondern betet aufrichtig zu Gott und macht (in eurem *sadhana*) weiter. Dann wird das sexuelle Verlangen allmählich schwächer werden. Kinder, wenn wir die Lust überwinden, können wir Verwirklichung erlangen!

* * * * * * *

Fr Mutter, obwohl ich im christlichen Glauben erzogen wurde, habe ich nicht das Gefühl, Jesus Christus jemals verstanden zu haben . . .

M Jesus Christus war äußerlich ein Mann, innerlich war Er jedoch eine Mutter. Obwohl Liebe abstrakt und formlos ist, hat sie in Ihm doch konkrete Gestalt angenommen. Er widmete sein Leben der Liebe und lehrte die Menschen, wie man liebt. Aber die Menschen, die versuchen Seine Botschaft zu verbreiten, deuten sie falsch. Wenn man Sein wahres Wesen erkennen möchte, muß man äußerste Entsagung praktizieren. Niemand tut das, und daher können sie Seine Lehren auch nicht richtig weitergeben. Eine unfruchtbare Frau kann kein Kind gebären, und daher kennt sie auch die Schmerzen der Geburt nicht. Nur eine Mutter kennt sie. Ebenso können nur jene, die dem Weg von Jesus Christus vollkommen nachfolgen, Seine Lehren vermitteln.

Fr Der Buddhismus schreibt keine Hingabe vor, doch Mutter sagt, ohne Hingabe könne man Gott nicht verwirklichen ...

M Kinder, selbst der buddhistische Weg enthält einen Aspekt der Hingabe. Um eine bestimmte Initiation zu erhalten, muß ein Suchender sich hunderttausendmal zu Boden werfen, nachdem er sich vor seinem geistigen Auge eine Gottheit vorgestellt hat. Dann muß er hunderttausendmal ein langes *mantra* rezitieren und bestimmte Rituale vollziehen. All das sind Aspekte der Hingabe. Erst danach wird der Suchende vielleicht ein Meditationskonzept wählen, das auch formlos sein kann.

*Nirvana* ist nicht gleichbedeutend mit der Auslöschung der Welt. Wir leugnen nicht die Existenz der Welt, sondern versuchen ihre wahre Natur zu verstehen. Wir müssen zu der festen Überzeugung gelangen, daß diese Welt sich ständig wandelt und daß die Realität etwas anderes ist als diese immerwährende Veränderung. Die Welt des Gegenständlichen, diese Menschen und Dinge, sind nicht unsere ewigen Freunde. Wenn wir diese Welt verlassen, wird nichts und niemand mitkommen. Mutter bittet euch nicht, allen Handlungen zu entsagen, aber versucht die vergängliche Natur dieser Welt zu verstehen.

Reines Bewußtsein ist an sich formlos, kann aber eine Form annehmen. Wenn Wasser gefriert, wird es zu Eis. Wenn *Ghee*[4]

---

[4] geklärte Butter

abkühlt, verwandelt es sich in eine feste Masse. So sind auch all die Götter und Göttinnen verschiedene Wesenheiten. Sie sind die verschiedenen Gesichter der Einen Unendlichen Realität. Dieselbe Kraft wohnt in ihnen allen.

Vierzehntes Kapitel

# Die Verkörperung der Vollkommenheit: Mutter als spirituelle Meisterin

Wer ist ein vollkommener Mensch? Wenn man einem modernen jungen Menschen diese Frage stellte, würde er sicherlich sagen, daß der ideale Mensch ein gutaussehender, einflußreicher Multimillionär, vielleicht auch ein politischer Führer ist, oder er nennt den Namen eines attraktiven, romantischen Filmstars oder eines Fußballspielers. Die heutige Jugend kann sich keine Gesellschaft ohne Filme, Politik, Sport und Geld mehr vorstellen. Diese Dinge sind für sie lebenswichtig. Aber haben sie tatsächlich etwas mit unserem Leben und der Formung unseres Charakters zu tun? Wodurch wird ein Mensch schön und vollkommen? Was macht seine Handlungen liebenswert? Wird man durch Sport, Filme oder Politik unsterblich oder anbetungswürdig? Ein reifer, urteilsfähiger Mensch wird auf diese Frage sicherlich antworten: «Nein, absolut nicht!» Welche Eigenschaft ist dann ausschlaggebend? Um es in einem Satz zusammenzufassen: Es ist die Integrierung innerer Tugenden, die sich als ewige Tugenden durch ihr ganzes Sein offenbaren. Diese Tugenden erlebt man in der Gegenwart der Heiligen Mutter Amritanandamayi, in der wundervollen Verbindung von bedingungsloser Liebe und Seligkeit.

Menschen aus allen Ländern, Schichten und Berufen sind der Heiligen Mutter begegnet, und jeder beschreibt sie anders, je nach seinem geistigen Niveau und seiner inneren Reife. Wenn man einen Menschen, dessen Verstand sich eher mit gröberen Dingen befaßt, fragt, wer Mata Amritanandamayi ist, wird er antworten: «Sie ist eine außergewöhnliche Frau, die durch ihren bloßen Blick oder eine bloße Berührung schreckliche, unheilbare Krankheiten heilen kann.» Vielleicht fügt er noch hinzu: «Sie kann auch alle weltlichen Probleme der Menschen lösen und mühelos all ihre Wünsche erfüllen.» Stellt man einem Menschen, dessen Intellekt sich mit feineren Dingen beschäftigt, dieselbe Frage, erhält man eine andere Antwort: «Die Heilige Mutter verfügt über unglaubliche Fähigkeiten. Sie kann übernatürliche Kräfte verleihen und ist eine Meisterin der Telepathie und des Hellsehens. Es ist ihr ein leichtes, Wasser in Milch oder *panchamritam* zu verwandeln. Alle acht glückbringenden Mächte sind ihrem Willen unterworfen ...» und so weiter. Und die Antwort eines wahrhaft spirituell

Strebenden würde lauten: «Die Mutter ist das höchste Ziel, das ein Suchender erreichen kann. Sie ist die Quelle und Stütze wahrhaft suchender Menschen und hilft ihnen, den ständiger Wandlung unterworfenen Ozean der Wiedergeburten zu durchqueren. Ihre Natur ist Liebe und Mitgefühl; sie ist Zeuge für die Wahrheiten, die in den Veden und anderen heiligen Texten der Welt geschrieben stehen. Wenn man bei ihr Zuflucht sucht, hat man sein Ziel erreicht. Sie ist eine vollkommene Meisterin und gleichzeitig eine große Mutter.»

Für die Menschen, die dem Weg der Hingabe *(bhakti yoga)* folgen, ist die Heilige Mutter ein großes Vorbild. In ihr entfalten sich die verschiedenen Aspekte der höchsten Hingabe unbehindert. Auch für Menschen, die den Weg des Wissens *(gnana yoga)* gehen, ist die Mutter ein großes Beispiel. Denn an ihren Worten und Taten kann man beobachten, daß sie das Selbst genau kennt. Ein Mensch, der den Weg der Tat *(karma yoga)* eingeschlagen hat, verehrt die Heilige Mutter als unübertroffenen Karma-Yogi. Aber das alles sind nur Teilaspekte der Mutter, gesehen aus unserer begrenzten Erfahrung und unserem beschränkten Verständnis. Doch wer in enger Verbindung zu ihr lebt und sie unvoreingenommen beobachtet, begreift, daß sie all diese Aspekte in sich vereint.

Im Malayalam gibt es eine Redensart: «Geduldig wie die Erde». Die Mutter Erde erträgt alles. Die Menschen treten sie, bespucken sie, pflügen sie, graben sie um und reißen ihr die Brust mit einer Hacke auf, um sie zu bepflanzen und zu bebauen. Sie errichten sogar hundertstöckige Gebäude auf ihr. Doch sie nimmt alles geduldig hin. Sie beklagt sich nicht und verachtet niemanden, sondern dient allen Menschen und ernährt sie, so gut sie kann. Mit der gleichen Geduld formt und verändert die Heilige Mutter den Charakter ihrer Kinder. Geduldig wartet sie, bis ihre Schüler reif genug sind, um diszipliniert werden zu können. Bis dahin überschüttet sie sie mit selbstloser Liebe und verzeiht ihnen all ihre Fehler.

Wenn man sich die Methoden ansieht, mit denen die alten Heiligen und Weisen Indiens ihre Schüler belehrt und aufgeklärt haben, begreift man leicht den einzigartigen Charakter der Guru-*sishya*-Beziehung, die man sonst nirgends auf der Welt findet. Die Heilige Mutter erklärt: «Anfangs gibt ein *sadguru* (vollkommener Meister) seinem Schüler keine strengen Anweisungen, sondern liebt ihn einfach nur. Er bindet ihn durch seine bedingungslose Liebe. Durch die Wirkung dieser Liebe verändert der Schüler sich allmählich und wird bereit, den Guru an seinen *vasanas* oder geistigen Neigungen arbeiten zu lassen. Nach und nach beginnt der Guru den Schüler zu disziplinieren und seine Persönlichkeit durch strenge und doch liebevolle Anweisungen umzuformen. In einer wahren Guru-Schüler-Beziehung ist es schwierig, festzustellen, wer der Guru und wer der Schüler ist, denn die beiden übertreffen einander an Demut und Bescheidenheit.»

Anfangs gibt der Guru vielleicht sogar bis zu einem gewissen Grad den Launen und Wünschen seines Schülers nach. Doch wenn er feststellt, daß der Schüler nun reif genug ist, um ernstlich mit der spirituellen Praxis zu beginnen, erlegt er ihm allmählich immer mehr Disziplin auf. Sobald er damit beginnt, zeigt er dem Schüler, der für ihn wie ein Sohn oder eine Tochter ist, seine Liebe nicht mehr so sehr. Sein einziges Ziel besteht darin, dem Schüler dessen eigenes reines Selbst zum Bewußtsein zu bringen. Mit anderen Worten: Die Disziplin, die er ihm auferlegt, ist nur ein anderer Ausdruck seiner Liebe. Sie ist die wahre Liebe, die den Schüler in einen reinen Edelstein verwandelt.

Die Heilige Mutter weist ihre Kinder immer wieder auf ihre Fehler hin und korrigiert ihr Verhalten. «Ich bin wie eine Gärtnerin», sagt sie. «Der Garten, in dem ich arbeite, ist voller bunter Blumen. Meine Aufgabe besteht nicht darin, mich um die schönen, gesunden Blumen zu kümmern, sondern die Pflanzen zu pflegen, die von Ungeziefer befallen sind. Um die Insekten und Würmer zu entfernen, muß ich ihnen eventuell einzelne Blätter und Blütenblätter abreißen, und das ist sicher sehr schmerzhaft für sie. Aber ich muß es tun, um sie vor der Zerstörung zu bewahren. Ebenso arbeitet Mutter an den Schwächen und Fehlern ihrer Kinder. Die Ausmerzung dieser Fehler ist ein schmerzhafter, aber notwendiger Prozeß. Ich tue es in eurem Interesse. Um eure tugendhaften Charaktereigenschaften brauche ich mich nicht zu kümmern, aber eure Schwächen müssen überwunden werden, sonst zerstören sie eure Tugenden. Meine Kinder, vielleicht glaubt ihr manchmal, daß Mutter mit euch böse ist. Das stimmt nicht. Sie liebt euch mehr als alle anderen Menschen, deshalb tut sie das alles. Sie erwartet nichts, außer daß ihr spirituelle Fortschritte macht.»

Die Heilige Mutter setzt sich niemals auf einen Thron und kommandiert ihre spirituellen Kinder und Anhänger herum. Sie unterweist sie und gibt gleichzeitig durch ihr eigenes Tun ein Beispiel. Wahre innere Größe zeigt sich durch Bescheidenheit und Schlichtheit. Die Heilige Mutter ist dafür ein lebendes Beispiel. Sie ist bescheidener als der Bescheidenste und einfacher als der Einfachste. «Ich bin die Dienerin der Diener», sagt sie über sich. «Ich lebe für meine Mitmenschen. Mein Wohlergehen und mein Reichtum besteht im Glück meiner Kinder.»

Die Heilige Mutter hat eine wunderbare Methode, das Ego und andere negative Neigungen ihrer Kinder zu entkräften. Sie ist darin ein unbesiegbarer Krieger. Sie selber schafft eine geeignete Situation, um die geistige Reife ihrer Kinder zu prüfen und sich davon zu überzeugen, welche spirituellen Fortschritte sie schon gemacht haben. Der Betreffende ahnt nichts davon, daß er auf die Probe gestellt wird. Wenn er den Ernst der Situation erkennt, haben sich bereits all seine inneren Widersacher gegen ihn erhoben. Er kann nicht mehr auf sein Unterscheidungsvermögen hören, da spontane Emotionen die Oberhand gewonnen haben. Diese Gelegenheit nutzt die Heilige Mutter, um ihre Kinder von ihrer Ichbezogenheit zu befreien. Ihre mächtigen Waffen verfehlen nie ihr Ziel, und die negativen Neigungen ihrer Schüler werden schwächer und schwächer. Der folgende Bericht schildert ein solches Geschehnis.

Vor ein paar Jahren brachte der *brahmachari* Nealu aus Tiruvannamalai, wo er vorher gelebt hatte, eine tragbare Schreibmaschine mit. Obwohl Balu (Amritatma Chaitanya) nicht maschineschreiben konnte, spannte er einen Bogen Papier ein und versuchte zum Spaß einen Satz zu tippen: «Mutter, laß mich dein

Sklave sein.» Die Mutter, die in der Nähe saß und sich mit Nealu unterhielt, wandte sich plötzlich Balu zu und fragte ihn: «Was hast du da geschrieben, mein Sohn?» Da übersetzte Balu ihr den Satz ins Malayalam. Ohne einen Kommentar setzte die Mutter ihr Gespräch mit Nealu fort.

Nach einer Viertelstunde sagte sie zu Nealu: «Ich werde Balu ins Ausland schicken.» Bei diesen Worten erschrak Balu sehr, denn er hatte schon zwei Stellungen aufgegeben, um ständig in der Nähe der Mutter bleiben zu können. «Was hast du gesagt, Mutter?» fragte er entsetzt.

«Ja. Wir brauchen Geld, um den *ashram* zu unterhalten. Es kommen immer mehr Leute zu uns, und wir haben kein Geld, um sie alle zu ernähren. Also mußt du arbeiten gehen», erwiderte die Mutter.

Das war zuviel für Balu. Seine inneren Feinde erhoben die Köpfe, und er sagte heftig: «Nein, ich will nicht arbeiten. Ich kann nicht von hier fortgehen. Ich bin hergekommen, um bei Mutter zu bleiben, und nicht, um weltliche Arbeit zu tun oder Geld zu verdienen.» Doch die Mutter bestand weiterhin auf ihrem Wunsch, und er wurde immer wütender. All seine negativen Neigungen standen bereit zum Angriff.

Plötzlich sagte Mutter mit sanfter Stimme: «Mein Sohn, was hast du vor ein paar Minuten geschrieben? Wenn du ein Diener Gottes werden willst, mußt du Ihm alles, was du hast, zu Füßen legen. Wenn dein Gemüt nicht rein ist, wird Gott nicht in deinem Herzen wohnen. Ein Diener Gottes muß alle Erlebnisse und Erfahrungen mit Gleichmut hinnehmen, egal, ob sie gut oder schlecht sind. Sieh in allem den Willen Gottes, Sohn, ich will deinen Reichtum nicht. Es genügt mir, wenn ich dich weinend nach Gott rufen höre. Dann bin ich glücklich, und mein Herz fließt über.» Nach diesen letzten Worten versank sie in Verzückung. Sie rührte sich nicht mehr, und Tränen liefen ihr über die Wangen. Erst nach einer Stunde kam sie wieder zu sich und kehrte allmählich auf die Ebene der weltlichen Existenz zurück.

Da hatte Balu große Gewissensbisse. Er sank ihr zu Füßen und bat sie um Vergebung. «Mutter, bitte mache mein Herz rein», flehte er. «Befreie mich von allen unreinen Gedanken und Handlungen. Ich möchte ein vollkommenes Werkzeug in deinen Händen sein.» Sie tröstete ihn und sagte: «Mach dir keine Sorgen, Sohn. Du bist vertrauensvoll zu Mutter gekommen, also ist es ihre Aufgabe, sich um dich zu kümmern und einen vollkommenen Menschen aus dir zu machen.» Diese Worte erfüllten Balu mit einem Gefühl des Friedens und der Freude.

Einmal sagte die Heilige Mutter: «Kinder, ihr seid glücklich, wenn Mutter euch immer ein lächelndes Gesicht zeigt. Wenn sie einmal etwas sagt, was euch nicht so angenehm ist, bildet ihr euch sofort ein, daß sie euch nicht liebt. Aber das ist nicht so. Sie versucht nur, euch stärker zu machen. Um euch mehr spirituelle Kraft zu geben, müssen eure Schwächen beseitigt werden. Deshalb tut sie manchmal so, als sei sie böse auf euch. Das ist notwendig, um euch zu belehren. Stellt euch vor, eine Kuh frißt die zarten Blätter einer jungen Kokospalme ab. Es genügt nicht, wenn ihr zu ihr sagt: ‹Liebe Kuh, bitte friß diese jungen Blätter nicht, sonst geht die Pflanze ein.› Die Kuh wird sich nicht vom Fleck rühren. Aber wenn ihr einen langen Stock in die Hand nehmt und die Kuh anschreit: ‹Geh weg, geh weg!› wird sie die Pflanze sofort in Ruhe lassen. Ebenso ist es, wenn Mutter sich zornig stellt. Kinder, Mutter kennt nicht einmal ein Jota Zorn gegen euch. Erinnert euch immer daran, daß sie keine selbstsüchtigen Motive hat und nur im Interesse eures spirituellen Fortschritts handelt. Aber wenn sie euch ihre Liebe und Zuneigung immer zeigte, würdet ihr euch niemals nach innen wenden und nach eurem wahren Selbst suchen. Kinder, bei einem weltlichen Menschen genügt es, wenn er sich um seine Frau und seine Kinder kümmert. Doch ein wahrer *sannyasin* muß die Bürde der ganzen Welt auf seine Schultern laden. Deshalb müßt ihr stärker werden.»

Einmal kam Mutter nach dem *darshan* erst um vier Uhr morgens ins Bett. Sie ging in ihre Hütte, schloß die Tür hinter sich und legte sich aufs Bett. Wie üblich schlief einer der Bewohner des *ashram* vor ihrer Tür, damit niemand in ihre Hütte ging und sie störte. Da kam eine junge Frau in den *ashram,* die den Bus verpaßt und den ganzen Weg von Quilon – 35 Kilometer – zu Fuß zurückgelegt hatte, um die Heilige Mutter um ihren Segen zu bitten. Als sie erfuhr, daß Mutter schon zu Bett gegangen war, war sie sehr enttäuscht, gab die Hoffnung aber nicht ganz auf und rief Mutter einige Male laut beim Namen. Als der Mann, der die Hütte von Mutter bewachte, das hörte, sprang er auf, wies die Frau zurecht, weil sie Mutter in ihrer Ruhe gestört hatte, und schickte sie fort. In diesem Augenblick öffnete Mutter, die den Wortwechsel mitangehört hatte, die Tür. Sie fragte die Frau liebevoll, was sie auf dem Herzen habe, tröstete sie und versprach ihr, ihre Probleme zu lösen.

Dann wandte sie sich dem Mann zu, der vor ihrer Tür geschlafen hatte, und sagte in ernstem Ton: «Ich bin nicht hier, um mich auszuruhen und Bequemlichkeit zu genießen, sondern um anderen zu helfen und ihre Leiden zu lindern. Ihr Glück ist mein Glück. Ich möchte nicht, daß mich jemand bedient. Ich bin da, um allen Menschen zu dienen. Ich muß die Freiheit haben, jederzeit mit jedem sprechen zu dürfen. Ich lasse es nicht zu, daß jemand Verehrer von mir fernhält, die zu mir kommen, weil sie Trost und Hilfe brauchen. Weißt du, wie schwierig es für sie ist, mit ihren geringen Ersparnissen die Reise hierher zu machen? Aber sie tun es trotzdem, weil sie das Bedürfnis haben, mir ihr beladenes Herz auszuschütten. Wenn du noch einmal so grob zu einem Menschen bist, der mich besuchen will, und versuchst, mir vorzuschreiben, zu welchen Zeiten ich meine Verehrer empfangen darf, werde ich diese Organisation auflösen. Eine Mission ist zum Dienst an der leidenden Menschheit da.» Sie verbot daraufhin ihm und allen anderen Bewohnern des *ashram,* vor ihrer Hütte zu schlafen.

Einmal mußte eine kranke Frau, die zu Mutter in den *ashram* gekommen war, sich übergeben und beschmutzte die Kleidung von Mutter. Eines der Mädchen, die Mutter dienten, nahm das Kleidungsstück mit einem Stock auf und wollte es dem Wäscher übergeben. Als Mutter das sah, wies sie das Mädchen zurecht: «Wenn du nicht in allem das *eine* Göttliche sehen und allen Menschen gleichermaßen dienen kannst, wozu hast du dann so viele Jahre meditiert und gedient? Gibt es einen Unterschied zwischen mir und dieser kranken Frau?» Mit diesen Worten nahm Mutter das Kleidungsstück selbst in die Hand und wusch es. Sie verbot dem Mädchen, ihr in den nächsten Tagen zu dienen.

Schon die bloße Gegenwart der Heiligen Mutter wirkt inspirierend auf die Anhänger und verleiht ihnen die Kraft, alles und jedes zu jeder gegebenen Zeit zu tun. Im *ashram* gibt es viel Arbeit. Man muß Ziegelsteine, Sand und andere Baumaterialien heranholen, sogar den Klärbehälter leeren, die Räume putzen und gelegentlich auch den Maurern beim Betonieren helfen. Die Ashrambewohner haben dann häufig Schwierigkeiten, jemanden zur Mithilfe zu finden. Das Bhava *darshan* dauert oft bis drei oder vier Uhr morgens. Dann sind Mutters Anhänger müde und möchten schlafen. Da kann es geschehen, daß plötzlich die Heilige Mutter auftaucht und beginnt weiterzuarbeiten. Sie ist immer die erste, die mit der Arbeit anfängt. Obgleich sie von sechs Uhr abends bis vier Uhr morgens die Verehrer beim *darshan* empfangen hat, arbeitet sie nun fröhlich und voll Begeisterung. Sehr schnell verbreitet sich die Nachricht, daß Mutter schon dabei ist, Ziegelsteine oder Wasser zu schleppen, und von überall her kommen die Verehrer angelaufen, um zu helfen. Das Interessante daran ist, daß sie dann für eine Arbeit, die normalerweise sechs oder sieben Stunden gedauert hätte, nur eine oder zwei Stunden brauchen.

Damit ihnen die anstrengende Arbeit nicht so zum Bewußtsein kommt, bringt Mutter die Verehrer mit ihrem großen Sinn für Humor zum Lachen. Sie macht in der Nähe des Arbeitsplatzes ein kleines Feuer, bereitet für alle Getränke und geröstete Erdnüsse zu und verteilt sie eigenhändig. «Kinder, versucht bei der Arbeit immer euer *mantra* zu rezitieren oder andächtige Lieder zu singen. Nur die Taten, die ihr dem Herrn weiht, zählen als wahre Handlungen. Dann wird die Tat *(karma)* zu Yoga. Sonst sind eure Handlungen nur *karma bhoga* (durch das Verlangen nach Vergnügen motivierte Taten).»

Selbst wenn die Gopis von Vrindavan auf die Straße gingen, um Milch, Buttermilch und anderes zu verkaufen, riefen sie: «Krishna, Madhava, Yadava, Kesava...» Sogar in der Küche schrieben sie die Namen Krishnas auf alle Gewürzgläser und anderen Behälter. Sie hatten auch Haushaltspflichten zu erledigen. Sie waren niemals müßig, trugen aber trotzdem immer Krishnas göttliche Gestalt im Herzen und seinen Namen auf ihren Lippen. Kinder, versucht so zu sein wie sie.

Jede Frage – ganz gleichgültig, ob sie von einem Gottgläubigen, einem Atheisten, einem Rationalisten oder einem ihrer Gegner kommt – beantwortet die Heilige Mutter sanft, ruhig und liebevoll, ohne den Fragenden zu verletzen oder seine Ideen herabzusetzen. Eines Tages sagte z. B. ein junger Mann, der den *ashram* besucht hatte, zu ihr: «Ich glaube überhaupt nicht an spirituelle Meister und die spirituelle Philosophie. Ist es nicht besser, der Menschheit zu dienen? Viele Menschen sind arm und hungern. Was tun die Leute, die ein sogenanntes spirituelles Leben führen, für sie? Ist es nicht Zeitverschwendung, müßig herumzusitzen und zu meditieren?»

Ruhig erwiderte die Heilige Mutter: «Sohn, du hast recht. Natürlich ist es wichtig, der Menschheit zu dienen. Ein wahrhaft spirituell Strebender muß sein Leben dieser Aufgabe widmen. Darin gibt Mutter dir vollkommen recht. Aber was ist wahrer Dienst? Wahrer Dienst bedeutet nichts anderes, als Hilfe zu bieten, ohne eine Gegenleistung dafür zu erwarten. Wer tut das schon? Wenn jemand einer armen Familie helfen möchte, steckt meistens ein egoistisches Motiv dahinter. Jeder ist auf Ruf und Ansehen bedacht. Mutter weiß, daß spirituelle Ratschläge und Anleitungen den Hunger von Menschen, die in Armut leben, nicht stillen können. Wir müssen für solche Menschen Liebe und Mitgefühl haben. Doch zu wahrer Liebe und wahrem Mitgefühl wird man nur fähig, wenn man ein spirituelles Leben führt. Wir müssen in unserem Leben ein hohes Ideal haben und bereit sein, diesem Ideal alles zu opfern. Das ist echte Spiritualität. Wir können die Probleme eines Armen nicht lösen, indem wir ihm einfach etwas zu essen geben, denn später wird er wieder Nahrung brauchen. Daher ist es am besten, andere sowohl äußerlich als auch innerlich zu unterstützen, das heißt, ihnen Essen zu geben, ihnen aber gleichzeitig auch klarzumachen, daß sie sich innerlich entwickeln müssen. Das geht nur durch spirituelle Anleitung. Durch diese Art des Dienstes kann man ihnen helfen, unter allen

Umständen ein glückliches, ausgeglichenes Leben zu führen – selbst wenn sie hungern müssen. In Wirklichkeit lehrt uns Spiritualität, wie wir ein vollkommenes Leben in der Welt führen können. Sohn, alles hängt vom Gemüt ab. Wenn in eurem Gemüt Ruhe und Frieden herrschen, werdet ihr selbst in der niedersten Hölle glücklich sein. Wenn ihr dagegen unruhig oder aufgeregt seid, wird sogar der Himmel ein Ort des Leidens für euch werden. Spirituelle Meister und ein spirituelles Leben schenken euch die Ruhe und den Frieden, ohne den man nicht leben kann.»

Die Heilige Mutter betrachtet selbst die verrufenste Person, die ihre eigenen Eltern und Angehörigen wegen ihrer Grausamkeit hassen, als ihren geliebten Sohn. Auch ein solcher Mensch darf mit Recht behaupten: «Mutter liebt mich mehr als alle anderen, und ich liebe sie mehr als meine leibliche Mutter, die mich geboren hat. Ich bin ihr Kind.» Dieses Gefühl schafft die Heilige Mutter in den Herzen aller ihrer Anhänger. Selbst über einen Schurken würde sie sagen: «Was für ein guter, unschuldiger Sohn er ist!» Sie übersieht seine schlechten Eigenschaften und lobt das Gute in ihm, selbst wenn es äußerst schwer zu entdecken ist.

Durch unsere eigene Erfahrung können wir erkennen, daß die Heilige Mutter eine unerschöpfliche Quelle spiritueller Energie und dynamischer Kreativität ist. Obwohl sie sich eifrig bemüht, sowohl die materiellen als auch die spirituellen Bedürfnisse ihrer Anhänger zu erfüllen, bleibt sie gelassen und rein.

Manchmal sagen ihre Anhänger dankbar und hingebungsvoll zu ihr: «O Mutter, du bist so barmherzig zu mir. Durch deine Gnade kann ich mich auf meine Meditation konzentrieren, und mein Gemüt hat Frieden gefunden.» – «O Mutter, durch deinen Segen sind alle meine Familienprobleme gelöst und viele meiner größten Wünsche haben sich erfüllt.» Dann lacht die Heilige Mutter manchmal laut und antwortet: «Namah Shivayah! Wer ist Mutter denn schon, daß sie jemanden segnen kann? Sie ist nur ein verrücktes Mädchen, das noch frei herumläuft, weil es bis jetzt niemand in ein Irrenhaus gesperrt hat. Ich tue gar nichts. Gott bewirkt alles, ohne einen Finger zu rühren.»

Die verschiedensten Menschen besuchen die Heilige Mutter

aus den verschiedensten Gründen. Manche stellen ihr Fragen über Kundalini-Yoga (Techniken zur Erweckung der Schlangenkraft), andere möchten etwas über *nirvikalpa samadhi* (den natürlichen Zustand des Ruhens im Höchsten Selbst) erfahren, wieder andere haben gesundheitliche Probleme. Manchmal kommen weinende Eltern zu ihr und bitten sie, ihren irregeleiteten Sohn zu retten und von seinen bösen Taten abzubringen. Manche jungen Menschen klagen darüber, daß sie noch immer keine Stellung gefunden haben, obwohl sie schon lange mit ihrem Studium fertig sind. «Bitte, Mutter, gib mir deinen Segen und hilf mir, eine Arbeit zu finden», flehen sie. Ehemänner beschweren sich darüber, daß ihre Frau sie hintergeht; Ehefrauen beklagen sich, weil ihr Mann sie nicht liebt. Manche bitten die Mutter, ihren Nachbarn zu bestrafen, der ihnen das Leben schwermacht, oder erzählen ihr, daß ihre Kuh nicht genug Milch gibt und daß die Kokospalme in ihrem Garten zu wenig Kokosnüsse trägt. Manche bitten sie um ihren Segen für ein Examen, andere leiden an schweren, unheilbaren Krankheiten und hoffen auf Heilung. Manche Eltern sind verzweifelt, weil ihr Sohn dem weltlichen Leben entsagen möchte. Es gibt einige wenige, die nach der Begegnung mit der Heiligen Mutter ernsthaft ein spirituelles Leben führen wollen und sie um Hilfe und Anleitung bei ihrem *sadhana* bitten. So sieht man, wie alle Welt zusammenkommt und ihren Segen sucht. Mutter schickt niemanden fort. Sie behandelt alle Menschen gleich, schenkt allen die gleiche Liebe und Zuneigung und berät jeden seiner geistigen Reife und seinen Bedürfnissen entsprechend. Sie hört sich nicht nur die Probleme der Menschen an, sondern erfüllt ihnen auch ihre Wünsche.

Jeden Morgen gegen neun Uhr empfängt die Heilige Mutter die Verehrer, die in großen Scharen herbeiströmen, um sie zu sehen. Sie ruft jeden einzeln zu sich und hört sich genau an, was er auf dem Herzen hat. «Kinder, ich brauche nichts weiter von euch, als daß ihr die Bürde eures Kummers bei mir abladet», sagt sie. «Mutter ist dazu da, sie auf sich zu nehmen.» Sie bleibt so lange da, bis sie alle empfangen und getröstet hat. Meistens ist das *darshan* erst gegen zwei oder drei Uhr nachmittags zu Ende. Dann kehrt sie in ihr Zimmer zurück, liest die Post oder gibt den Bewohnern des *ashram* Anweisungen. Sie gibt ihnen alle notwendigen Ratschläge in bezug auf die Verwaltung des *ashram*. Später beim Essen erteilt sie Anweisungen oder liest Briefe. Oft ruft sie auch noch Leute zu sich, die zu spät gekommen sind. An Bhava *darshan*-Tagen kommt sie gegen fünf Uhr abends wieder in den Tempel und leitet die *bhajans*. Nach den Gesängen beginnt das Bhava *darshan*, das oft bis drei oder vier Uhr morgens dauert. So lange sitzt die Heilige Mutter im Tempel, empfängt nacheinander die Verehrer, hört sich geduldig ihre Probleme an – ganz gleichgültig, ob sie spiritueller oder weltlicher Art sind – und löst sie schon durch ihre bloße Berührung, einen bloßen Blick oder ihre reine, innere Entscheidung *(sankalpa)*.

Die Heilige Mutter Mata Amritanandamayi ist selbst in diesem heiligen Land, Indien, ein außergewöhnliches Phänomen. Sie nimmt die Gestalt Adi Parashaktis (der höchsten Urenergie) an und dient unaufhörlich Gottes Schöpfung mit jedem ihrer Atemzüge. Die Offenbarung ihrer Gnade und ihres Mitgefühls mit der irregeleiteten Menschheit sind beispiellos. Etwas Derartiges hat es in der spirituellen Geschichte Indiens wohl noch nie gegeben. Möge ihr göttliches Leben allen Menschen, die nach dem höchsten Frieden und der Seligkeit der Selbstverwirklichung streben, als Leitstern dienen.

NAMAH SHIVAYA!

# Glossar

## A

**Abhyasa:** spirituelle Übung, das Ausüben spiritueller Disziplinen
**Acharya:** Priester oder Lehrer
**Adhikara:** Erlaubnis zu lehren; Initiation
**Advaita:** Nicht-Zweiheit (Ebene der Erfahrung) oder Nicht-Dualismus (Ebene der Theorie). Atma oder «Ich» ist eins, im Gegensatz dazu: **Dvaita:** Zweiheit (Dualismus). Unsere gewöhnliche Erfahrung ist, daß wir uns getrennt von unserer ursprünglichen Natur oder Gott fühlen. So erfahren wir die Vielfältigkeit des Lebens. Das ist Dualismus. Es besteht auch eine Philosophie-Religion, worin Gott und sein Geschöpf nicht wesentlich eins, sondern ewig getrennt sind
**Agni:** Feuer; eine der Gottheiten der Veden
**Ahimsa:** «Nicht-Verletzen»; das Unterlassen des Verletzens von lebenden Wesen durch Gedanken, Worte und Taten
**Ajña-Chakra:** Augenbrauen- bzw. Stirn-Chakra, sog. «drittes Auge»
**Akasha:** das «Alldurchdringende», der «Raum», der «Äther»; erfüllt und durchdringt das gesamte Universum und ist der besondere Träger des Lebens und des Klanges
**Amma:** Mutter
**Amrita:** unsterblich; auch Nektar
**Ananda:** Seligkeit, absolute Freude – nicht an den Sinnesobjekten der vergänglichen Welt, sondern die Seligkeit eines Zustandes jenseits aller Dualität
**Anandamayakosha:** Seligkeitshülle, die letzte Hülle, die das Selbst verdeckt
**Annamayakosha:** grobstoffliche Hülle, die Hülle des physischen Körpers
**Asana:** Körperhaltung während der Meditation; die verschiedenen Körperhaltungen des Hatha-Yoga

**Ashram:** spirituelles Zentrum
**Atman:** das Höhere Selbst; das wirkliche, unsterbliche Selbst des Menschen; die wesentliche einzigartige Essenz, die sich in allen Wesen als «Ich» ausdrückt
**Avatar:** Inkarnation, Herabkunft des göttlichen Bewußtseins auf die Welt
**Avidya:** «Nicht-Wissen»; Unwissenheit; der Zustand, der illusorische Phänomene für Wirklichkeit hält *(Maya)*

## B

**Bhagavad Gita:** «Gesang des Erhabenen»; philosophisch-religiöses Lehrgedicht, Teil des *Mahabharata;* heiliger Text über den Erkenntnis-Pfad, in dem Krishna Arjuna unterweist
**Bhagavan:** der HERR
**Bhagavatam (Srimad):** die heilige Schrift, die das Leben und die Lehre Sri Krishnas erzählt
**Bhajan:** mit Musik und Gesang verbundene Form der Anbetung oder Verehrung Gottes oder einer Gottverkörperung
**Bhakta:** ein Anhänger des Yoga-Weges, der durch Liebe zu Gott und Hingabe an ihn und den Meister (stellvertretend für Gott) die Verwirklichung Gottes erstrebt
**Bhakti:** Liebe zu Gott, Hingabe an ihn durch wahre Selbsthingabe (uneigennütziges Handeln), Hingabe an den Guru
**Bhava:** Gefühl; Empfindung; Ekstase. Auch Hingabe an das Objekt der Verehrung, wodurch man mit diesem eins wird wie in Dirya (göttliches) Bhava, und es auch äußerlich manifestieren kann
**Brahmachari:** spirituell Strebender, der/die in Gedanken, Worten und Taten enthaltsam lebt
**Brahman:** das ewige, unvergängliche Absolute, die höchste nicht-duale Wirklichkeit, das absolute Bewußtsein; nicht zu verwechseln mit *Brahma,* dem Schöpfergott
**Brahmane:** Angehöriger der Kaste der Gelehrten und Priester
**Brahmarandhra:** Scheitelpunkt des Kopfes; ist er durchlässig gemacht, kann das Bewußtsein in höhere Bereiche aufsteigen

**Brahmavidya:** absolutes, höchstes Wissen, die Verwirklichung Brahmans
**Brahmavirya:** göttliche Energie, Energie Brahmans
**Buddhi:** höhere Intelligenz, Erkenntniskraft, höherer Verstand, Intuition

## C

**Chaitanya:** höhere Intelligenz, spirituell erwachtes Bewußtsein
**Chakra:** «Rad», «Kreis»; Bezeichnung für die Zentren subtiler oder feinstofflicher Energie im Energieleib (Astralleib) des Menschen. Sie sammeln, transformieren und verteilen die sie durchströmende Energie. Sie haben Entsprechungen auf der grobstofflichen, körperlichen Ebene (Herz, Solarplexus), sind jedoch mit diesen Entsprechungen nicht identisch
**Chit:** (reines) Bewußtsein; der dynamische Aspekt des Seins; der zweite der drei Aspekte unserer ursprünglichen Natur: Satchitananda
**Chitta:** universaler Geist; Reservoir von Erinnerungen und Neigungen, vergleichbar dem Unterbewußtsein der westlichen Psychologie

## D

**Darshan:** «Anblick», «Anschauen»; einem Heiligen oder einem heiligen Ort Achtung erweisen, um durch seinen Anblick Segnung und Läuterung zu erfahren. Jede Begegnung mit einem Guru oder Heiligen kann als Darshan bezeichnet werden
**Deva:** Himmelswesen, Gottwesen, kosmische Kraft
**Devata:** Synonym von Deva; auch Naturkraft, unter der Beherrschung von Ishvara, die die Ur-Natur instand hält
**Devayan(a):** «Weg der Götter», der Weg der Weisheit und spirituellen Erkenntnis; der Weg derer nach ihrem Tod, die Erkenntnis erreicht haben, der sie zum völligen Aufgehen in Brahman führt
**Dharma:** Von «dhr» – stützen; das, was aus einem Ding macht,

was es eigentlich ist. Das Dharma von Wasser ist, feucht zu sein und zu fließen. Wasser, das nicht feucht und flüssig ist, ist kein Wasser. Das Gesetz des Lebens. In erweitertem Sinn die Lebensgesetze oder Grundsätze, die einem helfen, in Entsprechung mit seiner vollkommenen Natur zu sein und zu leben; auch Rechtschaffenheit

**Dhyana:** Versenkung, tiefe Meditation, mit dem völligen Ausschalten aller von außen kommenden Eindrücke und der inneren Wahrnehmungsvorgänge; mit oder ohne Form

**Diksha:** Einweihung, Einführung, Übermittlung spiritueller Kraft mit Mantra, Berührung, Anblick

**Durga Puja:** religiöse Zeremonie zu Ehren der Göttin Durga; *Durga* ist einer der ältesten und am häufigsten gebrauchten Namen für die Göttliche Mutter, die Gemahlin Shivas

## G

**Gopa (Gopi):** Kuhhirten/innen, die mit Krishna in Vrindavan als vertraute Geliebte spielten. Bildnis der Seele, welche reine Liebe und Hingabe zu Gott entwickelt hat

**Gunas:** die drei Kräfte, die die kosmische Substanz, *Prakriti,* bilden und im All und also auch im Menschen wirken:
*rajas* – Prinzip der Tätigkeit;
*tamas* – Prinzip der dumpfen Trägheit;
*sattva* – Prinzip des Gleichgewichts zwischen beiden, das Prinzip der Harmonie, der lichten Stille

**Guru:** Lehrer

**Guru Kripa:** die Gnade des Guru

**Guru Purnima:** der Tag, an dem der Guru traditionsgemäß Geschenke erhält

## H

**Holi:** Frühlingsfest zu Ehren von Krishna und seinen Gopis

## I

**Ida:** einer der wichtigsten Kanäle feinstofflicher Energie, *Nadi*. Ida nimmt *Prana* durch das linke Nasenloch auf und ist kühlend und beruhigend; wird dem Mond zugeordnet; ihr Gegenstück ist *Pingala*
**Indriyas:** Sinne, Sinnesorgane. Die Indriyas bestehen aus den fünf Wahrnehmungsorganen: Sehen, Hören, Riechen, Schmekken, Tasten, ferner aus den fünf Tätigkeitsorganen: Stimme, Hände, Füße, Ausscheidung und Fortpflanzung. Das elfte Indriya ist das Denken. Die Indriyas versorgen *Manas* mit den Eindrükken der äußeren Welt
**Ishvara:** «Herr des Universums», der Schöpfer

## J

**Japa:** «Rose»; die Wiederholung eines heiligen Namens oder einer heiligen Formel *(Mantra)* als Form der Meditation
**Jiva:** Lebensessenz, individuelle Seele, Ich-Seele, das Selbst der lebenden Kreatur, «Monade». Der Jiva ist nicht das mentale Ich-Empfinden, sondern eine Seelengestalt oder eine Selbstschöpfung des Geistes, die individuell und zugleich universal und transzendent ist
**Jnana:** Spirituelle oder mystische Erkenntnis oder Wissen. Synonym für Selbstverwirklichung oder Verwirklichung der Realität
**Jnani:** Ein Weiser; ein Mann der Erkenntnis

## K

**Kali:** die Göttliche Mutter, Gemahlin Shivas, die auf eine schrekkenerregende und auch barmherzige Weise das Vergängliche im Leben zerstört. Kali ist verbunden mit Kala, Zeit
**Kaliyuga:** das vierte, jetzige Weltzeitalter, das das Yuga der Dunkelheit ist
**Kalpa:** Weltenzyklus, Weltperiode, Äon, ein Tag und eine Nacht Brahmas

**Kama:** Sinnesverlangen, Begierden, Wünsche
**Kama-Rupa:** mental-emotionaler Körper
**Karma:** Von «kr» – handeln. Handlung. Auch die Gesamtheit aller Ergebnisse des Handelns eines Menschen, die ihn drängt, tätig zu sein und Dinge zu erfahren, nach dem Gesetz von Ursache und Wirkung; Früchte unserer Taten
**Kirtan:** gemeinsames Rezitieren, Singen und auch Tanzen zu Ehren Gottes oder einer Gottheit
**Kosha:** Schichten, Hüllen, Gehäuse, Körper
**Kripa:** Gnade
**Kundalini:** «Schlange», «Schlangenkraft»; diese spirituelle, kosmische Kraft ruht normalerweise aufgerollt am unteren Ende der Wirbelsäule eines jeden Menschen. Wird sie erweckt, steigt sie durch die verschiedenen Energiezentren, *Chakras,* auf, wodurch es zu spirituellen Erkenntnissen und Visionen kommen kann
**Krishna:** bekannteste Gottheit und Held der indischen Mythologie; Inkarnation Vishnus, die vor ca. 5.000 Jahren auf der Erde erschien

L

**Loka:** «Welt»; Reich, Ort, Region

M

**Mahabharata:** bedeutendes Heldenepos der Hindus (ca. 400 v. Chr.)
**Mahadeva:** «Großer Gott» (Shiva)
**Mahatma:** wörtlich «Große Seele». Auch einer, der von der begrenzten Ich-Vorstellung befreit ist und sein wahres Wesen verwirklicht hat
**Maheshwara:** «Großer Herr» (Shiva)
**Mala:** Gebetskette, ähnlich unserem Rosenkranz
**Manamayakosha:** Hülle des Verstandes und der Sinneseindrücke
**Manas:** «Denkfähigkeit», Verstand. Durch Manas empfangen

wir die äußeren Eindrücke der Welt; er organisiert die Sinneserfahrungen und setzt Willen in Handlung um

**Mantra:** heilige Silbe, heiliger Name, mystische Formel von göttlicher Kraft

**Manvantara:** Manifestation; «Mann-Periode». Jedem Manvantara steht ein besonderer Mann, ein Vater der Menschheit, vor. Vierzehn Manvantaras bilden ein *Kalpa*

**Mata:** Mutter

**Maya:** «Täuschung», Illusion, Schein; das phänomenale Bewußtsein; kosmische Illusion. Maya verschleiert die Sicht des Menschen, so daß er nur die Vielfalt des Universums erblickt und nicht die EINE Wirklichkeit

**Mayavirupa:** Illusion des physischen Körpers

**Moha:** Anhaftung

**Moksha:** Befreiung, geistige Freiheit

**Muladhara-Chakra:** Wurzelchakra, Energiezentrum am unteren Ende der Wirbelsäule

## N

**Nada:** «Laut», «Ton»; Schwingungsenergie, die sich als Klang manifestiert

**Nadi:** «Röhre», «Ader», «Gefäß». Die Nadis sind Energiekanäle, durch welche der lebenswichtige *Prana* zu allen Körperteilen geleitet wird

**Nirodhika:** Aufhebung der Gefühle, der Wahrnehmung, der begrenzten sterblichen Existenz

**Nirodhika-Pfad:** Pfad der Nicht-Wiederkehr in die Inkarnation

**Nirvana:** «Verlöschen»; das Aufgehen des individuellen vergänglichen Ich in *Brahman;* transzendentes Einssein; Nirvana befreit den Menschen von Leiden, Tod, Wiedergeburt und allen anderen Formen weltlicher Bindung

## O

**OM:** heilige Silbe; steht für *Brahman*; auch AUM; Ur-Mantra

## P

**Parabrahman:** das Höchste Brahman, die Absolute Wahrheit
**Paramatman:** der Höchste Atman, das Höchste Selbst; als Absolutes Bewußtsein identisch mit Brahman
**Param Para:** spirituelle Kette, spirituelle Nachfolge, Weitergabe von Herz zu Herz
**Parvati:** ein Name für die Gemahlin Shivas, die Göttliche Mutter
**Pingala:** das Gegenstück zu *Ida*, einer der wichtigsten Kanäle, die den *Prana* zu allen Körperteilen leiten *(Nadi)*. Die Pingala nimmt den Prana durch das rechte Nasenloch auf. Ist voller Glut und Antrieb; wird der Sonne zugerechnet
**Prakriti:** «Natur», «Materie»; die Urmaterie, aus der das Universum besteht
**Pralaya:** «Auflösung»; Übergang der manifestierten Welt in eine unmanifestierte, potentielle Welt
**Prana:** Lebenskraft, ätherische Energie; die kosmische Energie, die den Körper durchdringt und erhält und sich in den Geschöpfen am deutlichsten als Atem manifestiert
**Pranamayakosha:** die feinstoffliche Hülle, die Hülle der ätherischen Energie; ihre grobe Manifestation ist der Atem
**Pranayama:** Beherrschung des Atems, Atemübungen, die mit einem Mantra verbunden werden können
**Prasad:** geweihte Speise
**Puja:** Verehrung, Zeremonie, Gottesdienst
**Purusha:** «Mensch»; der ursprüngliche, ewige Mensch, das höchste Wesen; auch: das Höhere Selbst, das reine Bewußtsein

## R

**Rajas:** mittlere der drei *Gunas;* das Prinzip der Tätigkeit
**Rakshasa:** Dämon

**Rama:** eine Inkarnation Vishnus; Held des Versepos *Ramayana*
**Ramakrishna:** Ein Heiliger aus Bengalen im 19. Jahrhundert
**Ramana Maharshi:** Ein Weiser aus Südindien, der den Pfad der Erkenntnis gefördert hat; gest. 1950
**Ramayana:** das älteste Versepos der Sanskrit-Literatur (die älteste Form stammt aus dem 4. Jh. v. Chr.)
**Rishi:** allgemeine Bezeichnung für Seher, Heiliger

## S

**Sadhaka:** Jemand, der Sadhana ausübt
**Sadhana:** spirituelle Übungen; dazu gehören *Japa,* Meditation; spirituelle Disziplin
**Sadhu:** Mönch, Einsiedler, der Gott zu verwirklichen sucht
**Sahaja:** «natürlich»; der natürliche, weil ursprüngliche Zustand der Erkenntnis der Wahrheit; nicht-dualistisches Ruhen in seiner wirklichen Selbst-Natur
**Sahaja Samadhi:** müheloses Samadhi
**Samadhi:** Zustand der Versunkenheit, wobei man in ein Allumfassendes Bewußtsein eintaucht; auch: Grabstätte
**Samsara:** Das Rad, der Kreislauf von Geburt und Tod, dem man unterworfen ist, solange man in Nicht-Erkenntnis lebt
**Samskaras:** Eindrücke, Neigungen und Möglichkeiten im Bewußtsein und im Universalen Gedächtnis, welche das Rad der Wiedergeburt in Gang halten. Sie sind durch Handlungen und Gedanken in diesem oder in früheren Leben entstanden
**Sankalpa-Vikalpa:** *Sankalpa:* «Absicht», «Wille», beherrschte, selbstgewollte Gedankenbewegungen im Gegensatz zu *Vikalpa:* «Zweifel». Beide bilden die normale Aktivität des Denkens. Auch: intellektuelle Spielerei. Reines *Sankalpa*: frei von Ichbezogenheit, entspricht dem universellen Willen
**Sannyasi:** jemand, der der Welt entsagt hat und in völliger Besitzlosigkeit lebt
**Sat:** absolutes, ewiges, unwandelbares Sein, auch: Existenz
**Sat-chit-ananda:** Reines Sein – Bewußtsein – Seligkeit; die drei Aspekte unserer ursprünglichen Natur

**Sat-Guru:** *sat:* echt, gut; wahrhafter Guru, echter Guru

**Satsang:** Zusammensein mit Heiligen oder aufrichtig Gottsuchenden

**Shakti:** «Kraft», «Macht», «Energie»; die Gemahlin *Shivas.* Sie ist die Personifizierung der Ur-Energie; der dynamische Aspekt Gottes, durch den Er schafft, erhält und auflöst

**Shaktipat:** Kraftübertragung vom Lehrer auf den Schüler

**Shastras:** «Belehrung», «Lehrbuch»; die *Veden* und alle anderen heiligen Schriften der Hindus, die mit ihnen übereinstimmen

**Shishya:** Schüler

**Shiva:** die dritte Gottheit in der Hindu-Trinität (Brahma, Vishnu, Shiva), in der er der Gott der Auflösung und der Zerstörer ist. Als Zerstörer des Nicht-Erkennens ist er eine segensvolle Gottheit

**Shradda:** Erhöhte, einsgerichtete oder ungeteilte Aufmerksamkeit

**Shyama Sundara:** ein anderer Name für Sri Krishna; der Geliebte der Gopis

**Siddhis:** «vollkommene Fähigkeit»; psychische, sogenannte übernatürliche Fähigkeiten, die sich als Nebenprodukt spiritueller Entwicklung von selbst einstellen können, wenn Kräfte entwikkelt werden, die den Zugang zu kosmischen Bereichen öffnen. Auch durch bestimmte Yoga-Übungen können Siddhis gezielt erworben werden. Alle großen Meister warnen davor, Siddhis um ihrer selbst willen anzustreben. Denn sie gehören gänzlich zum Bereich des Phänomenalen und tragen nicht zur Verwirklichung der Absoluten Wahrheit bei. Das Haften an solchen Fähigkeiten ist ein ernstes Hindernis auf dem spirituellen Weg

**Sushumna:** der wichtigste der Energiekanäle *(Nadi),* der sich in der Wirbelsäule von ihrem unteren Ende bis zum Gehirn erstreckt. Wird die *Kundalini* geweckt, so steigt sie in der Sushumna auf, die die ausgleichende Mitte zwischen *Ida* und *Pingala* darstellt

**Svadharma:** das eigene innere Gesetz, das Denken und Handeln bestimmt und in Harmonie mit dem göttlichen Willen ist; das Gesetz, das allen Dingen innewohnt

**Swamiji:** Ehrentitel eines Mönchs oder spirituellen Lehrers

## T

**Tapas:** Anstrengung, Buße, Askese
**Tyaga:** «aufgeben», «loslassen»; völlige Entsagung, selbstloses Tun, das nicht nach Ergebnissen trachtet

## U

**Upanischaden:** der jüngste Teil der *Veden;* Schlußteil der *Shruti,* des geoffenbarten Teils der *Veden;* hauptsächliche Basis des *Vedanta*

## V

**Vairagya:** «Leidenschaftslosigkeit»; Loslösung, Entsagung ohne Zwang
**Vasanas:** Neigungen, Gewohnheiten, Triebe aus früheren Leben, die unbewußt als Bereitschaft zu gegenwärtigem und künftigem Handeln keimhaft in uns wirken
**Vasudeva:** in der *Bhagavad Gita* Synonym für *Krishna*
**Vedanta:** das Ende, die Schlußbetrachtung der *Veden,* wie sie zunächst in den *Upanischaden* enthalten sind; die Offenbarungen und Einsichten bilden die Grundlage der Vedanta-Philosophie, die von allen Hindu-Gedankensystemen am engsten mit der indischen Religion und Weltanschauung verknüpft ist. Mehrere Hauptzweige
**Veden:** Sanskrit: *Veda;* «Wissen», «heilige Lehre»; die Gesamtheit der ältesten Texte der indischen Literatur, denen übermenschlicher Ursprung und göttliche Autorität zugeschrieben wird. Gliedert sich in vier Abteilungen: 1. Rigveda, 2. Samaveda, 3. Yajurveda, 4. Atharvaveda
**Vijñanamayakosha:** Buddhi-Hülle; die Hülle des Bewußtseins und des Erkennens, der höheren Intelligenz
**Viryashakti:** schöpferische Energie Gottes

**Vishnu:** die zweite Gottheit in der Hindu-Trinität; er gilt als der Bewahrer, Erhalter

## Y

**Yajña:** Opfer; gottesdienstliche Riten, bei denen Feuer angezündet wird, in das man das Opfer gibt
**Yoga:** «Joch», Vereinigung mit Gott suchen; allgem.: Weg zur Gotterkenntnis

# Wichtige Hinweise

Die genaue Anschrift des Ashrams lautet:

Mata Amritanandamayi Mission
Amritapuri
Kuzhithura P. O.
Kollam 690 542
India

Auskünfte über Mata Amritanandamayi's Europabesuche, die verschiedenen Stationen der Reise und jeweiligen Veranstaltungen erhalten Sie beim Ansata-Verlag

*Die Gespräche des großen Weisen unseres Jahrhunderts – erstmals vollständig in deutscher Sprache*

**Ramana Maharshi**
**GESPRÄCHE DES WEISEN VOM BERGE ARUNACHALA**
Erstmals vollständig in die deutsche Sprache übertragen.
568 Seiten, Ganzleinen mit Goldprägung und Schutzumschlag
ISBN 3-7157-0058-0

Zu den großen Gestalten des spirituellen Lebens in diesem Jahrhundert gehört Sri Ramana Maharshi (1879–1950) von Tiruvannamalai am heiligen Berg Arunachala in Südindien, ein Heiliger mit außerordentlicher Ausstrahlung. Bereits als Sechzehnjähriger wurde er einer mystischen Todeserfahrung teilhaftig. Dieser in voller Bewußtheit durchlebte mystische Tod wurde für ihn zum Durchgangstor und zur Geburt des wahren Selbst, dessen er fortan gewahr blieb.

Ramana Maharshi lebte ganz schlicht am Fuße des heiligen Berges. Tausende von suchenden Menschen sind zu ihm gepilgert, westliche Besucher wie Inder, berühmte Persönlichkeiten wie einfache Leute; alle fanden bei ihm den Frieden, nach dem sie sich ihr Leben lang gesehnt hatten.

Über dreißig Jahre nach seinem Tod sind die ‹Gespräche› des Meisters erstmals in einer vollständigen deutschen Ausgabe zugänglich. Sie sind praktisch der einzigen großen Suchfrage ‹Wer bin ich?› gewidmet, erhellen aber auch das große Thema der Suche nach dem Selbst, nach Erkenntnis und Selbst-Verwirklichung. Sie lehren das subtile Gewahrwerden des eigenen inneren Meisters, der uns zum ewigen Sein und zur Geburt des neuen Menschen führen kann.

Die Gespräche lehren das endgültige Erwachen zur Wahrheit. Deshalb finden sich in den Lehrmitteilungen dieses Buches immer wieder Hinweise für die Meditation, deren Zweck es ist, die rastlose Gedankenflucht einzudämmen, und einem beständig gedankenfreien Hintergrund Platz zu machen. In diesem stillen Sein – ohne Gedanken – wird der Mensch des inneren Friedens und der Einheit teilhaftig.